中国轻工业"十四五"规划立项教材

有机化学实验

程绍玲　郭艳玲　杨迎花　解洪祥　主编

天津大学出版社
TIANJIN UNIVERSITY PRESS

内容提要

本书是天津科技大学"有机化学实验"课程的配套教材,供化学、化工、海洋、食品、生物、环境、造纸等相关专业的本科生使用。

本书内容包括有机化学实验的一般知识、有机化学实验的基本操作、有机化合物的制备、天然产物分离提取、有机化合物的性质和鉴定。全书共编入 62 个实验,以经典实验为主要内容,综合实验选择了步骤多且综合性强的实验,同时增加了现代有机合成新技术和新方法。全部实验引入了思政育人目标,增加了学习拓展内容。实验步骤分层次编写,部分实验附有二维码操作视频。

本书内容覆盖面广,可作为工科、理科和师范等各类高等院校化学专业、应用化学专业及相关专业本科生的有机化学实验教材,也可供从事有机化学和相关专业研究人员参考。

图书在版编目(CIP)数据

有机化学实验 / 程绍玲等主编. --天津:天津大学出版社,2022.8

中国轻工业"十四五"规划立项教材

ISBN 978-7-5618-7208-6

Ⅰ.①有… Ⅱ.①程… Ⅲ.①有机化学-化学实验-高等学校-教材 Ⅳ.①O62-33

中国版本图书馆CIP数据核字(2022)第097620号

出版发行	天津大学出版社
地　　址	天津市卫津路92号天津大学内(邮编:300072)
电　　话	发行部:022-27403647
网　　址	www.tjupress.com.cn
印　　刷	天津泰宇印务有限公司
经　　销	全国各地新华书店
开　　本	787 mm×1 092 mm
印　　张	13
字　　数	324千
版　　次	2022年8月第1版
印　　次	2022年8月第1次
定　　价	40.00元

前　言

为全面贯彻党的教育方针,落实立德树人的根本任务,扎实推进习近平新时代中国特色社会主义思想进课程教材,《有机化学实验》在编写过程中,作者结合多年积累的教学经验和教学改革成果,围绕知识、能力和素质目标,系统设计实验内容,使读者在获取知识和提高能力的同时,升华人格,为新时代中国培养德智体美劳全面发展的专业人才。

本书内容包括 8 章。第 1 章为有机化学实验基本知识,与传统教材编排的内容和方式大致相同。第 2 章为常用仪器设备和实验基本操作方法,主要介绍了有机化学实验中常用的玻璃仪器、装置和电器设备等,以及有机实验常规操作方法。第 3 章为分离与纯化,介绍了混合物的分离提纯方法,包括蒸馏、萃取、重结晶、升华和色谱技术。第 4 章为波谱分析,包括有机化合物结构鉴定中常用的四大波谱分析方法。第 5 章为有机化合物的制备,按化合物特征基团类型进行分类,循序渐进介绍了各类化合物的制备方法,同时介绍了几种有机化学典型反应类型的实验方法。第 6 章为天然有机化合物的提取,选择了具有代表性的生物碱和黄酮类化合物的提取。第 7 章为综合实验与现代有机合成,选择了典型的多步骤合成实验和应用型实验,以及应用新技术和新方法的合成实验。第 8 章为有机化合物的性质实验。

本书特点如下:①为落实立德树人根本任务,推进思想政治教育与各门课程同向同行,本书结合实验具体内容,在实验项目中提出了思政目标,包括科学素养、职业道德、安全意识、环保理念、严谨作风等。②实验中增加了学习拓展内容,包括化合物应用、最新发展成果、研究历史、科学家事迹等,拓展了读者视野。③分层次列标题编写实验步骤,改变多数教材大段描述的方法,比如安装仪器、加料、粗产物制备、分离纯化、产物表征等,有利于读者清晰掌握实验过程。④有机化学反应副产物多,几乎每一个实验都涉及分离纯化操作,本书将常用的分离纯化方法以实验项目的方式单独列为一章,有利于读者查找和学习。⑤部分实验通过二维码方式提供了操作视频资源,清楚地展示了实验操作过程,有利于学生预习,也能帮助没有条件进入实验室的读者学习有机化学实验。

参与本书编写的有程绍玲、郭艳玲、杨迎花、韩聪、谢运甫、解洪祥、刘伟、王华静、张海丽、冯佳旭。程绍玲负责全书统稿。

参与本书实验视频的录制和配音工作的有程绍玲、张海丽、梅桢、杨迎花、谢运甫、王华静、杨乾和王潇(学生)。视频的剪辑全部由程绍玲完成。

本书在编写过程中得到了黄骁南、刘艳华、张环等老师的帮助,在此表示感谢。该书参考了多种国内外教材及文献,并引用了其中一些图、表、数据等,在此谨向他们表示衷心的感谢!

由于编者水平有限,书中难免存在疏漏,敬请读者批评指正。

编著者
2022 年 2 月

目　　录

第1章　有机化学实验基本知识

有机化学是一门以实验为基础的自然科学,实验是有机化学学科体系中不可分割的重要组成部分。通过实验,可验证理论并巩固和加深对理论的理解。实验的不断创新,可推动理论的发展,使整个学科不断进步和完善。

有机化学实验课是化学、化工以及相关专业的一门重要基础课程,是培养学生动手能力和创新能力的实践课程。通过本课程的学习,能够使学生掌握有机化学实验的基本操作和基本技能,掌握有机化合物合成及产物分离的一般方法,掌握有机化合物的鉴定方法和光谱分析方法等。

1.1　有机化学实验的主要内容和特点

1. 有机化学实验的主要内容

1)有机化合物的制备

有机化合物的制备是有机化学实验的主要内容之一,掌握制备程序和操作方法是学习有机化学实验的基本要求。制备前的准备工作包括查阅文献,了解反应物和产物的性质,确定合成路线,设计实施方案。制备过程要合理选择反应装置,确定原料配比、加料方式、反应温度和反应时间等。反应结束通常要进行产物的分离和结构鉴定等。

2)有机化合物的分离提纯

有机化学反应的一个重要特点是副产物多,制备结束往往得到的是有机物的混合体,因此分离提纯成为有机化学实验中的一项重要内容,掌握分离提纯的理论和实验技术是实验课程不可缺少的部分。常用分离提纯技术如下:① 分离提纯固体或固-液有机混合物的方法有重结晶、过滤、膜分离、升华、沉淀和离心等;② 分离提纯液体有机物的方法有蒸馏、萃取等;③ 精细分离提纯方法有色谱和电泳技术;④ 天然产物的提取方法有水蒸气蒸馏法、溶剂提取法、萃取法和升华法等。

3)有机化合物的结构鉴定

结构是化学性质的决定性因素,不同的结构常常有着不同的性质,相似的结构也具有相近的性质。有机化合物的结构变化异常丰富,其空间结构的变化更是丰富多彩,研究有机化合物的结构十分重要且富有挑战性。有机化合物的结构鉴定包括经典的化学分析法和仪器分析法。化学分析法鉴定官能团具有简单易行、操作方便的特点,但是难以确定化合物的精细结构,而仪器分析法在推测复杂有机物的结构时具有方便、快捷、精确的明显优势。现代常用的分析技术有紫外光谱、红外光谱、拉曼光谱、核磁共振波谱、质谱、X射线衍射法、旋光法和圆二色谱法等。

2. 有机化学实验的特点

与无机化合物相比,有机化合物具有的显著特点是多数有机化合物不溶于水、熔沸点低、易燃、分解温度低以及异构体多等,因此有机化学实验技术与方法和其他学科也有着明显的不同。

1)有机化学反应的特点

多数有机化学反应速度比较慢,需要几个小时、几天甚至几个月才能完成;多数有机化学反应的副反应多,反应不能定量进行,所以反应式往往不需要配平;较多的副反应导致有机化学反应的产率较低;为减少副反应发生,有机化学反应条件要求严格。基于这些特点,在有机化学反应中,要严格控制反应条件,降低副产物的生成,并通过适当方法和技术缩短反应时间。

2)有机化合物分离提纯的特点

有机化学反应的复杂性导致合成产物多为混合物,分离提纯成为有机实验的一个重要部分。通常情况下,对于结构和性质上差别较大的有机物,可以采用蒸馏、萃取、升华、重结晶、过滤等经典实验技术进行分离。对于结构相近、性质相似且很难用经典实验技术分离的有机物,则要依靠色谱和电泳等近代化学技术进行分离提纯。大多数情况下需要综合多种实验技术才能达到理想的分离效果。

3)有机化合物结构鉴定的特点

有机化合物结构复杂多样,鉴定十分困难,不但要依据元素分析、物理常数测定和化学性质鉴别,还要综合运用色谱分析、质谱分析和光学分析等多种近现代技术,才能获得准确的鉴定结果。

4)有机化学实验环境的特点

由于有机化合物通常沸点低、易挥发、易燃、易爆且毒性较大,因此实验环境要有良好的通风设备,要有防火、防爆和防中毒的设施与预案,备有分类回收容器和危险品存储设备,危险品有使用记录。有机化学实验复杂,所涉及的实验仪器设备较多,实验室要具有科学规范的管理制度,才能保障实验工作的顺利开展。

1.2　有机化学实验室基本规则

有机化学实验经常会用到易燃、易爆、有毒和强腐蚀性试剂,易引起火灾、爆炸和中毒等事故。为了防止事故发生,每一个在有机实验室进行实验的人员都必须遵守以下规则。

(1)牢固树立"安全第一"的思想,时刻注意实验室安全。学会正确使用水、电、通风橱和灭火器等,了解实验事故的一般处理方法。做好实验的预习工作,了解所用药品的危害性及安全操作方法,按操作规程使用有关实验仪器和设备。若发现问题应立即停止使用并报告老师。

(2)进入实验室前,应认真预习,对实验内容、原理、目的、步骤、仪器装置、注意事项及安全方面的问题有比较清楚的了解,做到心中有数、思路明晰。

(3)实验过程中,要保持安静,按预定的实验方案,集中精力,认真操作,仔细观察,如实记录实验现象,同时保持台面清洁。实验中途不得擅自离开实验室。

（4）取用药品前应仔细阅读药品标签，按需取用，避免浪费，取完药品后要及时盖好瓶塞。公用仪器、原料、试剂和工具应在指定的地点使用，用后立即放回原处。不要任意移动或更换实验室公共仪器和药品的摆放位置。

（5）实验过程中所产生的所有废液及废渣都要倒入指定的回收容器中，严禁倒入水池或垃圾桶中，产物也按同样方法回收。

（6）实验结束后，清理打扫个人实验台面，洗涤仪器，清点无误后放回原处。完成实验报告并上交。

（7）值日生做好整个实验室的清洁工作，将实验器材和试剂放到指定位置，摆放整齐，并检查水、电是否安全，关闭门窗，告知老师后方可离开实验室。

（8）进入实验室必须穿实验服，不得穿拖鞋，不穿露脚趾或脚面的鞋，女同学长发必须扎起，离开实验室前应认真洗手。

（9）禁止在实验室内吸烟、饮水或吃东西，不得在实验中进行与实验无关的活动。

1.3　实验基本程序和实验报告

1. 实验预习

实验预习是有机化学实验的重要环节，对实验效果起着关键的作用。在实验前学生必须仔细阅读有关教材，包括实验的原理、步骤和用到的实验技术，查阅手册或其他参考书。弄清这次实验要做什么，怎样做，为什么这样做，还有什么方法等。对所用的仪器装置做到明确每件仪器的名称，了解仪器的原理、用途和正确的操作方法，并在实验记录本上写好预习报告。预习报告包括以下内容。

（1）实验目的，提出实验要达到的主要目的和要求。

（2）实验原理，包括主反应和重要副反应的反应式，必要时写出反应机理。如果是基本操作，要了解仪器的操作原理。

（3）主要原料、产物和副产物的物理常数，原料用量（单位：g，mL，mol），计算理论产量。

（4）画出主要仪器装置图，并注明各部件的名称。

（5）用图表形式画出实验的流程，明确各步操作的目的和要求，特别注意本实验的注意事项和实验安全。

（6）安全防御，有机化学实验经常使用有毒、易燃或易爆的药品试剂，预习时必须了解本次实验所有原料和产物的安全性质，防止操作不慎发生危险，明确事故处理方法。

2. 实验操作及记录

实验操作是锻炼学生动手能力和实践能力的重要环节，操作的规范性和准确性直接关系到实验的结果，有机实验课的目的之一就是掌握实验操作的基本技能。实验操作应注意以下几点。

（1）亲自动手，独立完成，不能只看不做。

（2）按预习方案操作，不得临时更改方案。如若提出新的实验方案，应与指导教师讨论确认后方可实施。

（3）实验操作及仪器的使用应严格按照操作规程进行,否则会出现危险或损坏仪器。

（4）实验过程要精力集中,仔细观察,认真思考,及时记录。发现异常应立即停止实验,认真分析,查明原因后重新开始。

（5）操作过程中保持台面整洁、卫生,用过的仪器及时清理,公共用品用后放回原处。

实验记录是科学研究的第一手资料,记录的准确与否直接影响实验的分析结果,学会写好实验记录是培养学生科学素养和实事求是工作作风的重要途径。实验记录的内容包括所用物料的数量、浓度、使用时间、实验现象以及测量的数据等。实验现象是判断实验成败以及积累实践经验的重要环节。实验现象包括原料的状态、颜色、气味,反应温度的变化,体系颜色的改变,结晶或沉淀的产生或消失,是否放热,是否有气体逸出,等等。做好实验记录要注意以下几点。

（1）养成边实验边记录的习惯,不应事后凭记忆补写,或用其他记录纸代替或转抄。

（2）记录要实事求是,准确反映真实情况,特别是当观察到的现象与预期的不相同时,必须按照实际情况记录清楚,作为总结讨论的依据。

（3）实验记录要简单明了,尽量使用表格记录,要与操作步骤一一对应。

3. 实验数据处理

有机化学实验相比于分析化学和物理化学实验,数据处理要简单。实验数据处理应有原始数据记录、计算过程及计算结果。

有机化合物的性质实验要记录发生的化学现象,化学现象的解释最好用化学反应方程式表达;合成实验要有产率计算,应列出反应式及计算式;对熔点、折光率等性能测试数据要与理论值对比,分析产物的纯度;产物的红外、核磁等的谱图分析,要将图中的特征峰进行合理归属,并对谱图与产物是否一致以及产物纯度作出初步判断;对实验过程中的异常现象要认真分析,给出合理的解释和说明。

4. 实验报告及示例

实验报告是学生完成实验的一个重要步骤,实验完成后应及时写出实验报告。通过实验报告,可以培养学生发现问题、分析问题和解决问题的能力。一份合格的实验报告应包括以下内容。

（1）实验名称。

（2）实验目的:简述该实验所要达到的目的和要求。

（3）实验原理:简要介绍实验的基本原理、主反应式及副反应式。

（4）实验主要试剂的物理常数:查阅文献,了解各试剂的物理特性,列出相对分子量、相对密度、熔点、沸点和溶解度等。

（5）实验试剂用量及规格:写出所用试剂的名称、规格、用量。

（6）仪器装置图:画出主要仪器装置图,同时注明各部件的名称。

（7）实验步骤及现象:用表格方式说明实验操作过程,对应记录每步操作的实验现象。

（8）实验结果和数据处理:如实记录实验的测试数据和结果,对合成实验计算产率。

（9）问题与讨论。

下面以"1-溴丁烷的制备"实验报告为例。

实验项目　1-溴丁烷的制备

实验目的

（1）学习由醇制备溴代烷的原理和方法。

（2）初步掌握带有有害气体吸收和加热回流装置的基本操作。

（3）进一步巩固蒸馏装置和分液漏斗的使用方法。

实验原理

主反应：

$$NaBr+H_2SO_4 \longrightarrow HBr+NaHSO_4$$

$$n\text{-}C_4H_9OH+HBr \xrightarrow{H_2SO_4} n\text{-}C_4H_9Br+H_2O$$

副反应：

$$n\text{-}C_4H_9OH \xrightarrow{H_2SO_4} CH_3CH_2CH=CH_2+H_2O$$

$$2n\text{-}C_4H_9OH \xrightarrow[\triangle]{H_2SO_4} (n\text{-}C_4H_9)_2O+H_2O$$

$$2NaBr+3H_2SO_4 \longrightarrow Br_2+SO_2\uparrow+2H_2O+2NaHSO_4$$

主要试剂及产物物理常数

名称或分子式	分子量	熔点/℃	沸点/℃	相对密度 d_4^{20}	折光率 n_4^{20}	溶解度/（g/100 mL）	
						H$_2$O	Et$_2$O
n-C$_4$H$_9$OH	74.12	−89.8～−89.2	117.71	0.809 8	1.399 3	7.920	混溶
n-C$_4$H$_9$Br	137.03	−112.4	101.6	1.279	1.439 8	不溶	混溶
浓硫酸	98	10.38	340	1.83	1.477 0	混溶	反应

主要试剂的规格及用量

试剂名称	规格	实际用量		理论量/mol	过量/%	备注
		g	mol			
正丁醇	分析纯	5.02	0.068	0.068	0	
无水溴化钠	分析纯	8.3	0.08	0.068	17.65	
浓硫酸	98%，分析纯	17.64	0.18	0.08	125	

仪器装置

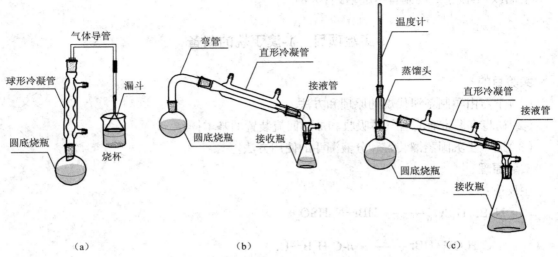

图 1-1 仪器装置图

(a)反应装置;(b)简易蒸馏装置;(c)常压蒸馏装置

实验记录

时间	步骤	现象	备注
8:30	安装反应装置。从下向上依次安装升降台、电热套、圆底烧瓶、冷凝管、气体导管。向右气体导管接玻璃漏斗,下放烧杯	仪器整体呈一平面,垂直台面,不向前后左右倾斜	烧瓶和冷凝管用铁夹固定。漏斗与液面有空隙
8:45	在小锥形瓶中加入 10 mL 水、10 mL 浓硫酸,振荡冷却	放热,锥形瓶烫手	
8:50	在圆底烧瓶中加入 6.2 mL 正丁醇、8.3 g 溴化钠、几粒沸石,振荡,使之溶解	溶液不分层,部分溴化钠未溶解	
9:00	振荡下滴加稀释的硫酸(分 4 次加入)	瓶中出现白雾状的 HBr	
9:10	安装冷凝管,并在冷凝管上安装气体吸收装置,同时小火加热 1 h	沸腾,白色酸雾增加,从冷凝管上升,被气体吸收装置吸收。瓶中的液体由一层变为三层,上层开始很薄,并逐渐增厚。中层呈橙黄色,逐渐变薄,最后消失。上层颜色由淡黄色逐渐变为橙黄色	
10:20	稍冷,安装简易蒸馏装置,加沸石,蒸出 $n\text{-}C_4H_9Br$	馏出液浑浊,分层,瓶中上层越来越少,最后消失,片刻后停止蒸馏。蒸馏瓶冷却析出无色透明结晶($NaHSO_4$)	接收瓶用冰水浴冷却
10:40	粗产物用 10 mL 水洗。在分液漏斗中依次用 10 mL 硫酸洗,10 mL 水洗,10 mL 饱和碳酸氢钠溶液洗,10 mL 水洗	用硫酸洗时,产物在上层,用其他试剂洗涤时,产物在下层	
11:10	粗产物倒入锥形瓶中,加 $CaCl_2$ 干燥	粗产物浑浊,振摇后透明	
11:50	产物滤入 25 mL 蒸馏瓶中,安装常压蒸馏装置加沸石蒸馏,收集 99~103 ℃馏分	99 ℃前馏出液很少,长时间稳定于 101~102 ℃,后升至 103 ℃温度下降,瓶中液体很少时,停止蒸馏	产品:3.5 mL 无色透明液体

实验结果与数据处理

产品外观为无色透明液体。

理论产量:9.316 g,7.28 mL,0.068 mol。

实际产量:4.547 g,3.56 mL,0.033 mol。

产率:48.81%。

问题与讨论

(1)反应在什么情况下用气体吸收装置?怎样选择吸收剂?

答:有污染环境的气体放出或产物为气体时,常用气体吸收装置。吸收剂的选择一般是价格便宜、本身不污染环境、对被吸收的气体有较大的溶解度的物质。如果气体为产物,吸收剂要求容易与产物分离。

(2)1-溴丁烷制备实验中,硫酸浓度太高或太低会带来什么结果?

答:硫酸浓度太高时,会使 NaBr 氧化成 Br_2,而 Br_2 不是亲核试剂,不能发生取代反应。另外,硫酸浓度太高,加热回流时可能有大量 HBr 气体从冷凝管顶端逸出形成酸雾。如果硫酸浓度太低,则生成的 HBr 量不足,使反应难以进行。

5. 实验小结

实验小结是锻炼学生分析问题和总结经验的重要环节,是使直观的感性认识上升到理性思维的必要步骤。实验小结包括对实验现象的解释,对实验结果进行的定性分析或定量计算,对实验中遇到的疑难问题提出的见解,对实验内容、实验方法、实验装置及实验教学的改进意见或建议以及实验的心得体会等。

1.4 有机化学实验室安全知识

有机化学实验室所用的药品多数有毒、可燃、有腐蚀性或有爆炸性。比如乙醚、乙醇、丙酮和苯等溶剂易于燃烧;甲醇、硝基苯、有机磷化合物、有机锡化合物、氰化物等属有毒药品;氢气、乙炔、金属有机试剂和干燥的苦味酸属易燃、易爆化学药品;氯磺酸、浓硫酸、浓硝酸、浓盐酸、烧碱及溴等属强腐蚀性药品。同时,化学实验中使用的玻璃仪器易碎、易裂,容易引发割伤等事故。因此,必须认识到化学实验室是一个潜在的、危险的场所。但是,只要重视安全问题,思想上提高警惕,实验时严格遵守操作规程,加强安全措施,就能维护人身和实验室的安全,确保顺利完成实验。

1. 用水用电安全

进入有机化学实验室时应首先了解水电开关及总闸的位置,而且要掌握它们的使用方法。如实验需要使用冷凝水时,应先缓缓接通冷凝水(水量要小),再接通电源并打开电热套。使用电器前应检查线路连接是否正确,电器内外要保持干燥,不能有水或其他溶剂。实验完成后,应先关掉电源,再去拔插头,最后关冷凝水。值日生做完值日后,要关掉所有的水闸及总电闸。

人体通过 50 Hz 的交流电 1 mA 就有感觉,通电 10 mA 以上肌肉强烈收缩,通电 25 mA 以上则呼吸困难,甚至停止呼吸,通电 100 mA 以上使心脏的心室产生纤维性颤动,以致无法救活。直流电在通过同样电流的情况下,对人体也有相似的危害。

安全用电注意事项如下。

(1)实验时要注意观察电源是否发热、发烫,是否有焦糊味气体散发和实验室内是否有电器老化等现象。若发现异常,及时报修,防止意外发生。

(2)一切电源裸露部分都应有绝缘装置,所有电器设备的金属外壳应接上地线。

(3)操作电器时,手必须干燥。实验时,应先连接好电路后再接通电源。实验结束后,先切断电源,再拆线路。

(4)若室内有氢气、煤气等易燃、易爆气体,应防止产生电火花,否则会引起火灾或爆炸。电火花经常在电器接触点(如插销)、继电器工作时以及开关电闸时产生。因此,当实验室有易燃、易爆气体时,应注意室内通风,电线的接头要接触良好、包扎牢固,在继电器上连接电容器,以减弱电火花等。

(5)如遇着火,则应首先切断电路,用沙土、干粉灭火器或 CCl_4 灭火器等灭火,禁止用水或泡沫灭火器等导电液体灭火。

如果遇到有人触电,应首先切断电源,并将触电者送医院抢救。

2. 火灾的预防及处理

实验室中使用的有机溶剂大多数是易燃的,而且多数有机反应需要加热,因此着火是有机化学实验室常见的事故之一。预防着火的基本原则如下。

(1)当操作易燃的有机溶剂时要特别注意:实验开始前,应先打开实验室通风设备;实验装置的安装应远离火源;切勿用敞口容器存放、加热或蒸煮有机溶剂,否则挥发后的溶剂遇明火后易着火,发生火灾。实验室常见的易燃溶剂有乙醚、二硫化碳、烃类(己烷、苯、甲苯等)、醇类、酮类(丙酮、丁酮)以及酯类(乙酸乙酯)等。

(2)加热带有水冷凝的装置前应先将冷凝水接通,否则有机溶剂泄漏或大量蒸气来不及冷凝而逸出,易造成火灾。当可燃液体在加热蒸馏和回流时,应确保所有接头连接紧密且无张力。蒸馏时接引管的出口应远离火源,特别对于低沸点的物质(如乙醚),应用橡皮管引入下水道或室外。

(3)在移取或添加易燃溶剂(如乙醚、乙醇和苯等)时,务必熄灭或远离火源。在加热这些溶剂时不要直接用明火,可以用水浴、空气浴等。用油浴加热时,应注意避免水特别是冷凝水的溅入。

(4)进行放热反应时应准备冷水或冷水浴。一旦发现反应失去控制,应将反应器浸在冷水浴中冷却。当用电加热套加热时,电加热套应有足够的活动空间,以便在加热剧烈时能方便拆卸。

(5)不得把燃着或带有火星的火柴梗或纸条等乱抛乱丢,也不能丢入废物缸中,否则易发生危险。

(6)由于有机溶剂(如乙醇、乙醚等)易燃,在室温时即有较大的蒸汽压。如乙醚的沸点只有 34.51 ℃,其蒸气密度比空气大,所以乙醚蒸气往往悬浮于桌面或地面上很难扩散,一旦碰到明火,很容易造成火灾。故切勿将有机溶剂倒入废物缸中,而应将其倒入回收瓶中。

害的,因此被认为是有毒的药品。通常所见的化合物有很多是有毒性的,因此必须在通风橱里使用,例如苯、溴、硫酸二甲酯、氯仿、己烷、碘甲烷、汞盐、甲醇、硝基苯、苯酚、氰化钾、氰化钠等。急性中毒与慢性中毒的区别是:急性中毒一般很快就会被察觉,如受浓氨水刺激而感到窒息,就须迅速采取相应措施;慢性中毒一般不易察觉,是长时间处于某种环境中而导致对身体长期伤害的积累。因此许多物质被称为致癌物,但不能因此否定它们在有机化学实验中的作用,使用这些物质时需要格外小心。

另外,许多有机化合物对眼睛、皮肤和呼吸道有较强的刺激性,应当尽量避免与这些试剂或其蒸气接触。大多数化学药品或多或少都具有一定的毒性,中毒主要是通过呼吸道和皮肤接触有毒物品而对人体造成危害。因此预防中毒应做到以下几点。

(1)称量药品时应使用工具,不得直接用手接触,尤其是有毒药品。做完实验后,应先洗手再吃东西。任何药品不能用嘴尝,不要在实验室进食、饮水。

(2)剧毒药品应妥善保管,不许乱放,实验中使用的剧毒物质应有专人负责收发,并向使用者提出必须遵守的操作规程。实验后的有毒残渣必须进行妥善而有效的处理,不准乱丢。

(3)有些剧毒物质会渗入皮肤,因此在接触这些物质时必须戴橡胶手套,使用后应立即洗手,切勿让有毒药品沾及五官或伤口。例如,氰化钠沾及伤口后就会随血液循环至全身,严重时会造成中毒死伤。

(4)反应过程中可能生成有毒或有腐蚀性气体的实验应在通风橱内进行,使用后的器皿应及时清洗。在使用通风橱时,实验开始后不要把头部伸入橱内,尽可能避免有机物蒸气扩散到实验室内。

如已发生中毒,应按如下方法处理。若化学药品溅入或误入口腔,应立即用大量的水冲洗。如已进入胃中,应查明药品的毒性性质再服用解毒药,并立即送往医院急救。

(1)误吞强酸,先饮用大量的水,再服氢氧化铝膏、鸡蛋白;对于强碱,也要先饮用大量的水,再服醋、酸果汁、鸡蛋白。不论酸或碱中毒都须灌注牛奶,不要吃呕吐剂。

(2)如果发生刺激性及神经性中毒,先服牛奶或鸡蛋白使之冲淡和缓解,再服用硫酸铜溶液(将硫酸铜 3.0 g 溶于一杯水中)催吐,有时也可以用手指伸入喉咙催吐,之后立即到医院就诊。

(3)吸入气体中毒者,先将中毒者移至室外,解开衣领及纽扣。吸入少量氯气或溴气时,可用碳酸氢钠溶液漱口。吸入 H_2S 或 CO 气体而感到不适时,应立即到室外呼吸新鲜空气。出现其他较严重的症状,如出现斑点、头昏、呕吐、瞳孔放大时应及时送医院急救。

6. 玻璃割伤的预防及处理

在实验操作时,易被碎玻璃割伤。避免玻璃割伤的最基本原则是切记勿对玻璃仪器的任何部分施加过度的压力或张力。按规则操作,不能强行扳、折玻璃仪器,特别是比较紧的磨口处。当玻璃部件插入橡皮或软木塞时,首先应检查孔径大小是否合适,然后将手握在玻璃部件靠近橡皮塞或软木塞的部位缓缓旋进。使用及清洗玻璃仪器时轻拿轻放,保证玻璃仪器的完整。注意玻璃仪器的边缘是否碎裂,小心使用。玻璃管(棒)切割后,断面应在火上烧熔消除棱角。

玻璃割伤是常见的事故,受伤后要仔细观察伤口有没有玻璃碎粒,如有,应先把伤口处的玻璃碎粒取出,再用清水冲洗 10 min 以上,以便将残留的化学药品和一些碎的玻璃渣冲洗干净。若伤势不重,先进行简单的急救处理,如涂上万花油,再用纱布包扎,使其迅速止血,然后到医院治疗。若受伤严重,应使伤者躺下,保持安静,将受伤部位略抬高。可在伤口上部约 10 cm 处用纱布扎紧,减慢流血和压迫止血,千万不要用止血带或压脉器来止血,同时迅速拨打急救电话救治。

7. 实验室常用急救用品

(1)消防器材包含:泡沫灭火器、四氯化碳灭火器、二氧化碳灭火器、消防沙、石棉布、毛毡、棉胎和淋浴用的水龙头等。

(2)急救药箱包含:碘酒、红汞、紫药水、甘油、3%双氧水、饱和硼酸溶液、2%醋酸溶液、1%~5%碳酸氢钠溶液、70%医用酒精、烫伤油膏、万花油、药用蓖麻油、硼酸膏或凡士林、磺胺药粉、洗眼杯、消毒棉花、创可贴、棉签、纱布、胶布、绷带、医用剪刀、镊子、橡皮膏等。

8. 有机化学实验室废物的处理

有机化学实验常产生废气、废液和废渣(通称"三废")。如不养成良好习惯,对"三废"乱弃、乱倒、乱扔,轻则堵塞下水道,重则腐蚀水管,污染环境,影响身体健康。因此一定要提倡环境保护,遵守国家的环保法规。有机实验室的废物可采用以下方法处理。

(1)所有实验废物应按固体、液体、有害、无害等分类收集于不同的容器中,对一些难处理的有害废物可送环保部门专门处理。

(2)少量的酸(如盐酸、硫酸、硝酸等)或碱(如氢氧化钠、氢氧化钾等)在倒入下水道之前必须中和,并用水稀释。有机溶剂废液要回收到指定的带有标签的回收瓶或废液缸中集中处理。

(3)对无害的固体废物(如滤纸、碎玻璃、软木塞、沸石、氧化铝、硅胶等)可直接倒入普通的废物箱中,不应与其他有害固体废物相混。对有害固体废物应放入带有标签的广口瓶中。

(4)对易燃、易爆的废弃物(如金属钠)应由教师处理,学生切不可自主处理。对可能致癌的物质,处理起来应格外小心,避免与手接触。

1.5　危险化学品常识及绿色化学实验理念

1. 危险化学品常识

危险化学品是指具有燃烧、爆炸、毒害、腐蚀等性质,以及在生产、贮存、装卸、运输等过程中易造成人员伤亡和财产损失的任何化学物质。如氯气有毒、有刺激性,硝酸有强烈腐蚀性等,它们均属危险化学品。

1)危险化学品的分类

目前常见且用途较广的危险化学品有数千种,其性质各不相同,每种危险化学品往往具有多种危险性,但在多种危险性中,必有一种主要的即对人类危害最大的危险性。因此在对危险化学品分类时,掌握"择重归类"的原则,即根据该化学品的主要危害特性来进行分类。危险化学品按其危害特性,主要分为爆炸物质、压缩气体和液化气体、易燃液体、易燃固体、自燃物质和遇湿易燃物质、氧化剂和有机过氧化物、有毒物质、放射性物质。根据常用化学试剂的危险性质,又可分为易燃、易爆和有毒药品三类。在使用贴有危险品警示图标的药品和设施时,应严格遵守操作规程,以免发生事故。

2)常见的危险化学品

(1)易燃化学药品如下。

a. 可燃气体包括甲烷、乙烷、一氯甲烷、一氯乙烷、乙烯、煤气、氢气、硫化氢、二氧化硫、氨、乙胺等。

b. 易燃液体包括一级易燃液体(乙醚、丙酮、汽油、环氧乙烷、环氧丙烷等),二级易燃液体(甲醇、乙醇、吡啶、二甲苯等),三级易燃液体(柴油、煤油、松节油等)。

c. 有机易燃固体包括硝化纤维、樟脑、胶卷等;无机易燃固体包括红磷、硫黄、镁、铝等。

d. 遇水燃烧的物质包括金属钾、钠及电石和锌粉等。

(2)易爆化学药品如下。

a. 氢气、乙炔、二硫化碳、乙醚及汽油的蒸气与空气或氧气混合,可因火花导致爆炸。

b. 乙醇加浓硝酸、高锰酸钾加甘油、高锰酸钾加硫黄、硝酸加镁和氢碘酸、硝酸铵加锌粉和水、硝酸盐加氯化亚锡、过氧化物加铝和水、钠或钾加水等可爆炸。

c. 氧化剂与有机物接触极易引起爆炸,故在使用硝酸、高氯酸、双氧水时必须注意。

(3)有毒化学药品如下。

a. 溴、氯、氟、溴化氢、盐酸、二氧化硫、硫化氢、氢氰酸、一氧化碳等均为有毒气体,具有刺激性或窒息性。

b. 强酸和强碱均会刺激皮肤,有腐蚀作用,会造成化学灼伤。强酸、强碱可烧伤眼角膜,如果强碱烧伤 5 min,可使眼角膜完全毁坏。

c. 高毒性固体包含无机氰化物、三氧化二砷等砷化物、氯化汞等可溶性汞化合物、铊盐、铅及其化合物和五氧化二钒等。

d. 有毒有机物包含苯、甲醇、二硫化碳等有机溶剂;芳香硝基化合物、苯酚、硫酸二甲酯、苯胺及其衍生物等。

e. 已知的危险致癌物质:联苯胺及其衍生物、β-萘胺、二甲氨基偶氮苯、α-萘胺等芳胺及其衍生物;N-甲基-N-亚硝基苯胺、N-甲基-N-亚硝基脲、N-亚硝基氢化吡啶等 N-亚硝基化合物;双(氯甲基)醚、氯甲基甲醚、碘甲烷、β-羟基丙酸丙酯等烷基化试剂;苯并[a]芘、二苯并[a,h]蒽等稠环芳烃;硫代乙酰胺、硫脲等含硫化合物;石棉粉尘;等等。

f. 具有长期积累效应的毒物:苯、铅化合物(特别是有机铅化合物)、汞、二价汞盐和液态的有机汞化合物等。

3)易燃、易爆和腐蚀性药品的使用规则

(1)绝不允许把各种化学药品任意混合,以免发生意外事故。

(2)使用氢气时要严禁烟火,点燃氢气前必须检验氢气的纯度。进行有大量氢气产生的实验时,应把废气通向室外,并应注意室内的通风。

（3）可燃性试剂不能用明火加热，必须用水浴、油浴、沙浴或可调电压的电热套加热。使用和处理可燃性试剂时，必须在没有火源的通风实验室中进行，试剂用毕要立即盖紧瓶塞。

（4）钾、钠和白磷等暴露在空气中易燃烧，所以钾、钠应保存在煤油（或石蜡油）中，白磷可保存在水中，取用它们时要用镊子。

（5）取用酸、碱等腐蚀性试剂时，应特别小心，不要洒出。废酸应倒入废酸缸中，但不要往废酸缸中倾倒废碱，以免因酸碱中和放出大量的热而发生危险。浓氨水具有强烈的刺激性气味，一旦吸入较多氨气，可能导致头晕或晕倒。若氨水进入眼内，严重时可能造成失明。所以，在热天取用氨水时，最好先用冷水浸泡氨水瓶，使其降温后再开瓶取用。

（6）对某些强氧化剂（如氯酸钾、硝酸钾、高锰酸钾等）或其混合物，不能研磨，否则可能引起爆炸；银氨溶液不能留存，因其久置后会生成氮化银而容易爆炸。

4）有毒、有害药品的使用规则

（1）有毒药品（如铅盐、砷的化合物、汞的化合物、氰化物和重铬酸钾等）不得进入口内或接触伤口，也不得随便倒入下水道。

（2）金属汞易挥发，并能通过呼吸道进入体内，会逐渐积累而造成慢性中毒，所以取用时要特别小心。如不慎将汞洒落在桌上或地上，必须尽可能收集起来，并用硫黄粉盖在洒落汞的地方，使汞转变成不挥发的硫化汞，然后再除尽。

（3）制备和使用具有刺激性的、恶臭和有害的气体（如硫化氢、氯气、光气、一氧化碳、二氧化硫等）及加热蒸发浓盐酸、硝酸、硫酸时，应在通风橱内进行。

（4）使用某些有机溶剂（如苯、甲醇、硫酸二甲酯）时应特别注意。因为这些有机溶剂均为脂溶性液体，不仅对皮肤及黏膜有刺激性作用，而且对神经系统也有损伤。生物碱大多具有强烈毒性，皮肤亦可吸收，少量即可导致中毒甚至死亡。因此，使用这些试剂时均须穿上工作服、戴上手套和口罩。

（5）必须了解哪些化学药品具有致癌作用，在取用这些药品时应特别注意，以免中毒。

5）危险化学品的存放

（1）贮存危险化学品必须遵照国家法律、法规和其他有关的规定。

（2）贮存的化学危险品应有明显的标志，标志应符合国家相关规定。同一区域贮存两种或两种以上不同级别的危险品时，应按最高等级危险物品的性能进行标志。

（3）在贮存化学危险品的建筑物或区域内严禁吸烟和使用明火，并安装自动监测和火灾报警系统。贮存易燃、易爆化学危险品的建筑必须安装避雷设备。

（4）各类危险品不得与禁忌物料混合储存，灭火方法不同的危险化学品不能同库储存。如爆炸物品不准和其他类物品同储，必须单独隔离、限量贮存；易燃液体、遇湿易燃物品、易燃固体不得与氧化剂混合贮存；具有还原性的氧化剂应单独存放；有毒物品应贮存在阴凉、通风、干燥的场所，不要露天存放，不要接近酸类物质；腐蚀性物品的包装必须严密，不允许泄漏，严禁与液化气体和其他物品共存。

（5）贮存化学危险品的仓库必须建立严格的出入库管理制度。化学危险品入库时，应严格检验物品质量、数量、包装情况、有无泄漏。化学危险品入库后应采取适当的养护措施，在储

学、材料学、地质学、食品科学和药学等诸多领域。可以通过网络直接查看 1907 年以来的所有期刊文献和专利摘要,以及 4 000 多万个化学物质的记录和 CAS 注册号。

（8）中国期刊全文数据库（http：//www.cnki.net）。它收录 1994 年至今的 5 300 余种核心与专业特色期刊全文,累积全文 600 多万篇,题录 600 多万条。分为理工 A（数理科学）、理工 B（化学化工能源与材料）、理工 C（工业技术）、农业、医药卫生、文史哲、经济政治与法律、教育与社会科学、电子技术与信息科学 9 大专辑,126 个专题数据库,网上数据每日更新。

第2章 常用仪器设备和实验基本操作方法

在有机化学实验中,经常要使用一些玻璃仪器和实验装置。熟悉所用仪器和装置的性能,掌握各种仪器和装置正确的使用方法以及维护方法,对实验者来说十分必要。

2.1 常用玻璃仪器及装置

1. 常用玻璃仪器及用途

有机化学实验所用玻璃仪器一般分为普通玻璃仪器和标准磨口玻璃仪器两种。标准磨口是指接口部位的尺寸标准化,按统一标准加工成磨口,相同尺寸内外口可相互紧密连接,不需要橡胶塞和打孔,装配容易,拆洗方便。标准磨口玻璃仪器口径的大小通常用数字编号来表示,该数字是指磨口最大端直径的毫米整数。常用的有 12#、14#、19#、24#、29#、34#、40#、50#等。有时也用两组数字来表示,一组数字表示磨口最大端直径,另一组数字表示磨口的长度。例如 14/30,表示此磨口直径最大处为 14 mm,磨口长度为 30 mm。相同编号的磨口和磨塞可以直接连接。有时两件玻璃仪器,因磨口编号不同而无法直接连接时,可借助不同编号的转接头使之连接。下面分类介绍玻璃仪器的种类和用途。

1)烧瓶

烧瓶能耐受较高温度,用于化学反应容器的回流加热和蒸馏液体等。根据外形可分为平底烧瓶、圆底烧瓶和梨形烧瓶(图 2-1)。其中平底烧瓶不可用于减压蒸馏。梨形烧瓶是用于微量和半微量合成的反应瓶。烧瓶的口颈数有单口、二口、三口和四口,根据反应操作条件选择不同口颈数的烧瓶,如反应同时需要搅拌、回流、滴加反应物和测温时,要选择四口瓶,分别安装搅拌器、回流冷凝管、滴液漏斗和温度计。

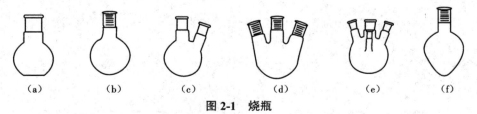

图 2-1 烧瓶

(a)平底烧瓶;(b)圆底烧瓶;(c)二口烧瓶;(d)三口烧瓶;(e)四口烧瓶;(f)梨形烧瓶

2)冷凝管和分馏柱(图 2-2)

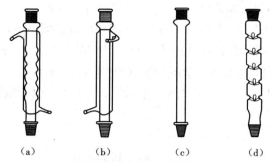

图 2-2 冷凝管和分馏柱

(a)球形冷凝管;(b)直形冷凝管;(c)空气冷凝管;(d)韦氏分馏柱

冷凝管适用于将热蒸气冷凝为液体的玻璃仪器,常用于回流和蒸馏操作。

球形冷凝管:使用时夹套内通冷却水。由于其内管的冷却面积较大,对蒸气的冷凝效果较好,适用于需要加热回流的实验,也叫作回流冷凝管。

直形冷凝管:使用时夹套内通冷却水。用于物质的沸点小于 140 ℃的蒸馏操作。若沸点超过 140 ℃,由于蒸气温度与冷却水温差较大,会导致冷凝管炸裂。

空气冷凝管:使用时不需要通水冷却。用于物质的沸点高于 140 ℃的蒸馏操作,代替直形冷凝管。

韦氏分馏柱:又称刺形分馏柱。每隔一段距离就有一组向下倾斜的刺状物,且各组刺状物间是呈螺旋状排列的分馏管,用于分离沸点相差小于 30 ℃的液体混合物。

3)漏斗(图 2-3)

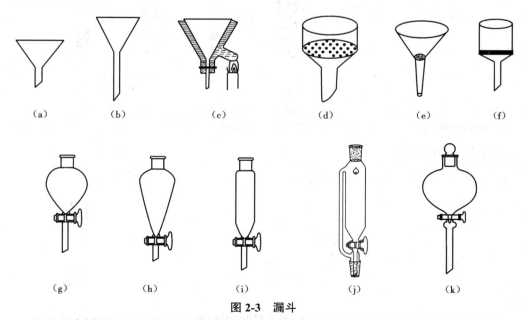

图 2-3 漏斗

(a)短颈玻璃漏斗;(b)长颈玻璃漏斗;(c)保温漏斗;(d)布氏漏斗;(e)小型玻璃多孔板漏斗;(f)砂芯漏斗;
(g)球形分液漏斗;(h)梨形分液漏斗;(i)筒形分液漏斗;(j)恒压滴液漏斗;(k)球形常压滴液漏斗

长颈和短颈玻璃漏斗用于普通过滤或反应加料;保温漏斗,也叫热过滤漏斗,用于需要保温的过滤,常用于重结晶热过滤操作,它是在普通漏斗的外面装上一个铜质的外壳,外壳中间装入液体,用煤气灯加热侧面的支管,以保持所需要的温度;布氏漏斗是瓷质的多孔板漏斗,在减压过滤时使用;小型玻璃多孔板漏斗用于少量物质的减压过滤;砂芯漏斗是玻璃砂烧结微孔板漏斗,用于减压过滤腐蚀或黏结滤纸的物料时使用,过滤时不需要铺滤纸;分液漏斗用于液体的萃取、洗涤和分离,也可用于滴加原料;滴液漏斗用于反应时的液体加料操作,能把液体一滴一滴地加入到反应器中。

4）接头及配件

接头和配件（图2-4）用于组装仪器时各部分间的连接。

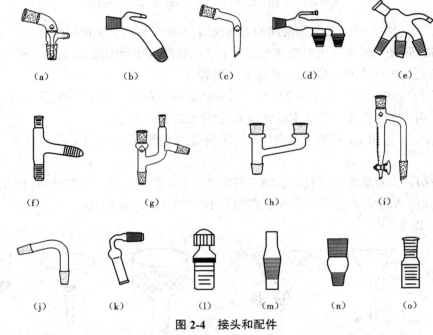

（a）　　（b）　　（c）　　（d）　　（e）

（f）　　（g）　　（h）　　（i）

（j）　　（k）　　（l）　　（m）　　（n）　　（o）

图 2-4　接头和配件

（a）真空接引管;（b）接引管（可接气体导管）;（c）接引管;（d）双尾接引管;（e）三叉燕尾管;（f）蒸馏头;（g）克氏蒸馏头;（h）Y 形管;（i）分水器;（j）弯管;（k）干燥管;（l）温度计套管;（m）搅拌器套管;（n）转接头（小变大）;（o）转接头（大变小）

5）其他常用玻璃仪器

图2-5是化学实验室最常用的玻璃仪器。

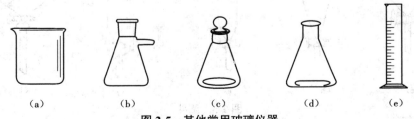

（a）　　　（b）　　　（c）　　　（d）　　　（e）

图 2-5　其他常用玻璃仪器

（a）烧杯;（b）抽滤瓶;（c）具塞锥形瓶;（d）锥形瓶;（e）量筒

6）玻璃仪器使用注意事项

（1）使用时应轻拿轻放。

（2）不能用明火直接加热玻璃仪器（试管除外），加热时应垫石棉网，不能用高温加热不耐热的玻璃仪器，如抽滤瓶、普通漏斗、量筒等。

（3）锥形瓶和平底烧瓶不能用于减压系统。

（4）玻璃仪器用完应及时清洗，特别是标准磨口仪器，如果放置时间太久，容易黏结在一起，很难拆开。如果发生此情况，可用热水煮黏结处或用电吹风吹接口处，使其脱落，还可用木槌轻轻敲打黏结处。

（5）带旋塞或具塞的仪器清洗后，应在塞子和磨口的接触处夹放纸片，以防黏结。

（6）标准磨口仪器磨口处要干净，不得粘有固体物质。清洗时应避免用去污粉擦洗磨口，否则会损坏磨口，使磨口连接不紧密。

（7）安装仪器时，应做到横平竖直，磨口连接处不应受倾斜的应力，以免仪器破裂。

（8）一般使用时，磨口处无须涂润滑剂，以免粘有反应物或产物。但反应中使用强碱时，则要涂润滑剂，以免磨口连接处因碱腐蚀而黏结在一起，无法拆开。当减压蒸馏时，应在磨口连接处涂润滑剂，保证装置密封良好。

（9）使用温度计时，应注意不要用冷水冲洗热的温度计，以免炸裂，尤其是水银球部位应冷却至室温后再冲洗。不能用温度计搅拌液体或固体物质，以免温度计破裂。测量温度时，温度不能超过温度计量程。

2. 常用实验装置及拆装

1）回流冷凝装置

室温下有些反应速率很小或难于进行，为了提高反应速率，常常需要使反应物较长时间保持沸腾。在这种情况下需使用回流冷凝装置，使蒸气不断地在冷凝管内冷凝而返回反应器中，以防止反应瓶中的物质逃逸损失。图2-6（a）是最简单的回流冷凝装置，将反应物加入到圆底烧瓶中，在适当的热源上加热，直立的冷凝管夹套中自下而上通入冷水，水流速度不必很快，能保持蒸气充分冷凝即可。加热的程度也需控制，使蒸气上升的高度不超过冷凝管的1/3。如果反应物或产物受潮会分解或反应，可在冷凝管上口连接氯化钙干燥管来防止空气中的湿气侵入[图2-6（b）]。如果反应过程放出有害气体（如溴化氢），需在冷凝管上口连接气体吸收装置[图2-6（c）]。

2）滴加回流装置

有些反应过程剧烈，放热量大，如果将反应物一次加入，会使反应失去控制；有些反应为了控制产物的选择性，也不能将反应物一次加入。在这些情况下，可采用滴加回流装置（图2-7），将一种试剂逐渐滴加进去，常用恒压滴液漏斗进行滴加。

3）搅拌回流装置

当反应在均相溶液中进行时一般可不用搅拌，因为加热时溶液存在一定程度的对流，从而保持液体各部分均匀地受热。如果是非均相反应，或者反应物之一是逐渐滴加，或者反应产物是固体，这时反应过程就需要不断搅拌，使反应物混合均匀，防止局部过浓、过热而导致其他副反应发生。在许多合成实验中使用搅拌装置,不但可以较好地控制反应温度,而且能缩短反应时间和提高产率。常用的搅拌回流装置见图2-8。

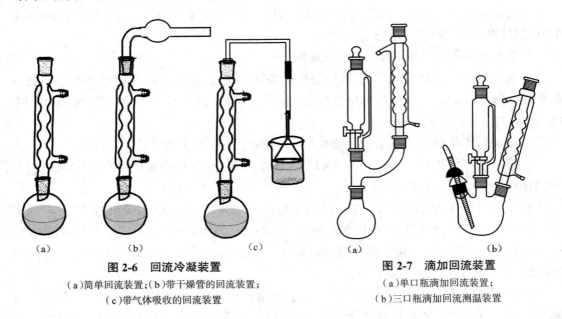

图 2-6　回流冷凝装置
(a)简单回流装置;(b)带干燥管的回流装置;
(c)带气体吸收的回流装置

图 2-7　滴加回流装置
(a)单口瓶滴加回流装置;
(b)三口瓶滴加回流测温装置

4)回流分水装置

在进行某些可逆平衡反应时,为了使反应不断向右移动,可将反应产物之一不断从反应体系中除去,常采用回流分水装置除去生成的水。在图2-9的装置中有一个分水器,回流下来的蒸气冷凝液进入分水器分层后,有机层自动被送回烧瓶,而生成的水可从分水器下端放出。

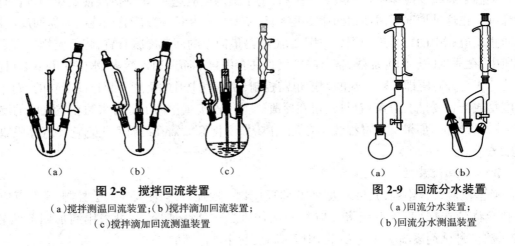

图 2-8　搅拌回流装置
(a)搅拌测温回流装置;(b)搅拌滴加回流装置;
(c)搅拌滴加回流测温装置

图 2-9　回流分水装置
(a)回流分水装置;
(b)回流分水测温装置

5)蒸馏分馏装置

蒸馏是分离两种或两种以上沸点相差较大的液体混合物或除去有机溶剂的常用方法。几种常用的蒸馏装置见图2-10,可用于不同场合的蒸馏。图2-10(a)是常压蒸馏装置,由于这种装置出口处与大气相通,可能逸出馏出液蒸气。若蒸馏易挥发的低沸点液体时,需将接引管的支管连上橡皮管,通向水槽或室外。若蒸馏物需要防潮,可在接引管支管口处接一干燥管。图

2-10(b)为简易的蒸馏装置,用于溶剂回收操作。图 2-10(c)是使用空气冷凝管的蒸馏装置,常用于蒸馏沸点在 140 ℃以上的液体,此时若使用直形冷凝管,由于液体蒸气温度较高,会使冷凝管炸裂。图 2-10(d)为蒸除较大量溶剂的装置,由于液体可自滴液漏斗中不断地加入,既可调节滴入和蒸出的速度,又可避免使用较大的蒸馏瓶。图 2-10(e)为分馏装置,当反应可逆,反应过程需要蒸出产物之一,但体系多种物质间沸点相差小于 30 ℃时,就需要用分馏方法把沸点较低的化合物或共沸物蒸出。图 2-10(f)为滴加分馏装置,同时带有磁力搅拌,使滴加物与体系迅速混合均匀。当反应放热,需要控制温度时,通常用滴加原料的方法控制反应速度。

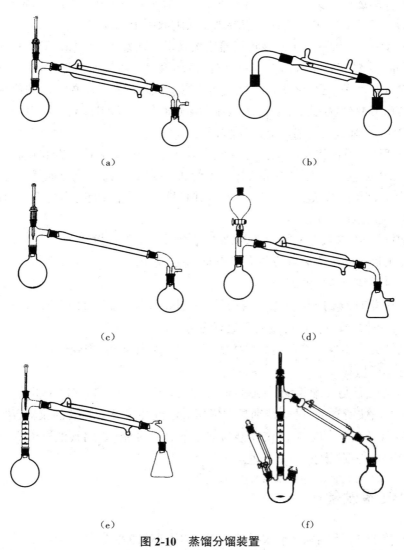

（a）

（b）

（c）

（d）

（e）

（f）

图 2-10　蒸馏分馏装置

（a）常压蒸馏装置;（b）简易蒸馏装置;（c）使用空气冷凝管的蒸馏装置;（d）连续蒸馏装置;

（e）分馏装置;（f）滴加分馏装置

6)仪器的选择、装配与拆卸

有机化学实验的各种反应装置都是由一件一件玻璃仪器组装而成的,操作中应根据实验要求选择合适的仪器。一般选择仪器的原则如下。

(1)烧瓶的选择是根据液体的体积而定的。普通蒸馏时,液体的体积应占容器体积的1/3~2/3;水蒸气蒸馏或减压蒸馏时,液体体积不应超过烧瓶容积的1/2。

(2)冷凝管的选择。一般情况下回流用球形冷凝管,蒸馏用直形冷凝管。但是当蒸馏温度超过140 ℃时应改用空气冷凝管,以防温差较大时,由于仪器受热不均匀而造成冷凝管炸裂。

(3)温度计的选择。实验室一般备有100 ℃、150 ℃和300 ℃温度计,根据所测温度选用不同的温度计。通常选用的温度计量程要高于被测温度10~20 ℃。

在装配一套装置时,一般用铁夹将仪器依次固定在铁架台上。如果装有机械搅拌,整套仪器应固定在同一个铁架台上,以防止各件仪器振动频率不协调而损坏仪器。下面以常压蒸馏装置[图2-10(a)]为例,说明仪器装配过程及注意事项。首先确定单口瓶的位置,它的高度由热源(如电热套)的高度决定,一般使用电热套加热时,下面放升降台,反应停止加热可方便移走热源。将单口瓶固定在铁架台上,依次向上安装蒸馏头和温度计,调节温度计的正确位置,再向右安装直形冷凝管,将其固定在另一个铁架台上,最后安装接引管和接收瓶,接引管用橡皮筋或瓶口夹固定,防止脱落。冷凝管接橡胶管通冷凝水,注意水流方向是低进高出。一套安装完美的装置应该是整套仪器在一个平面上,并且垂直于台面,同时平行于台面边沿。

安装仪器应注意以下几点。

(1)装配仪器时,应按照从下向上、从左向右的原则,逐件装配。

(2)常压下进行的反应装置应与大气相通,不能密闭。

(3)铁架台在整套装置的后面。

(4)安装仪器时,除小件(如接头、配件)外,其他仪器每装一件都要用铁夹固定到铁架台上,然后再装下一件,所有仪器连接处不应有应力。

(5)金属铁夹不能与玻璃仪器直接接触,要有软垫,如布条、橡胶垫等。

(6)装置不可扭斜。

仪器拆卸方法是与装配相反的顺序进行,即从右到左、从上到下逐个拆除。在松开一个铁夹时,必须用手托住所夹的仪器,特别是像恒压滴液漏斗等倾斜安装的仪器,决不能让仪器对磨口施加侧向压力。拆卸下来的仪器磨口如涂有密封油脂,要用石油醚或棉花球擦洗干净。用过的仪器应及时洗刷干净,妥善放置。

2.2 常用仪器设备

有机化学实验中,除用到玻璃仪器外,还经常用到各种各样的辅助仪器和设备。

1. 称量设备

实验室称量设备根据称量精度分为托盘天平和电子天平(图2-11)。托盘天平[图2-11

（a）]用于精度不高的称量，一般称量量程为 1 000 g，精度为 0.1 g。称量时，左边秤盘放被称量物质，右边秤盘放砝码，通过移动游码至两边平衡。被称量的化学药品必须放在称量纸上或烧杯中，切不可直接放在秤盘上，以保持秤盘的清洁。称量后将砝码放回盒中。

电子天平是目前实验室常用的称量设备，尤其在微量和半微量实验中经常使用。普通电子天平[图 2-11（b）]的精度为 0.01 g。与托盘天平相比，电子天平称量简单方便，能满足一般化学实验的要求。电子分析天平[图 2-11（c）]是一种比较精密的仪器，称量精度可达 0.000 1 g。因精度较高，使用时应注意维护和保养。使用天平应注意：①天平应放在清洁、干燥和稳定的环境中，以保证测量的准确性，不要放在通风、有磁场的设备附近，不要在温度变化较大、有震动或有腐蚀性气体的环境中使用；②保持机壳和称量台的清洁，以保证天平的准确性；③天平不使用时应拔掉电源；④使用时不要超过天平的最大量程。

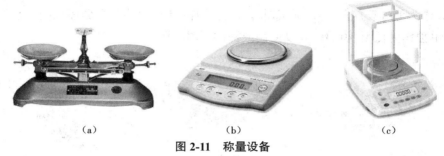

图 2-11　称量设备
（a）托盘天平；（b）普通电子天平；（c）电子分析天平

2. 干燥设备

实验室常用的干燥设备见图 2-12。气流干燥器[图 2-12（a）]可以快速烘干多件玻璃仪器。气流干燥器有冷风挡和热风挡，使用时将洗净沥干的仪器挂在多孔金属管上。开启热风挡，可在数分钟内烘干，再以冷风吹冷。气流干燥器的电热丝较细，当仪器烘干取下后应随手关闭开关，不可使其持续数小时吹热风，否则会烧断电热丝。若仪器壁上的水没有沥干，会顺着多孔金属管滴落在电热丝上，造成短路而损坏干燥器。

图 2-12　干燥设备
（a）气流干燥器；（b）恒温鼓风烘箱；（c）真空干燥箱

恒温鼓风烘箱[图 2-12（b）]和真空干燥箱[图 2-12（c）]是实验室必备设备。恒温鼓风烘箱加热温度为 50~300 ℃，主要用于干燥玻璃仪器或干燥无腐蚀性、无挥发性、热稳定性好的药品，切不可用来干燥挥发、易燃和易爆物质。烘干玻璃仪器时，一般温度设定在 100~200 ℃，鼓风可以加速仪器的干燥。仪器放入烘箱时,器皿口向上,防止水珠流出滴到其他仪器上造成炸裂。带有活塞或旋塞的仪器(如分液漏斗和滴液漏斗)必须拔下塞子,擦去油脂后才能放入烘箱干燥。厚壁仪器、橡皮塞和塑料制品等不宜在烘箱中干燥。真空干燥箱是在真空下加热的干燥设备,用来干燥熔点较低或在高温下容易分解的药品。

3. 加热冷却设备

电热套是用玻璃纤维丝与电热丝纺织成半圆形的内套,外面加上金属外壳,中间填充保温材料,如图 2-13(a)所示。电热套加热时,不用明火,使用时应注意不要将药品洒在电热套内,以免加热时药品挥发而污染环境。加热烧瓶时,烧瓶不要接触电热套内壁。恒温水浴锅[图 2-13(b)]是用来加热或保温低沸点有机化合物的仪器,控制温度在 90 ℃以下,由于无明火,所以可防易燃、易爆事故发生。加水时注意切断电源,使用结束后,应将温控旋钮置于最小值并切断电源。长时间不用时应将锅内的水排尽擦干。低温冷却液循环泵[图 2-13(c)]是可代替干冰和液氮作为低温反应的设备,底部带有磁力搅拌,具有搅拌及内循环系统,使槽内温度更为均匀,可单独作为低温、恒温循环泵使用或提供恒温冷源。

（a） （b） （c）

图 2-13　加热冷却设备

（a）电热套；（b）恒温水浴锅；（c）低温冷却液循环泵

4. 搅拌设备

磁力搅拌能在完全密封的装置中进行,它由电机带动磁体旋转,磁体又带动反应器中的磁子旋转,从而达到搅拌的目的。图 2-14(a)是只有搅拌功能的设备,图 2-14(b)是带有搅拌和控温功能的设备,实验室应用较多。机械搅拌是由机座、小型电动马达和调速变压器组成的,如图 2-14(c)所示,一般用于非均相体系反应的搅拌。

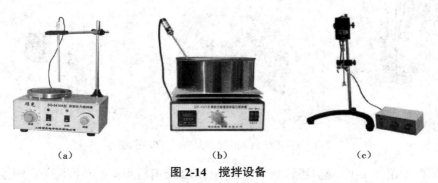

（a） （b） （c）

图 2-14　搅拌设备

（a）磁力搅拌器；（b）集热式恒温磁力搅拌器；（c）机械(电动)搅拌器

5. 减压设备

实验室常用减压设备来获得真空进行抽滤或干燥,常用减压设备有循环水真空泵和真空油泵(图 2-15)。循环水真空泵以循环水作为流体,不能得到较高的真空度,一般用于对真空度要求不高的减压体系中,如蒸馏、结晶、过滤和升华等操作中。由于水可以循环使用,避免了直接排水的浪费现象,是实验室理想的减压设备。使用真空水泵要注意:①真空泵抽气口应连接安全瓶,以免发生倒吸现象,污染体系。②开泵前,应检查是否与体系连接好,打开安全瓶上的旋塞,开泵后,关闭旋塞,抽真空。关泵前,先打开安全瓶上的旋塞,拆掉抽滤瓶上的接口,再关泵。③应经常补充和更换水泵中的水,以保持水泵的清洁和抽真空效果。

(a)   (b)

图 2-15　减压设备

(a)循环水真空泵;(b)真空油泵

真空油泵可实现较高的真空度,真空度取决于泵的结构及油的质量,油的蒸汽压越低效能越好。好的真空泵能抽到 10~100 Pa 以上的真空度。油泵的结构越精密,对工作条件要求越高。在使用油泵进行减压蒸馏时,溶剂、水和酸性气体会造成对油的污染,使油的蒸汽压增加,真空度降低,同时这些气体也能腐蚀泵体。因此,必须在油泵的进口处安装冷阱和气体吸收塔,塔内装有气体吸收材料,如石蜡、氢氧化钠和氯化钙。

6. 测试设备

熔点的测定广泛用于药物、染料、香料等晶体有机化合物的初步鉴定或纯度检验。图 2-16(a)为常用的数字显微熔点仪。阿贝折光仪[图 2-16(b)]可直接用来测定液体的折光率,以鉴定液体的纯度,定量分析溶液的组成,是教学和科研中常用的仪器。测量折光率时,所需样品量少,测量精密度高,重现性好。有机实验中合成的液体化合物,通常可直接测量它的折光率,以初步鉴定样品的纯度。

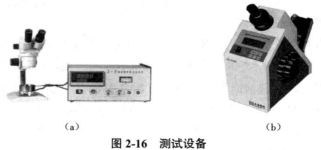

(a)   (b)

图 2-16　测试设备

(a)数字显微熔点仪;(b)阿贝折光仪

7.其他设备

旋转蒸发仪[图 2-17（a）]是用来回收和蒸发除去有机溶剂的设备。操作时,由于烧瓶倾斜不断旋转,液体附于烧瓶壁上形成一层液膜,加大了蒸发面积,使蒸发速度加快。一般在循环水真空泵减压下旋转蒸发,溶剂经冷却水冷凝后进入接收瓶,回收利用。

微波加热不同于常规加热,常规加热时热量由外部传递到中心部位,需要一定的传导时间,而微波加热属内部加热,电磁能直接作用于介质分子而转换成热能,使介质内外同时受热,不需要热传导,因此加热速度快,加热均匀。利用微波反应器[图 2-17（b）]进行有机反应,可使反应速率提高几倍,甚至上千倍。微波加热易于控制,易于自动化。微波不属于放射性射线,也没有有毒气体排放,是一种安全的加热技术。

超声波是一种能量较低的机械波,本质上它并不能使化学键活化,但由于它的空化作用,可在局部产生瞬时的高温、高压、微射流、强剪切等高能环境,使反应体系破碎、分散、雾化、混合等,大大增加了反应界面,加速了化学反应,提高了反应效率。图 2-17（c）是一种常见的超声波清洗器,可用于小批量的清洗、脱气、混匀、提取、有机合成和细胞粉碎等。

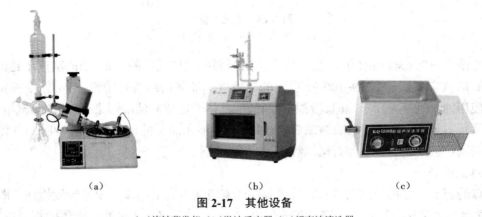

（a）　　　　　　　　　（b）　　　　　　　　　（c）

图 2-17　其他设备

（a）旋转蒸发仪;（b）微波反应器;（c）超声波清洗器

2.3　玻璃仪器的洗涤

有机化学实验中使用的玻璃仪器应当清洁干燥,以免在实验时混入杂质。

1.玻璃仪器的洗涤方法

清洗玻璃仪器的常用方法是:将玻璃仪器和毛刷用自来水淋湿,蘸取肥皂粉或洗涤剂洗刷玻璃器皿的内外壁,除去污物后,再用自来水冲洗干净。实验室刷子是特制的,如瓶刷、烧杯刷、冷凝管刷等,但用腐蚀性洗液时则不用刷子。洗涤时,应注意不要让毛刷的铁丝摩擦仪器磨口。毛刷够不到的地方,可将毛刷的铁丝柄适当弯曲,直到可以刷到污物为止。洗净的仪器倒置时器壁应不挂水珠。如果是用于盛装精制产品或用于有机分析实验的玻璃仪器,则还需用蒸馏水将其摇洗几次,以除去自来水带来的杂质。

实验用过的玻璃器皿必须立即洗涤。因为污垢的性质在当时是清楚的,用适当的方法进行洗涤容易办到,时间长了会增加洗涤的难度。难于洗净时,则可根据污垢的性质选用适当的洗液进行洗涤。如果是酸性(或碱性)污垢,用碱性(或酸性)洗液洗涤;如果是有机污垢,则用碱性洗液或有机溶剂洗涤。下面介绍几种常用洗液。

1)铬酸洗液

铬酸洗液是由重铬酸钾和浓硫酸配成的。这种洗液氧化性很强,对玻璃仪器无侵蚀作用,而对有机污垢破坏力很强。使用时先倾去玻璃器皿内的水,慢慢倒入洗液,转动器皿,使洗液充分浸润不干净的器壁,数分钟后把洗液倒回洗液瓶中,再用自来水冲洗。若壁上粘有少量炭化残渣,可加入少量洗液,浸泡一段时间后在小火上加热,直至冒出气泡,炭化残渣即可除去。当铬酸洗液颜色变绿,表示失效,应该弃去,不能倒回洗液瓶中。

2)碱性乙醇洗液

碱性乙醇洗液是由氢氧化钠的水溶液与95%乙醇配制而成的,可用于洗涤油脂、焦油、树脂沾污的玻璃仪器。

3)合成洗涤剂

合成洗涤剂是实验室常用的洗涤液,用以洗涤油脂和一些有机物(如有机酸)。

4)有机溶剂洗涤液

当胶状或焦油状的有机污垢用上述方法不能洗去时,可选用丙酮、乙醚、苯等有机溶剂浸泡,使用时要加盖避免溶剂挥发。使用有机溶剂作为洗涤剂,用后可回收重复使用。

另外,有机实验室中常用超声波清洗器[图2-17(c)]来洗涤玻璃仪器,既省时又方便。将实验用过的仪器用自来水简单冲洗后,放在装有洗涤剂溶液的超声波清洗器中,接通电源,利用超声波的振动和能量,即可达到清洗仪器的目的。

若是用于精制或有机分析用的器皿,除用上述方法处理外,还须用蒸馏水冲洗。

玻璃器皿是否清洁的标志是:加水倒置,水顺着器壁流下,内壁被水均匀润湿有一层既薄又均匀的水膜,不挂水珠。

2. 玻璃仪器的干燥

有机化学实验经常需要使用干燥的玻璃仪器,故要养成在每次实验后马上把玻璃仪器洗净和倒置使之干燥的习惯,以便下次实验时使用。干燥玻璃仪器的方法有下列几种。

1)自然风干

自然风干是指把已洗净的仪器放在干燥架上自然风干,这是常用的简单方法。但必须注意,若玻璃仪器洗得不够干净,水珠便不易流下,干燥就会缓慢。

2)烘干

把玻璃器皿按顺序由上往下放入烘箱烘干,放入的玻璃仪器要求不带水珠。器皿口应向上,带有磨砂口玻璃塞的仪器必须取出活塞后才能烘干,烘箱内的温度保持100~105 ℃约0.5 h,待烘箱内的温度降至室温时才能取出。切不可把很热的玻璃仪器取出,以免破裂。当烘箱正在工作时,则不能往上层放入湿的器皿,以免水滴下落,使热的器皿骤冷而破裂。

3)吹干

有时仪器洗涤后需立即使用,这时可使用气流干燥器或电吹风机把仪器吹干。首先将水尽量沥干后加入少量丙酮或乙醇摇洗并倾出,先通入冷风吹 1~2 min,待大部分溶剂挥发后,吹入热风至完全干燥,最后吹入冷风使仪器逐渐冷却。

2.4 干燥方法

干燥是在有机化学实验中用以除去试剂及产品中的少量水分和有机溶剂最常用的方法。某些有机化学反应,需要在"绝对"无水的条件下进行,如格氏反应、用氢化铝锂还原等,不仅所用仪器要干燥,所用的试剂及溶剂也要干燥,其干燥的程度对实验的成功影响极大。因此在实验过程中应采取必要措施,防止空气中的湿气进入反应体系中。萃取或洗涤得到的液体有机化合物在用蒸馏操作进一步纯化之前,也常常需要用干燥的方法除去水分,以保证纯化的效果。

在对有机化合物进行熔点测定、波谱分析或定性定量的化学分析之前,为保证结果的准确性,也必须使样品干燥。

干燥的方法大致分为物理方法和化学方法两种。

物理方法有吸附、冷冻、分馏、加热或利用共沸点蒸馏把水分带走等。近年来还常用离子交换树脂和分子筛来进行脱水干燥。

离子交换树脂是一种不溶于水、酸、碱和有机溶剂的高分子聚合物。如苯磺酸钾型离子交换树脂内有很多孔隙,可以吸附水分子。使用后可将其加热至 150 ℃以上,被吸附的水就释放出来,可重新使用。

分子筛是有均一微孔结构而能将不同大小的分子分离的固体吸附剂。分子筛可由沸石(又称沸泡石,是许多含水的钙、钠以及钡、锶和钾的硅酸盐矿物的总称)除去结晶水制得,微孔的大小可在加工沸石时调节。如 0.4 nm 型分子筛是一种硅铝酸钠,微孔的表观直径大约为 0.45 nm,能吸附直径约为 0.4 nm 的分子;又如 0.5 nm 型分子筛是一种硅铝酸钙,微孔的表观直径大约为 0.55 nm,能吸附直径约为 0.5 nm 的分子。水分子的直径为 0.3 nm,一般选用 0.4 nm、0.5 nm 型分子筛除去有机化合物中所含的微量水分。若化合物中所含水分过多,应先去掉大部分水,剩下微量的水分再用分子筛来干燥。使用分子筛前,应先加热到 150~300 ℃活化脱水 2 h 时后趁热取出存放在干燥器内备用。已吸过水的分子筛再加热到 200 ℃左右,让水解吸后,可重新使用。

化学方法是用干燥剂来除水的,按其除水的机制又可将干燥剂分为两类。

(1)能与水可逆地结合生成水合物的干燥剂(如无水氯化钙、无水硫酸镁等)与水的结合是可逆的,故形成水合物达到平衡需要一个过程,因此加入干燥剂后,最少要放置 2 h 或再长一些时间,通常的做法是放置过夜。此外,温度升高会使平衡向脱水的方向移动,所以在进行需要加热的操作(如蒸馏)前,必须将干燥剂滤去。

(2)能与水发生化学反应生成新化合物的干燥剂(如金属钠、五氧化二磷等)。由于这类干燥剂与水的结合是不可逆的,因此在进行加热操作前不必滤去。

1. 固体有机化合物的干燥

固体有机化合物的干燥主要为除去残留在固体上的少量水和低沸点溶剂(如乙醚、乙醇、丙酮、苯等)。由于固体的挥发性小,所以可采用蒸发及吸附的方法干燥。前者可晾干或烘干,后者可用装有不同干燥剂的干燥器干燥。为提高干燥效率,有时两种方法同时使用,如用真空恒温干燥器。

1)晾干

从不吸湿的物质中除去易挥发组分时,常用自然晾干的方法,此法既简便又经济。操作时把要干燥的物质放在滤纸、表面皿或瓷板上并摊成薄层,再用一张滤纸覆盖上,放在空气中直至晾干为止。

2)烘干

对热稳定的化合物可用烘干的方法很快使其干燥。干燥时,常用红外灯和电热干燥箱(烘箱)加热。使用时要严格控制加热温度,不要高于有机物的熔点,并要随时翻动被干燥的物质,防止出现结块现象。

红外灯干燥时,可利用功率的不同和悬放高度的不同调节干燥的温度。若用的是电热干燥箱,可在 50~300 ℃ 的范围内根据需要任意选定温度。

3)在真空干燥器中干燥

某些易分解、易升华、易吸湿或有刺激性的物质需在真空干燥器中干燥。干燥时,根据样品中要除去的溶剂选择好干燥剂,放在干燥器的底部。如要除去水,可用五氧化二磷;要除去水或酸,可选生石灰;要除去水和醇,可选无水氯化钙;要除去乙醚、氯仿、四氯化碳、苯等,可选用石蜡片。

真空干燥器上配有活塞,可用来抽气。抽气通常采用水泵,在抽气过程中,其外围最好能用布裹住,以确保安全。

2. 气体的干燥

在有机合成与有机分析时,常要用到氮、氧、氢、氯、氨、二氧化碳等气体,有时对这些气体的纯度要求还很高,如对有机化合物进行元素分析时,要除去氧气中的水及二氧化碳等。

干燥气体时多采用干燥剂干燥。用固体干燥剂干燥气体时,常在干燥塔、U 形管及干燥管等仪器中进行。为了避免干燥剂在干燥过程中结块,对形状不稳定的干燥剂(如 P_2O_5)要混上支撑物料,如石棉纤维、玻璃棉、沸石等。用液体干燥剂干燥气体,常在各种不同形式的洗气瓶中进行。

惰性气体一般在洗气瓶中用浓硫酸干燥。用浓硫酸作为干燥剂时应连接安全瓶。干燥气体时常用的干燥剂见表 2-1。

表 2-1 干燥气体常用的干燥剂

干燥剂	可干燥的气体
CaO、碱石灰、NaOH、KOH	NH_3、胺类等

干燥剂	可干燥的气体
无水氯化钙	H_2、HCl、CO_2、CO、SO_2、O_2、低级烷烃、醚、烯烃、卤代烷
浓硫酸	H_2、N_2、CO_2、Cl_2、CO、SO_2、O_2、HCl、烷烃

3. 液体有机物的干燥

1）采用分馏或生成共沸混合物的方法

能与水形成二元、三元共沸混合物的液体有机物,其共沸混合物的沸点均低于该液体有机物的沸点。若蒸馏(或分馏)共沸混合物,当共沸混合物蒸馏完毕时,即剩下无水的液体有机物。例如,无水苯的沸点为 80.3 ℃,由 70.4%苯与 29.6%水组成的共沸混合物的沸点为 69.3 ℃。若蒸馏含少量水的苯,则具有上述组成的共沸混合物先被蒸出,然后即可蒸出无水苯。

2）用干燥剂干燥

最常用的液体有机化合物的干燥方法是,直接将干燥剂加入液体中,用以除去水分或其他有机溶剂(如无水 $CaCl_2$ 可除去乙醇等低级醇)。

（1）干燥剂的选择。选择干燥剂时,所选干燥剂应具备以下条件:干燥剂与有机物不发生任何化学反应或催化作用;干燥剂应不溶于有机液体中;干燥剂的干燥速度快,吸水量大,价格便宜。常用干燥剂的性能及应用范围见表 2-2。

表 2-2　常用干燥剂的性能及应用范围

干燥剂	吸水作用	吸水容量	干燥效能	干燥速度	应用范围
氯化钙	$CaCl_2 \cdot nH_2O$, $n=1,2,4,6$	0.97 (按 $CaCl_2 \cdot 6H_2O$ 计)	中等	较快,但吸水后表面被薄层液体所覆盖,故放置时间长些为宜	能与醇、酚、胺、酰胺及某些醛、酮形成络合物,因而不能用来干燥这些化合物。工业品中可能含氢氧化钙或氧化钙,故不能用来干燥酸类
硫酸镁	$MgSO_4 \cdot nH_2O$, $n=1,2,4,5,6,7$	1.05 (按 $MgSO_4 \cdot 7H_2O$ 计)	较弱	较快	中性,应用范围广,可代替 $CaCl_2$,并可用以干燥酯、醛、酮、腈、酰胺等不能用 $CaCl_2$ 干燥的化合物
硫酸钠	$Na_2SO_4 \cdot 10H_2O$	1.25	弱	缓慢	中性,一般用于有机液体的初步干燥
硫酸钙	$CaSO_4 \cdot 2H_2O$	0.06	强	快	中性,常与硫酸镁(钠)配合,作为最后干燥用
碳酸钾	$K_2CO_3 \cdot \frac{1}{2}H_2O$	0.2	较弱	慢	弱碱性,用于干燥醇、酮、酯、胺及杂环等碱性化合物,不能用于酸、酚及其他酸性化合物
氢氧化钾(钠)	溶于水	—	中等	快	强碱性,用于干燥胺、杂环等碱性化合物,不能用于干燥醇、酯、醛、酮、酸、酚等
金属钠	$Na + H_2O \rightarrow NaOH + \frac{1}{2}H_2 \uparrow$	—	强	快	限于干燥醚、烃类中的痕量水分,用时切成小块或压成钠丝使用

干燥剂	吸水作用	吸水容量	干燥效能	干燥速度	应用范围
氧化钙	$CaO+H_2O \rightarrow$ $Ca(OH)_2$	—	强	较快	适于干燥低级醇类
五氧化二磷	$P_2O_5+3H_2O \rightarrow$ $2H_3PO_4$	—	强	快,但吸水后表面被黏浆液覆盖,操作不便	适于干燥醚、烃、卤代烃、腈中的痕量水分,不适用于醇、酸、胺、酮等的干燥
分子筛	物理吸附	约0.25	强	快	适用于各类有机化合物的干燥

（2）干燥剂的用量。根据水在被干燥液体中的溶解度和所选干燥剂的吸水量,可以计算出干燥剂的理论用量。因为吸附过程可逆,而且干燥剂要达到最大的吸水量,必须有足够长的时间来保证生成干燥剂的最高水合物,因此实际用量往往会远远超过计算量。

另外,由于干燥剂在吸附水分子的同时也会黏附上被干燥的液体,使产品的产量降低,所以干燥剂用量应有所控制。加入干燥剂时,可分批加入,每加一次放置十几分钟,直到对水分子的吸收已不显著为止（无水氯化钙保持颗粒状,无水硫酸铜不变成蓝色,五氧化二磷不结块等）。

一般干燥剂的用量为所干燥液体量的5%~10%。由于液体中所含水分不尽相同,干燥剂的质量、黏度、干燥时的温度也不尽相同,再加上干燥剂还有可能吸收一些副产物（如氯化钙吸收醇等）的原因,因此很难规定一个准确的用量范围,操作者应在实践过程中注意积累这方面的经验。

（3）干燥操作。当选定干燥剂后,应注意被干燥液体中是否有明显的水分存在,如有水分要尽可能分离干净。将要干燥的液体置于锥形瓶中,边加入干燥剂边振摇,当加入适量的干燥剂后,用塞子塞住瓶口,室温下静置。若干燥剂与水反应放出气体,应采取相应措施,保证气体能顺利逸出而水汽又不至于侵入。干燥时所用干燥剂的颗粒应适中,颗粒太大,表面积小,加入的干燥剂吸水量不大;如干燥剂呈细粉状,吸水后易呈糊状,使分离困难。干燥好的液体,外观上是澄清透明的。

2.5 控温方法

1. 加热方法

在实验过程中为了提高反应速度,经常要对反应体系加热。另外,在分离、提纯化合物以及测定化合物的一些物理常数时,也常常需要加热。

实验室常用的热源有煤气灯、酒精灯、电炉、电热套等。必须注意,玻璃仪器一般不能用火焰直接加热,因为剧烈的温度变化和加热不均匀会造成玻璃仪器的损坏。同时,局部过热还可能引起有机化合物的部分分解。为了避免直接加热可能带来的弊端,实验室中常常根据具体情况应用以下不同的间接加热方式。

1 ）石棉网加热

把石棉网放在三脚架或铁环上,用煤气灯或酒精灯在下面加热,石棉网上的烧瓶与石棉网之间应留有空隙,以避免由于局部过热而引起化合物分解。加热低沸点化合物或减压蒸馏时,不能用这种加热方式。

2 ）水浴

当所加热的温度在 80 ℃以下时,可选用水浴加热。将容器浸入装有水的水浴槽中,注意勿将容器触及水浴槽底部,小心加热并保持所需的温度。

3 ）油浴

在 80~250 ℃加热可选择油浴。在油浴中放一支温度计,可以通过控制热源来控制油浴温度。如果用明火加热油浴,应当十分谨慎,避免发生油浴燃烧事故。

油浴所能达到的最高温度取决于所用油的种类。液体石蜡可加热到 220 ℃,温度过高不易分解但容易燃烧。固体石蜡也可以加热到 220 ℃,由于它在室温时是固体,所以加热完毕后,应先取出浸在油浴中的容器。甘油和邻苯二甲酸二丁酯适用于加热到 140~150 ℃,温度过高则容易分解。植物油(如菜油、蓖麻油和花生油)可以加热到 220 ℃,常在植物油中加入 1%的对苯二酚等抗氧化剂,以增加它们在受热时的稳定性。硅油和真空泵油在 250 ℃以上仍较稳定,是理想的浴油,但价格较高。

4 ）沙浴

当加热温度在几百摄氏度以上时使用沙浴。将清洁而又干燥的细沙平铺在铁盘上,盛有液体的容器埋入沙中,在铁盘下加热。由于沙子对热的传导能力较差,散热快,所以容器底部的沙子要薄一些,容器周围的沙层要厚一些。尽管如此,沙浴的温度仍不易控制,所以使用较少。

5 ）空气浴

沸点在 80 ℃以上的液体原则上均可采用空气浴加热。最简单的空气浴可用以下方法制作:取空铁罐一只,罐口边缘剪光后,在罐的底层打数行小孔,另将圆形石棉片(直径略小于罐的直径)放入罐中,使其盖在小孔上,罐的周围用石棉布包裹。另取直径略大于罐口的石棉板(厚 2~4 mm)一块,在其中挖一个洞(洞的直径接近于蒸馏瓶或其他容器颈部的直径),然后对切为二,加热时用以盖住罐口。使用时将此空气浴放置在铁三脚架上,用灯焰加热即可。

6 ）电热套

电热套是一种较好的热源,它是由玻璃纤维包裹着电热丝织成的碗状半圆形的加热器,有控温装置可调节温度。由于它不是明火加热,因此,可以加热和蒸馏易燃有机物,也可加热沸点较高的化合物,加热温度范围较广。电热套使用时大小要合适,否则会影响加热效果。

此外,还可以采用其他方法进行加热。如蒸馏低沸点溶剂时,可以用 250 W 的红外灯加热。将物质高温加热时,也可以使用熔融的盐加热。

2. 冷却方法

实验中有些反应的中间体在室温下不稳定,必须在低温下进行。有些反应为放热反应,常产生大量的热,使反应难于控制。有些化合物的分离、提纯要求在低温下进行。通常根据不同的要求,选用合适的制冷技术。

1)自然冷却

热的液体可在空气中放置一定时间,任其自然冷却至室温。

2)冷风冷却和流水冷却

当实验需要快速冷却时,可将盛有溶液的器皿放在冷水流中冲淋或用鼓风机吹风冷却。

3)冷冻剂冷却

要使反应混合物的温度低于室温,最常用的冷冻剂是冰或冰和水的混合物。由于后者能使器壁接触得更好,它的冷却效果要比单用冰好。若需要把反应混合物冷却到 0 ℃以下可用冰盐溶液,如 100 g 碎冰和 30 g NaCl 混合物,可使温度降至-20 ℃。

液氨也是常用的冷却剂,温度可达-33 ℃。

将干冰(固体二氧化碳)与适当的有机溶剂混合可得到更低的温度,如干冰与乙醇的混合物可达到-72 ℃,干冰与乙醚、丙酮或氯仿的混合物可达到-78 ℃。

液氮可冷至-196 ℃。

必须指出,温度低于-38 ℃时,不能用水银温度计,应改用内装有机液体的低温温度计。

2.6 搅拌方法

搅拌是有机化学实验最常用的操作。在实验中,搅拌通常能使反应混合物充分接触,加速反应的速率,缩短反应时间。同时较好地控制反应温度,促进热平衡,避免因局部反应浓度过高、反应温度过高等导致其他副反应的发生,从而提高产率。搅拌甚至能决定在两相或多相介质中进行的反应能否进行。此外,搅拌在加热反应中能代替沸石使沸腾平稳进行,也能加速化合物之间的混合,促进固体化合物的溶解。实验室常有磁力和机械两种搅拌方式。

1. 磁力搅拌

磁力搅拌器是基础实验室常用的搅拌工具,如图 2-14(a)、(b)所示。在反应物料较少、温度不太高的情况下,磁力搅拌可代替机械搅拌,其使用更方便,反应体系更容易密封。磁力搅拌器是以电动机带动磁场转动,并以磁场控制磁子转动达到搅拌目的的。一般磁力搅拌器都兼有加热装置,可以调速调温,也可以按照设定的温度恒温,同时加热和搅拌是有机化学实验最常见的操作。搅拌磁子是一个包裹着聚四氟乙烯或玻璃外壳的软铁棒,外形一般为橄榄状、棒状等。搅拌磁子应沿瓶壁小心放置于瓶底,不可直接丢入,以免造成容器底部破裂。在使用磁力搅拌进行实验时,应根据瓶子的大小选择合适的搅拌磁子。

2. 机械搅拌

机械搅拌器功率较大,在化学实验中一般适用于非均相溶液或黏度较大的溶液的搅拌。使用时应注意接上地线,不能负荷搅拌过于黏稠的胶状溶液。

2.7 减压抽滤操作

为了将结晶从母液中分离出来,一般采用布氏漏斗进行抽气过滤。减压抽滤装置是由减压设备、安全瓶、抽滤瓶和漏斗组成的。常用减压设备有循环水真空泵和真空油泵(见图2-15)。

常用布氏漏斗或砂芯漏斗进行减压抽滤,抽滤装置见图2-18。布氏漏斗的下端斜口应对准抽滤瓶的侧口。抽滤瓶的侧管用较耐压的橡胶管和水泵相连。布氏漏斗中铺的圆形滤纸要比布氏漏斗的内径略小。抽滤前应先用少量溶剂润湿滤纸,然后打开水泵将滤纸吸紧,防止固体在抽滤时自滤纸边缘吸入瓶中。借助玻璃棒,将容器中液体和晶体分批倒入漏斗中,并用少量滤液洗出黏附于容器壁上的晶体。关闭水泵前,先将安全瓶上的旋塞打开,接通大气,再将抽滤瓶与水泵间连接的橡胶管拆开,以免水倒流入抽滤瓶中。

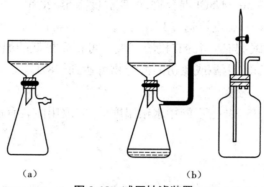

（a）   （b）

图 2-18　减压抽滤装置

（a）抽滤装置;（b）带安全瓶的抽滤装置

布氏漏斗中的晶体要用溶剂洗涤,以除去存在于晶体表面的母液,否则干燥后仍会使结晶沾污。用重结晶的同一溶剂进行洗涤,用量应尽量少,以减少溶解损失。洗涤的过程是先将抽气暂时停止,在晶体上加少量溶剂。用刮刀或玻璃棒小心搅动(不要使滤纸松动),使所有晶体浸湿。静置一会儿,待晶体均匀地被浸湿后再进行抽气。为了使溶剂和结晶更好地分开,最好在进行抽气的同时用清洁的玻璃塞倒置在结晶表面并用力挤压。一般重复洗涤1或2次即可。

现在已有各种规格型号的烧结玻璃漏斗,有的还有磨口,可直接与带相同尺寸磨口的抽滤瓶相连,使用起来更加方便,也可防止滤纸屑沾污产物。抽滤后所得母液若有较大量有机溶剂,一般应蒸馏回收,或合并后蒸馏回收。

2.8　无水无氧操作

在化学实验中,经常会遇到一些对空气中的氧气和水敏感的化合物,此时就需要在无水无氧条件下进行实验。无水无氧操作有以下几种。

1. 直接向反应体系中通入惰性气体保护

对于一般要求不是很高的体系,可采用直接将惰性气体通入反应体系置换出空气的方法。这种方法简便易行,广泛用于各种常规有机合成,是最常见的保护方式。惰性气体可以是普通氮气,也可以是高纯氮气或氩气。使用普通氮气时最好让气体通过浓硫酸洗气瓶或装有合适干燥剂的干燥塔,使用效果会更好。

2. 手套箱

对于需要称量、研磨、转移、过滤等较复杂操作的体系,一般采用在一充满惰性气体的手套箱中操作。在手套箱中放入干燥剂即可进行无水操作,向手套箱中通入惰性气体置换其中的空气,则可进行无氧操作。有机玻璃手套箱不耐压,不能通过抽气置换其中的空气,空气不易置换完全。使用手套箱会造成惰性气体的大量浪费。

3. Schlenk 技术

对于无水无氧条件下的回流、蒸馏或过滤等操作,应用 Schlenk 仪器比较方便。Schlenk 仪器是为便于抽真空、充惰性气体而设计的带旋塞支管的普通玻璃仪器,可保证反应体系能达到无水无氧状态。

第3章 分离与纯化

从自然界和化学反应中得到的有机化合物往往是不纯的,需要分离和提纯。分离和提纯有机化合物的方法很多,如蒸馏、分馏、萃取、重结晶、升华、层析等。这些方法各有其特点和局限性,应用范围各不相同。因此纯化有机化合物时,需要根据其物理性质和化学性质来选用适当的分离提纯方法。

3.1 蒸馏

蒸馏是提纯液体有机化合物和分离混合物的一种常用方法。蒸馏又分为常压蒸馏、减压蒸馏、水蒸气蒸馏和分馏。

实验1 常压蒸馏

【实验目的】

(1)了解液体有机物的干燥原理和方法。

(2)了解蒸馏的用途,练习蒸馏操作。

(3)规范实验操作,培养科学实验态度。

【实验原理】

蒸馏是将液体加热至沸腾,使液体变为蒸气,然后使蒸气冷却再凝结为液体,这两个过程的联合操作称为蒸馏。蒸馏可将易挥发和不易挥发的物质分离开来,也可以将沸点不同的液体混合物分离开来。

液体的蒸汽压只与体系的温度有关,而与体系中存在的液体和蒸气的绝对量无关。当液体化合物受热时,其蒸汽压随温度的升高而增大,当液面蒸汽压增大到与外界大气压相等时,就有大量气泡从液体内部逸出,即液体沸腾,这时的温度称为液体的沸点。显然沸点与所受外界压力的大小有关。通常所说的沸点是在 0.1 MPa 压力下液体的沸腾温度。

普通蒸馏是利用液态化合物沸点上的差异进行分离的。只有当混合液体的沸点有显著不同时(至少相差 30 ℃以上),普通蒸馏才能使其有效分离。当一个二元或三元互溶的混合物各组分的沸点相差不大时,简单蒸馏难以将它们彻底分离,此时必须采用分馏的方法。

由于一个纯粹的液态化合物在一定压力下具有固定的沸点,所以蒸馏法还可用于测定物质的沸点和检验物质的纯度。但要注意具有固定沸点的物质不一定都是纯净物,这是因为某些有机化合物常常和其他组分形成二元或三元共沸混合物,这些混合物也具有固定的沸点。部分共沸混合物的性质见表 3-1。由于共沸混合物在气相中的组分与液体中一样,所以不能用蒸馏方法进行分离。

表 3-1　部分共沸混合物的组成和共沸点

（a）有机物与水形成的二元共沸混合物（101 325 Pa）

溶剂	沸点/℃	共沸点/℃	含水量/%	溶剂	沸点/℃	共沸点/℃	含水量/%
氯仿	61.2	56.1	3.0	异丙醇	82.3	80.4	12.2
甲酸	100.7	107.1	22.5	正丙醇	97.2	88.1	28.2
苯	80.2	69.3	8.9	异丁醇	108.4	89.9	88.2
甲苯	110.5	85.0	20.2	正丁醇	117.7	92.2	37.5
二氯乙烷	83.7	72.0	19.5	正戊醇	138.3	95.4	44.7
乙腈	82.0	76.5	16.3	异戊醇	131.0	95.1	49.6
乙醇	78.5	78.2	4.4	乙酸乙酯	77.1	70.4	8.1
乙醚	34.5	34.2	1.2	吡啶	115.5	92.3	40.6
四氯化碳	76.8	66.8	4.1	氯乙醇	128.7	97.8	57.7
苯酚	182.0	99.5	90.8	烯丙醇	97.1	88.2	27.1

（b）有机物与水形成的三元共沸混合物（101 325 Pa）

第一组分		第二组分		第三组分		沸点/℃
名称	质量分数/%	名称	质量分数/%	名称	质量分数/%	
水	7.8	乙醇	9.0	乙酸乙酯	83.2	70.0
水	4.3	乙醇	9.7	四氯化碳	86.0	61.8
水	7.4	乙醇	18.5	苯	74.1	64.9
水	7.0	乙醇	17.0	环己烷	76.0	62.1
水	3.5	乙醇	4.0	氯仿	92.5	55.5
水	7.5	异丙醇	18.7	苯	73.8	66.5
水	0.8	二硫化碳	75.2	丙酮	24.0	38.0

为了消除在蒸馏过程中的过热现象和保证沸腾的平稳状态，常加入素烧瓷片或沸石，或一端封口的毛细管，因为它们都能防止加热时的暴沸现象，故把它们叫作止暴剂或沸石。在加热蒸馏前就应加入沸石。

蒸馏操作是有机化学实验中常用的实验技术，一般用于下列方面：

（1）分离液体混合物，仅对混合物中各成分的沸点有较大差别时才能达到有效的分离；

（2）测定化合物的沸点；

（3）提纯，除去不挥发杂质；

（4）回收溶剂。

【装置与试剂】

装置：常压蒸馏装置由蒸馏瓶（长颈或短颈圆底烧瓶）、蒸馏头、温度计套管、温度计、直形冷凝管、接引管、接收瓶等组装而成，见图 2-10（a）。

试剂：乙酸正丁酯（自制）20 mL，无水硫酸镁。

【实验步骤】

1. 乙酸正丁酯的干燥[1]

在 100 mL 锥形瓶中加入 20 mL 乙酸正丁酯,再加入少量无水硫酸镁,用塞子盖住瓶口,轻轻振摇,判断干燥剂是否足量,静置,至液体澄清透明时干燥完毕。

液体干燥操作

2. 仪器安装

按图 2-10(a)自下而上,从左至右的顺序安装仪器,仪器组装应做到横平竖直,铁架台一律整齐地放置于仪器后面[2]。为了保证温度测量的准确性,温度计水银球上限与蒸馏头支管下限应在同一水平线上。

安装常压蒸馏
装置

3. 加料

把干燥好的乙酸正丁酯经长颈漏斗(漏斗内放少许脱脂棉,用于过滤干燥剂)滤入 50 mL 蒸馏烧瓶中[3],为了防止液体暴沸,加入 1~2 粒沸石[4]。

4. 加热蒸馏

加热前应仔细检查仪器装配是否正确,原料、沸石是否加好。在直形冷凝管中自下而上通冷凝水[5],开始加热。开始时电热套电压可以调得略高一些,一旦液体沸腾,水银球部位出现液滴时,控制热源电压以蒸馏速度 1~2 滴/s 为宜。蒸馏时,温度计水银球上应始终保持有液滴存在[6]。

常压蒸馏操作
流程

5. 收集馏分

记录第一滴馏出液滴入接收瓶时的温度并接收沸点较低的前馏分。当温度升至所需沸点范围并恒定时,更换另一接收瓶收集,并记录此时的温度范围,即馏分的沸点范围。维持加热速度,继续蒸馏,收集所需 124~126 ℃的馏分[7]。

6. 停止蒸馏

当不再有馏分蒸出且温度突然下降时,停止蒸馏。停止蒸馏时应先停止加热,将电热套电压调至零点,关掉电源,取下热源。待稍冷却后馏出物不再继续流出时,取下接收瓶保存好产物,关掉冷凝水。按安装仪器的相反顺序拆除仪器,即按次序取下接收瓶、接引管、冷凝管、温度计、蒸馏头和蒸馏烧瓶,并清洗干净。

【注释】

[1] 乙酸正丁酯的干燥原理和方法见 2.4 节。

[2] 注意所有蒸馏装置均不能密封,否则,当液体蒸汽压增大时,轻者蒸气冲开连接口,使液体冲出蒸馏瓶,重者会发生装置爆炸而引起火灾。

常压蒸馏操作
错误示范

[3] 蒸馏前应根据待蒸馏液体的体积,选择合适的蒸馏瓶。一般被蒸馏的液体占蒸馏瓶容积的 1/3~2/3 为宜。蒸馏瓶越大,产品损失越多。

[4] 沸石为多孔性物质,它可以将液体内部的气体导入液体表面,形成汽化中心。如加热中断,再加热时应重新加入新沸石,因原来沸石上的小孔已被液体充满,不能再起汽化中心的作用。当加热后发觉未加沸石或原有沸石失效时,千万不要匆忙地投入沸石。因为当液体在沸腾时投入沸石,将会引起猛烈的暴沸,液体易冲出瓶口,若是易燃的液体,将会引起火灾。所

以,应使沸腾的液体冷却至沸点以下后才能加入沸石。

[5] 当蒸馏沸点高于 140 ℃的液体时,应使用空气冷凝管。主要原因是温度高时,水作为冷却介质,冷凝管内外温差增大,而使冷凝管接口处局部骤然遇冷容易炸裂。

[6] 如果没有液滴,说明可能有两种情况:①温度低于沸点,体系内气-液相没有达到平衡,此时应将电热套电压调高;②温度过高,出现过热现象,此时温度已超过沸点,应将电热套电压调低。

[7] 所收集馏分的沸点范围越窄,则馏分的纯度越高。一般收集馏分的温度在 1~2 ℃。

【思考题】

1. 在蒸馏装置中,温度计的水银球应插在什么位置? 为什么?

2. 液体有机化合物干燥时,所用干燥剂应具备什么条件?

【学习拓展】

蒸馏具有悠久的历史。在古希腊时代,亚里士多德曾经写到:"通过蒸馏,先使水变成蒸气,继而使之变成液体状,可使海水变成可饮用水",这说明当时人们已经发现了蒸馏的原理。古埃及人曾用蒸馏术制造香料;在中世纪早期,阿拉伯人发明了酒的蒸馏;我国考古人员在西安市张家堡广场东侧发掘的西汉王莽时期墓葬中,发现了一种工艺奇特可能是用于药或酒制备的铜蒸馏器。

实验 2　减压蒸馏

【实验目的】

（1）学习减压蒸馏的原理和应用。

（2）掌握减压蒸馏的仪器安装和操作技术。

（3）通过实验培养严谨的实验态度和分析问题、解决问题的能力。

【实验原理】

减压蒸馏是将蒸馏装置连接在一套减压系统上,先使整个蒸馏系统压力降低,被蒸馏的有机物就可以在低于其正常沸点的温度下进行蒸馏。液体的沸点与外界施加于液体表面的压力有关,随着外界施加于液体表面压力的降低,液体沸点下降。沸点与压力的关系可近似地表示为:

$$\lg p = A + \frac{B}{T}$$

式中,p 为液体表面的蒸汽压,T 为溶液沸腾时的热力学温度,A 和 B 为常数。如果用 $\lg p$ 为纵坐标,$1/T$ 为横坐标,可近似得到一条直线。从二元组分已知的压力和温度,可算出 A 和 B 的数值,再将所选择的压力代入上式,即可求出液体在这个压力下的沸点。

在进行减压蒸馏前,应先从文献中查阅该化合物在所选择的压力下的相应沸点,如果文献中缺乏此数据,可用下述经验规律大致推算。当在 1 333~1 999 Pa（10~15 mmHg）蒸馏时,压力每相差 133.3 Pa（1 mmHg）,沸点相差约 1 ℃;也可以用图 3-1 的压力-温度关系图来查找,即从某一压力下的沸点便可近似地推算出另一压力下沸点。例如,水杨酸乙酯常压下沸点为

234 ℃,减压至 1 999 Pa(15 mmHg)时,沸点为多少度？可在图 3-1 中 B 线上找到 234 ℃的点,再在 C 线上找到 1 999 Pa(15 mmHg)的点,然后通过两点连一条直线,该直线与 A 线的交点(113 ℃),即为水杨酸乙酯在 1 999 Pa(15 mmHg)时的沸点,约为 113 ℃。

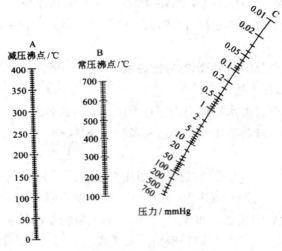

图 3-1　压力-温度关系图

一般把压力范围划分为以下几个等级：

"粗"真空[1.333~100 kPa(10~760 mmHg)],一般可用水泵获得；

"次高"真空[0.133~133.3 Pa(0.001~1 mmHg)],可用油泵获得；

"高"真空[< 0.133 Pa(< 10^{-3} mmHg)],可用扩散泵获得。

【装置与试剂】

装置:减压蒸馏装置是由蒸馏瓶、克氏蒸馏头(或用 Y 形管与蒸馏头组成)、直形冷凝管、真空接引管(双尾接引管或多尾接引管)、接收瓶、安全瓶、压力计和油泵(或循环水泵)组成,见图 3-2。

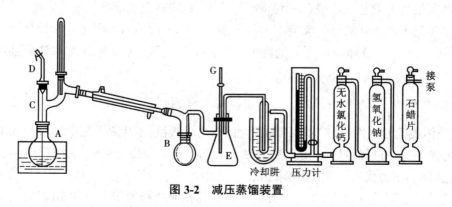

图 3-2　减压蒸馏装置

1. 蒸馏部分

A 为减压蒸馏烧瓶也称克氏蒸馏烧瓶。A 有两个颈,能防止减压蒸馏时瓶内液体由于暴沸而冲入冷凝管中。在带支管的瓶颈中插入温度计(安装要求与常压蒸馏相同),另一瓶颈中插入一根毛细管 C（也称起泡管），其长度恰好使其下端离瓶底 1~2 mm。毛细管上端连一段带螺旋夹 D 的橡皮管，以调节进入的空气，使有极少量的空气进入液体呈微小气泡冒出，产生液体沸腾的汽化中心，使蒸馏平稳进行。减压蒸馏的毛细管要粗细合适，否则达不到预期的效果。

接收器 B 常用圆底烧瓶，切不可用平底烧瓶或锥形瓶。蒸馏时若要收集不同的馏分而又不中断蒸馏，可用两尾或多尾接引管。转动多尾接引管，就可使不同馏分收集到不同的接收器中。

应根据减压时馏出液的沸点选用合适的热浴和冷凝管。一般使用热浴的温度比液体沸点高 20~30 ℃。为使加热温度均匀平稳，减压蒸馏中常选用水浴或油浴。

2. 减压部分

实验室通常用水泵或油泵进行抽气减压。应根据实验要求选用减压泵。真空度愈高，操作要求愈严格。如果能用水泵减压蒸馏的物质则尽量使用水泵。

3. 保护及测压部分

使用水泵减压时，必须在馏出液接收器 B 与水泵之间装上安全瓶 E，安全瓶由耐压的抽滤瓶或其他广口瓶装置而成，瓶上的两通活塞 G 供调节系统内压力及防止水压骤然下降时水泵的水倒吸入接收器中。

若用油泵减压时，油泵与接收器之间除连接安全瓶外，还须顺次安装冷却阱和几种吸收塔，以防止易挥发的有机溶剂、酸性气体和水蒸气进入油泵，污染泵油，腐蚀机体，降低油泵减压效能。冷却阱置于盛有冷却剂（如冰-盐等）的广口保温瓶中，用以除去易挥发的有机溶剂；吸收塔装无水氯化钙或硅胶用以吸收水蒸气；吸收塔装氢氧化钠（粒状）用以吸收酸性气体和水蒸气（装浓硫酸，则可以吸收碱性气体和水蒸气）；吸收塔装石蜡片用以吸收烃类气体。使用时可按实验的具体情况加以组装。

减压装置的整个系统必须保持密封不漏气。

试剂：N,N-二甲基甲酰胺 30 mL[1]。

【实验步骤】

1. 安装装置

如图 3-2 自下而上、从左至右安装好仪器。检查蒸馏系统是否漏气，方法是旋紧毛细管上的螺旋夹 D，打开安全瓶上的二通活塞 G，旋开水银压力计的活塞，然后开泵抽气（如用水泵，这时应开至最大流量）。逐渐关闭 G，从压力计上观察系统所能达到的压力，若压力降不下来或变动不大，应检查装置中各部分的连接是否紧密，必要时可用熔融的石蜡密封。磨口仪器可在磨口接头的上部涂少量真空油脂进行密封。检查完毕后，缓慢打开安全瓶的活塞 G，使系统与大气相通，压力计缓慢复原，关闭泵，停止抽气。

2. 蒸馏，收集馏分

在蒸馏烧瓶中倒入待测液体[2]N,N-二甲基甲酰胺 30 mL，关闭安全瓶上的活塞，开泵减压，通过螺旋夹（D）调节毛细管导入空气，使能冒出一连串小气泡为宜。当达到所要求的低压且压力稳定后，开启冷凝水，开始加热。蒸馏过程中，密切注意蒸馏的温度和压力，若有不符，则应调节。控制馏出速度 1~2 滴/s。分段收集前馏分和主馏分。若用多头接收器,只需转动接引管的位置,使馏出液流入不同的接收器中。

在整个蒸馏过程中要密切注意温度和压力的读数[3],并及时记录。纯物质的沸点范围一般不超过 1~2 ℃,但有时因压力有所变化,沸程会稍大一点。

3. 结束蒸馏

蒸馏完毕后,应先移去热源,待稍冷后,稍稍旋松螺旋夹 D,缓慢打开安全瓶上的活塞 G[4],解除真空,待系统内外压力平衡后方可关闭减压泵,将收集得到的产品和残留液分别回收,拆除装置,清洗仪器。

【注释】

[1] N,N-二甲基甲酰胺能与多种有机溶剂和水混溶,是优良的有机溶剂。市售试剂含有少量水、胺和甲醛等杂质。在常压蒸馏时有些分解,产生二甲胺与二氧化碳。因此,最好用硫酸钙、硫酸镁或氧化钡等干燥剂干燥后再进行减压蒸馏。

[2] 待蒸馏液以不超过蒸馏烧瓶容积的 1/2 为宜。若被蒸馏物质中含有低沸点物质时,在进行减压蒸馏前,应先进行常压蒸馏,尽量除去低沸物,以保护油泵。

[3] 使用水泵时应特别注意因水压突然降低,使水泵不能维持已达到的真空度,蒸馏系统内的真空度比水泵所产生的真空度高,因此,水会流入蒸馏系统沾污产品。

[4] 减压蒸馏结束后,安全瓶上的活塞 G 一定要缓慢打开。如果打开太快,系统内外压力突然变化,使水银压力计的压差迅速改变,可导致水银柱顶破压力计。

【思考题】

1. 具有什么性质的化合物需用减压蒸馏?

2. 进行减压蒸馏时,为什么必须先抽真空后加热?

【学习拓展】

减压蒸馏是分离提纯液态有机物常用的方法之一。有些有机化合物在常压下沸点较高,且常压蒸馏时易发生分解、氧化、聚合等反应。当压力降低到 1.3~2.0 kPa(10~15 mmHg)时,有机化合物的沸点比常压下的沸点降低 80~100 ℃。因此,减压蒸馏对于分离或提纯沸点较高或性质比较不稳定的液态有机化合物特别有效。一般把低于一个大气压的气态空间称为真空。因此,减压蒸馏也称为真空蒸馏。

实验 3 水蒸气蒸馏

【实验目的】

(1)学习水蒸气蒸馏的原理。

(2)掌握水蒸气蒸馏的装置和操作方法。

(3)了解水蒸气蒸馏在天然产物提取中的应用。

【实验原理】

水蒸气蒸馏操作是将水蒸气通入不溶或难溶于水但具有一定挥发性的有机物中,使该有机物在低于 100 ℃的温度下,随着水蒸气一起蒸馏出来。

当两种互不相溶(或难溶)的液体 A 与 B 共存于同一体系时,每种液体都有各自的蒸汽压,其蒸汽压的大小与每种液体单独存在时的蒸汽压大小一样(彼此不相干扰)。根据道尔顿(Dalton)分压定律,混合物的总蒸汽压为各组分蒸汽压之和,即

$$P = P_A + P_B$$

混合物的沸点是两种液体总蒸汽压等于外界大气压时的温度,因此混合物的沸点比其中任一组分的沸点都要低。水蒸气蒸馏就是利用这一原理,将水蒸气通入不溶或难溶于水的有机化合物中,使该有机化合物在 100 ℃以下便能随水蒸气一起蒸馏出来。当馏出液冷却后,有机液体通常可从水相中分层析出。

根据气态方程式,在馏出液中,随水蒸气蒸出的有机物与水的摩尔数之比(n_A、n_B 表示此两种物质在一定容积的气相中的摩尔数)等于它们在沸腾时混合物蒸气中的分压之比,即

$$\frac{n_A}{n_B} = \frac{P_A}{P_B}$$

而 $n_A = W_A/M_A$,$n_B = W_B/M_B$。其中 W_A、W_B 为各物质在一定容积中蒸气的质量,M_A、M_B 为其相对分子质量。因此这两种物质在馏出液中的质量比可按下式计算:

$$\frac{W_A}{W_B} = \frac{M_A \cdot n_A}{M_B \cdot n_B} = \frac{M_A \cdot P_A}{M_B \cdot P_B}$$

例如:苯甲醛(沸点为 178 ℃)和水的混合物用水蒸气蒸馏时,该混合物的沸点为 97.9 ℃,从数据手册查得纯水在 97.9 ℃时的蒸汽压为 93.8 kPa,苯甲醛的蒸汽压为 7.5 kPa,所以馏出液中苯甲醛与水的质量比等于:

$$W_{苯甲醛}/W_{水} = (7.5 \times 106)/(93.8 \times 18) = 0.47$$

经计算可得出此时馏出液中苯甲醛的质量分数为 32.1%。

上述关系式只适用于与水互不相溶或难溶的有机物,而实际上很多有机化合物在水中或多或少有些溶解,因此这样的计算仅为近似值,而实际得到的要比理论值低。

【装置与试剂】

装置:水蒸气蒸馏装置由水蒸气发生器和简单蒸馏装置组成,图 3-3 是实验室常用的水蒸气蒸馏装置。

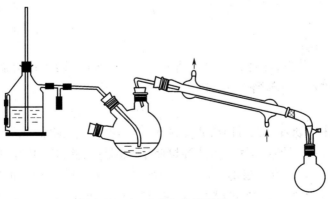

图 3-3　水蒸气蒸馏装置

水蒸气发生器有两种,如图3-4所示。图3-4(a)是由铜或铁板A制成,在装置的侧面安装一个水位计B,以便观察发生器内水位,一般水位最高不要超过2/3,最低不要低于1/3。在发生器的上边安装一根长的玻璃管C,将此管插入发生器底部,距底部距离约1~2 cm,可用来调节体系内部的压力并可防止系统发生堵塞时出现危险,水蒸气出口管与冷阱G连接。冷阱是一支玻璃三通管,它的一端与发生器连接,另一端与蒸馏瓶连接,下口接一段软的橡皮管,用螺旋夹夹住,以便调节蒸气量。另一种最简单、最常用的是由蒸馏瓶(500 mL左右)组装而成的简易水蒸气发生器,见图3-4(b)。无论使用哪种水蒸气发生器,在与蒸馏系统连接时管路越短越好,否则水蒸气冷凝后会降低蒸馏瓶内温度,影响蒸馏效果。

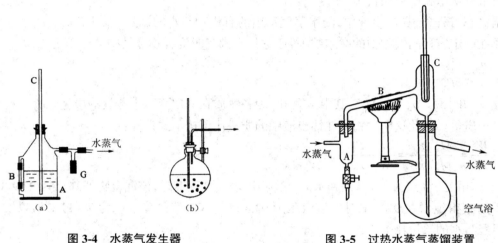

图3-4 水蒸气发生器
(a)金属水蒸气发生器;(b)玻璃水蒸气发生器

图3-5 过热水蒸气蒸馏装置

在100 ℃时,蒸汽压较低的化合物可利用过热蒸气来进行蒸馏。例如可在T形管G和烧瓶之间串联一段铜管(最好是螺旋形的)。铜管下用火焰加热,以提高水蒸气的温度。烧瓶再用油浴保温,也可用图3-5所示的装置来进行。其中A是为了除去水蒸气中冷凝下来的液滴,B处是用几层石棉纸裹住的硬质玻管,下面用鱼尾灯焰加热。C是温度计套管,内插温度计。烧瓶外用油浴或空气浴维持和水蒸气一样的温度。

试剂:苯甲醛5 mL,热水20 mL。

【实验步骤】

1. 安装装置,加药品

按图3-3安装实验装置,注意各接口之间的连接,检查实验装置是否漏气。量取5 mL苯甲醛和20 mL热水加入三口蒸馏烧瓶[1]中。

2. 蒸馏

开始蒸馏前,先将T形管夹子打开,通冷凝水,加热水蒸气发生器[2],当有水蒸气从T形管的支管冲出时,夹紧夹子,让水蒸气导入蒸馏烧瓶中。调节火源,控制馏出速度1~2滴/s,当馏出液不再浑浊时,用表面皿取少量馏出液,在日光或灯光下观察是否有油珠状物质。如果没有,可停止蒸馏。停止蒸馏时先打开冷阱上的螺旋夹,移走热源,待稍冷却后,将水蒸气发生器与蒸馏系统断开。拆除蒸馏装置,清洗仪器。

3. 分液

将馏出液倒入分液漏斗中,分出下层苯甲醛至锥形瓶中。将分液漏斗中的水相倒入小烧杯中,用氯化钠饱和盐析,并转移至分液漏斗中,将下层水层分去,上层苯甲醛与上次分出液合并,量取体积,计算收率。

【注释】

[1] 蒸馏瓶可选用单口圆底烧瓶,也可用三口瓶。被蒸馏液体的体积不应超过蒸馏瓶容积的 1/3。

[2] 水蒸气发生器中的水不能太满,以占容器的 2/3 为宜,否则沸腾时水将会冲出来。

为使水蒸气不致在烧瓶中过多而冷凝,可在烧瓶底下用小火加热。要随时注意安全管中水柱的情况,若有异常,立刻打开 T 型管夹子,移去热源,排除故障后方可继续。

【思考题】

1. 水蒸气发生器中安全管的作用是什么?

2. T 形管(冷阱)与螺旋夹的作用是什么?

【学习拓展】

水蒸气蒸馏是分离和纯化有机化合物的重要方法之一,它广泛用于从天然原料中分离出液体和固体产物,特别适用于分离那些在其沸点附近易分解的物质;适用于分离含有不挥发性杂质或大量树脂状杂质的产物;也适用于从较多固体反应混合物中分离被吸附的液体产物,其分离效果较常压蒸馏或重结晶好。进行水蒸气蒸馏时,被分离或纯化的物质应具备下列条件:①一般不溶或难溶于水;②在沸腾下与水长时间共存而不起化学反应;③在 100 ℃时应具有一定的蒸汽压(一般不小于 1.33 kPa)。

实验 4　分馏

【实验目的】

(1)掌握分馏的原理、意义以及与蒸馏的关系。

(2)掌握简单分馏的操作技术。

(3)通过实验培养科学思维和解决实际问题的能力。

【实验原理】

蒸馏和分馏都是分离、提纯液体有机物的重要方法。若液体有机混合物的各组分的沸点相差 30 ℃及以上,可用普通蒸馏的方法分离。而对沸点相差不太大的混合物,用普通蒸馏法则难以精确分离。应用分馏柱将几种沸点相近的化合物的混合物进行分离的方法称为分馏。最精密的分馏设备能将沸点相差仅 1~2 ℃的混合物分开,分馏的原理与普通蒸馏相同。实际上,分馏相当于多次蒸馏。

分馏装置中最主要的部分为分馏柱,实验室常用的分馏柱有填充式分馏柱和刺形分馏柱或称韦氏分馏柱。利用分馏柱进行分馏,实际上就是在分馏柱内使混合物进行多次汽化和冷凝。当上升的蒸气和下降的冷凝液互相接触时,二者进行热交换,蒸气中高沸点的组分被冷凝,低沸点组分仍呈蒸气上升;结果,上升蒸气中低沸点组分含量增多,而下降的冷凝液中高沸点组分增多。如此经过多次汽-液两相间的热交换,就相当于连续多次的普通蒸馏过程,以致低沸点的组分不断上升而被蒸馏出来,而高沸点组分则不断流回烧瓶中,从而达到分离的目的。

了解分馏原理最好是应用恒压下的沸点-组成曲线图(称为相图,表示两组分体系中相的变化情况)。通常该曲线图是用实验测定在各温度时气液平衡状况下的气相和液相的组成,然后以横坐标表示组成,纵坐标表示温度而作出的。图 3-6 即是在 1 个大气压下苯-甲苯二组分相图,从图中可以看出,由苯 20%和甲苯 80%组成的液体(L₁)在 102 ℃时沸腾,和此液相平衡的蒸气(V₁)组成约为苯 40%和甲苯 60%。若将此组成的蒸气冷凝成同组成的液体(L₂),则与此溶液成平衡的蒸气(V₂)组成约为苯 70%和甲苯 30%。显然如此继续重复,即可获得接近纯苯的气相。

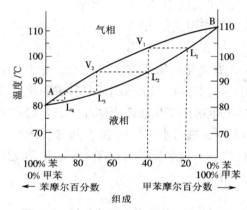

图 3-6 1 个大气压下苯-甲苯二组分相图

【装置与试剂】

装置:见图 2-10(e)分馏装置。实验室中简单的分馏装置包括热源、蒸馏烧瓶、韦氏分馏柱[1]、温度计、直形冷凝管和接收器。

试剂:70%乙醇水溶液。

【实验步骤】

1. 加药品,安装装置

在 50 mL 的圆底烧瓶中加入约 70%乙醇水溶液 30 mL,加 2~3 粒沸石,按照图 2-10(e)安装好分馏装置。分馏装置的安装原则和常压蒸馏装置完全相同。

2. 蒸馏,收集馏分

仔细检查蒸馏装置接口是否严密以及温度计的位置是否正确。通冷凝水,开始小火加热,控制加热速度。先收集前馏分,当温度达到 78 ℃时,更换接收器,收集馏出液,馏出速度控制在 0.3~0.5 滴/s[2],记下温度。

3. 停止蒸馏

当温度持续下降时[3]，即可停止加热。拆除蒸馏装置，清洗仪器。记录馏出液、前馏分和残余液的体积，并测定馏出液的重量百分浓度[4]。

【注释】

[1] 实验室常用的分馏柱有填充式分馏柱和刺形分馏柱或称韦氏分馏柱。填充式分馏柱是在柱内填充一些制成各种形状的惰性材料，目的是增加表面积，如螺旋形、马鞍形、网状等各种形状的金属片、陶瓷杯、玻璃珠、玻璃管等。填充式分馏柱分馏效率较高，韦氏分馏柱结构简单，较填充式分馏柱粘附的液体少，分馏效率较低。

[2] 当蒸气上升到分馏柱顶部开始有液体馏出时，应注意调节热源电压，控制馏出液的速度为 0.3~0.5 滴/s。如果分馏速度太快，馏出物纯度将下降；但也不宜太慢，以至上升的蒸气时断时续，馏出温度有所波动。若室温低或液体沸点较高，为减少柱内热量的散发，可将分馏柱用石棉绳或棉布等包缠起来。

[3] 分馏要结束时，由于乙醇蒸气不足，温度计水银球不能被乙醇蒸气包围，因此温度出现下降。

[4] 用酒精比重计测定，一般可达 89%~94%。

【思考题】

1. 什么是共沸混合物？为什么不能用蒸馏法分离共沸混合物？

2. 分馏操作时，若加热太快，分离两种液体的能力会显著下降，为什么？

【学习拓展】

分馏相当于多次蒸馏。如果将两种挥发性液体的混合物进行蒸馏，在沸腾温度下，其气相与液相达到平衡，出来的蒸气中含有较多易挥发物质组分，该蒸气冷凝后的液体所含的组成与气相等同，即含有较多的易挥发组分，而残留物中则含有较多的高沸点组分。这就是进行了一次简单的蒸馏。如果将蒸气凝成的液体重新蒸馏，即又进行一次气液平衡，再度产生的蒸气中所含的易挥发物质组分又有所增高，同样，将此蒸气再经过冷凝而得到的液体中易挥发物质的组分相应也高。可以利用一连串的有系统的重复蒸馏，最后得到接近纯组分的两种液体。但应用这样反复多次的简单蒸馏既浪费时间，且在重复多次蒸馏操作中的损失很大，所以通常利用分馏来进行分离。

3.2 萃取

萃取是有机化学实验中用来提取或纯化有机化合物的常用操作之一。应用萃取可以从固体或液体混合物中提取出所需要的物质，也可以用来洗去混合物中的少量杂质。通常称前者为"抽取"或"萃取"，后者为"洗涤"。

根据被萃取物质的状态不同，萃取过程分为液-固萃取和液-液萃取。

实验 5　液-固萃取

【实验目的】

（1）掌握液-固萃取的基本原理。

（2）学习索氏提取器的使用方法和操作技术。

（3）通过实验学习天然产物的提取方法,培养理论联系实际的能力。

【实验原理】

液-固萃取也叫浸取,是用萃取剂分离提取固体混合物中所需要的组分。自固体中萃取化

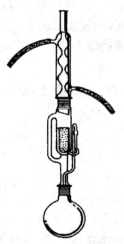

图 3-7　索氏提取器

合物,通常是用长期浸出法或采用索氏提取器提取。前者是靠萃取剂长期的浸润溶解而将固体物质中的需要成分提取出来。这种方法效率低,所需萃取剂量大。实验室常采用索氏提取器(或称脂肪提取器)进行液-固萃取,如图 3-7 所示。索氏提取器是利用萃取剂回流及虹吸原理,使固体物质连续不断地被纯的萃取剂萃取,因而效率较高。索氏提取器是由提取瓶、提取管、冷凝器三部分组成的,提取管一侧有虹吸管和连接管,各部分连接处要严密不能漏气。

【装置与试剂】

装置:图 3-7 索氏提取器,图 2-10(a)常压蒸馏装置。

试剂:胡萝卜冻干粉 10 g,石油醚(60~90 ℃)80 mL。

【实验步骤】

1. 加药品,安装装置

在 150 mL 圆底烧瓶中加入 80 mL 石油醚和 1~2 粒沸石。用滤纸制作圆柱状滤纸筒,将 10 g 胡萝卜冻干粉[1]装入滤纸筒中,将滤纸筒开口端折叠封住,放入提取管的提取筒中。按照图 3-7 自下而上安装好索氏提取装置。

2. 加热提取

用小火开始加热回流,当提取筒中回流下来的石油醚液面稍高于索氏提取器的虹吸管顶端时,提取筒中的石油醚会自发虹吸并全部流回到烧瓶内,完成一次提取萃取过程。继续加热,再次发生回流、虹吸,记录虹吸次数。虹吸 5~6 次后,当提取筒中提取液颜色变得很浅时,说明被提取物已大部分被提取出来,停止加热,移去电热套,冷却圆底烧瓶中的提取液。

3. 蒸馏,浓缩

自上而下拆除回流冷凝管、提取管。若提取筒中仍有少量提取液,倾斜使其全部流到圆底烧瓶中,安装蒸馏装置进行蒸馏回收大部分石油醚[2],得胡萝卜素浓缩液。

【注释】

[1] 胡萝卜冻干粉可购买成品或用新鲜胡萝卜自制。

[2] 也可利用旋转蒸发仪减压回收石油醚。

【思考题】

1.索氏提取器由哪几部分组成?

2. 索氏提取器和一般的浸泡萃取相比具有哪些优点?

【学习拓展】

在使用索氏提取器时,为增加萃取剂浸润的面积,萃取前应先将固体物质研细,用滤纸套包好置于提取管中,提取管下端接盛有萃取剂的烧瓶,上端接球形冷凝管。当萃取剂沸腾时,蒸气通过玻璃导管上升,被冷凝管冷凝成液体滴入提取管中,待液面超过虹吸管上端后,即自发虹吸流回烧瓶,从而萃取出溶于溶剂的目标物质。这样利用萃取剂回流和虹吸作用,使固体中的可溶物质不断富集到烧瓶中。然后将提取液浓缩后,采取合适的方法将萃取到的物质从浓缩液中分离出来。

实验 6　液-液萃取

【实验目的】

(1)掌握液-液萃取的基本原理。

(2)掌握分液漏斗的使用和操作技术。

(3)培养仔细观察实验现象和实际动手操作的能力。

【实验原理】

液-液萃取又称溶剂萃取或抽提,是利用物质在两种不互溶(或微溶)溶剂中溶解度或分配比的不同,将该物质从一种溶剂转移到另一种溶剂中,从而达到分离、提取或纯化的目的。

在有机化学实验中,常用不溶于水的有机溶剂从水溶液中萃取有机化合物。在一定温度下,此有机化合物在有机相中和水相中的浓度比为一常数,此即所谓"分配定律"。假如一物质在两液相 A 和 B 中的浓度分别为 c_A 和 c_B,则在一定温度下, $c_A/c_B=K$, K 是一常数,称为"分配系数",它可以近似地看作此物质在两溶剂中溶解度之比。

有机物在有机溶剂中的溶解度一般比在水中的溶解度大,所以可以将它们从水溶液中萃取出来。但是除非分配系数极大,否则用一次萃取是不可能将全部物质移入新的有机相中。因此,当用一定量的有机溶剂从水溶液中萃取有机化合物时,以反复多次萃取效果较好。这可以利用下列推导来说明。设在 V mL 的水中溶解 W_0 g 的物质,每次用 S mL 与水不互溶的有机溶剂重复萃取。假如 W_1 g 为萃取一次后剩留在水中的物质量,则在水中的浓度和在有机相中的浓度就分别为 W_1/V 和 $(W_0-W_1)/S$,两者之比等于 K,即

$$\frac{W_1/V}{(W_0-W_1)/S}=K \quad 或 \quad W_1=\frac{KV}{KV+S}W_0$$

令 W_2 g 为萃取两次后在水中的剩留量,则有

$$\frac{W_2/V}{(W_1-W_2)/S}=K \quad 或 \quad W_2=W_1\frac{KV}{KV+S}=W_0\left(\frac{KV}{KV+S}\right)^2$$

显然,在萃取几次后的剩留量 W_n 应为

$$W_n=W_0\left(\frac{KV}{KV+S}\right)^n$$

因为上式中 $\frac{KV}{KV+S}$ 恒小于1,所以 n 越大, W_n 就越小,即把溶剂分成几份作多次萃取比

用全部量的溶剂作一次萃取要好。一般情况下,需要萃取 3~5 次就够了。以上的式子只适用于几乎和水不互溶的溶剂,例如苯、四氯化碳或氯仿等。对于与水有少量互溶的溶剂,如乙醚等,上面的式子只是近似的,但也可以定性地判断预期的结果。

【装置与试剂】

装置:见图 3-8(a)萃取装置,图 2-10(a)常压蒸馏装置。

试剂:乙酸乙酯 20 mL,5%苯酚水溶液 30 mL,无水硫酸镁。

【实验步骤】

1. 分液漏斗的选择与检验

液-液萃取常用分液漏斗进行操作。实验时应选择容积较液体体积大一倍以上的分液漏斗,将旋塞擦干,在离旋塞孔两侧稍远处薄薄地涂上一层润滑脂(注意切勿涂得太多或使润滑脂进入旋塞孔中,以免沾污萃取液),塞好后再将旋塞旋转几圈,使润滑脂均匀分布,看上去透明即可。一般在使用前应在漏斗中加水摇荡,检查上口塞子与下口旋塞是否渗漏,确认不漏水时方可使用。

2. 萃取

将漏斗放到固定在铁架上的铁圈中,关好旋塞。量取 5%苯酚水溶液 30 mL 自上口倒入分液漏斗中,再加入萃取剂乙酸乙酯 10 mL,塞紧塞子[图 3-8(a)]。取下分液漏斗,用右手手掌顶住漏斗顶塞并握住漏斗,左手的食指和中指夹住下口管,同时,食指和拇指控制旋塞[图3-8(b)]。然后将漏斗平放,前后摇动或做圆周运动,使液体振荡起来,两相充分接触。在振荡过程中应注意不断放气,以免萃取或洗涤时内部压力过大,造成漏斗的塞子被顶开,使液体喷出,造成伤人事故。放气时,将漏斗的下口向上倾斜,用控制旋塞的拇指和食指打开旋塞放气。注意不要对着人,一般振荡两三下就放一次气。如此重复 2~3 次。

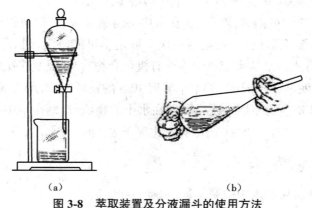

(a)　　　　　　　　　　　(b)

图 3-8　萃取装置及分液漏斗的使用方法

(a)萃取装置;(b)分液漏斗的使用方法

3. 静置与收集

将分液漏斗放回铁圈中静置,待两层液体完全分开后[1],打开上口的玻璃塞或使通气口与大气相通后,再将下口旋塞缓缓旋开,将下层溶液慢慢放入一锥形瓶中。分液时一定要尽可能将下层溶液分离干净,有时在两相间可能出现一些絮状物也应同时放出去[2]。然后将上层液体从分液漏斗的上口倒出,切不可也从下口旋塞放出,以免被残留在下口旋塞处的下层溶液所沾污。当分层难以判断时,为了弄清哪一层是水溶液,可任取其中一层的少量液体置于试管中,并滴加少量自来水,若分为两层,说明该液体为有机相。若加水后不分层,则是水溶液。

4. 重复操作

将上面分出的水层液体倒回分液漏斗中,再加入 10 mL 乙酸乙酯进行萃取,重复以上操作。

5. 蒸馏

将两次乙酸乙酯萃取液合并到锥形瓶中,加入适量的无水硫酸镁干燥。按照图 2-10(a)安装蒸馏装置,蒸馏回收乙酸乙酯,蒸馏烧瓶中的残留物即为苯酚。

【注释】

[1] 要充分静止,待完全分层后再进行分液。

[2] 萃取时常常会产生乳化现象,使两液相不能清晰地分开,这样很难将它们完全分离。用来破坏乳化的方法有:a. 较长时间静置。b. 若因两种溶剂(水与有机溶剂)能部分互溶而发生乳化,可以加入少量电解质(如氯化钠),利用盐析作用加以破坏;在两相相对密度相差很小时,也可以加入食盐,以增加水相的相对密度。c. 若因溶液碱性而产生乳化,常可加入少量稀硫酸或采用过滤等方法除去。d. 此外根据不同情况,还可以加入其他破坏乳化的物质,如乙醇、磺化蓖麻油等。

【思考题】

用相同体积的萃取剂一次萃取和多次少量萃取,比较其萃取效率。

【学习拓展】

液-液萃取时,萃取剂的选择根据被萃取物质在此溶剂中的溶解度而定,同时又要易于和被萃取物分离开。一般来说要求萃取剂与原溶液互不混溶,也不发生反应;被萃取物在萃取剂中的溶解度大于在原溶液中的溶解度;对杂质的溶解度要尽量小、性质稳定、毒性小;与原溶液有一定的密度差(否则不易分层);沸点不宜太高,便于蒸馏除去等。常用的萃取剂有:乙醚、石油醚、正己烷、四氯化碳、氯仿、二氯甲烷、甲苯、乙酸乙酯、醇等。用乙醚作萃取剂时,应特别注意周围不要有明火。萃取振荡时,用力要小,时间短,应多摇多放气,否则漏斗中蒸汽压变大,液体会冲出造成事故。

3.3　重结晶

重结晶是将晶体溶于溶剂或熔融后,再重新从溶液或熔体中结晶的过程。重结晶是分离提纯固体化合物的常用方法之一,适用于杂质含量较少,且产物与杂质在某种溶剂中溶解性质差异较大的体系。

实验 7　乙酰苯胺的重结晶

【实验目的】

(1)学习重结晶提纯固体有机化合物的原理和方法。

（2）掌握重结晶的实验操作。

（3）通过实验培养勇于探索的创新精神和善于解决问题的实践能力。

【实验原理】

1. 重结晶原理

从实验室制备或从自然界中得到的固体化合物往往不纯,重结晶是提纯固体化合物常用的方法之一。大多数固体化合物在溶剂中的溶解度随温度的升高而增大,当被提纯物的热饱和溶液冷却时,溶质就会以晶体析出。不同物质在同一溶剂中的溶解度不同,如果杂质的溶解度极小,则配成热饱和溶液后通过热过滤除去;若杂质的溶解度较大,则重结晶后杂质仍留在母液中,以达到纯化目标固体物质的目的。重结晶一般只适用于杂质含量小于 5% 的固体物质的提纯。

2. 溶剂的选择

在进行重结晶时,选择理想的溶剂是关键。理想溶剂必须同时具备以下条件:

（1）不与被提纯物质起化学反应;

（2）在较高温度时能溶解多量的被提纯物质,而在室温或更低温度时被提纯物溶解度较小;

（3）杂质的溶解度非常大或非常小（前一种情况是使杂质留在母液中不随被提纯物一同析出,后一种情况是使杂质在热过滤时被滤去）;

（4）容易挥发（溶剂的沸点较低）,易于结晶分离除去;

（5）能给出较好的结晶晶型;

（6）无毒或毒性很小,便于操作。

选择溶剂时可查阅化学手册或文献资料中的溶解度,根据"相似相溶"原理选择。如没有充足的资料,可用实验方法确定。选择溶剂的具体实验方法如下。

取 0.1 g 结晶固体于试管中,用滴管逐滴加入溶剂并不断振荡,待加入溶剂约为 1 mL 时,注意观察是否溶解。若完全溶解或间接加热至沸腾而完全溶解,但冷却后又无结晶析出,表明该溶剂是不适用的;若此物质完全溶于 1 mL 沸腾的溶剂中,冷却后析出大量的结晶,这种溶剂一般认为是合适的;如果试样不溶于或未完全溶于 1 mL 沸腾的溶剂中,则可逐步添加溶剂,每次约加 0.5 mL,并继续加热至沸腾,当溶剂的总量达 4 mL,加热后样品仍未全溶,表明此溶剂也不适用;若该物质能溶于 4 mL 以内热溶剂中,冷却后仍无结晶析出,必要时可用玻璃棒摩擦试管内壁或用冷水冷却,促使结晶析出,如果晶体仍不能析出,则说明此溶剂也不适用。

当一种物质在一些溶剂中的溶解度太大,而在另一些溶剂中的溶解度又太小,不能选择到一种合适的溶剂时,常可使用混合溶剂而得到满意的结果。所谓混合溶剂,就是把对此物质溶解度很大的和溶解度很小的而又能互溶的两种溶剂混合起来,这样可获得新的良好的溶解性能。用混合溶剂重结晶时,可先将待纯化物质在接近良溶剂（在此溶剂中极易溶解）的沸点时溶于良溶剂中。若有不溶物,趁热滤去;若有色,则用适量（1%~2%）活性炭煮沸脱色后趁热过滤。在此热溶液中小心地加入热的不良溶剂（物质在此溶剂中溶解度很小）,直至所出现的浑浊不再消失为止,再加入少量良溶剂或稍加热使其恰好透明。然后将混合物冷却至室温,使结晶从溶液中析出。有时也可以将两种溶剂先行混合,如 1：1 的乙醇和水,其操作与使用单一溶剂时相同。

3. 重结晶及过滤一般操作过程

（1）将不纯的固体有机物在溶剂的沸点或者接近于沸点的温度下溶解在溶剂中,制成接近饱和的热浓溶液,若固体有机物的熔点较溶剂沸点低,则应制成在熔点温度以下的饱和溶液。

（2）若溶液含有色杂质,可加适量活性炭煮沸脱色。

（3）趁热过滤此热溶液,以除去其中不溶性杂质及活性炭,即热过滤。

（4）将滤液冷却,使结晶从过饱和溶液中析出,而可溶性杂质仍留在母液中。

（5）抽滤,从母液中将晶体分出,洗涤结晶,以除去吸附的母液,所得结晶经干燥后测定纯度,比如熔点、核磁共振氢谱及色谱等方法。若发现纯度不符合要求,可多次重结晶,直至合格。

【装置与试剂】

装置:见图 2-6（a）简单回流装置,图 2-18 减压抽滤装置。

试剂:粗乙酰苯胺,活性炭。

【实验步骤】

1. 配制热的接近饱和的溶液

取 1 g 粗乙酰苯胺加入到装有球形冷凝管的 100 mL 圆底烧瓶中,加入 40 mL 热水,在电热套上加热至沸腾,并不断振摇,使固体溶解,最后若有尚未完全溶解的固体,可继续加入少量热水,至完全溶解后[1],可再多加 2~3 mL 水[2]（总量约 45 mL）。

重结晶实验
操作流程

2. 活性炭脱色

若溶液中含有色杂质,则要加活性炭脱色。这时应首先移去热源,待溶液稍冷后,加入适量（约 1 g）活性炭,稍加搅拌后继续加热煮沸 5~10 min。

3. 热过滤

将布氏漏斗与吸滤瓶用热水预热;布氏漏斗内放上预先剪好的圆形滤纸片（盖住所有孔,但比漏斗内径略小）,滤纸片需先用少量热水润湿;吸滤瓶接循环真空水泵,抽气吸紧后马上将上述热溶液进行趁热抽滤[3],滤后要用最少量热水洗涤圆底烧瓶及滤纸上的活性炭。

水泵减压抽滤
操作方法

4. 冷却结晶

抽滤完毕,迅速把滤液转移至烧杯,静置,稍冷后用冰水冷却,使结晶完全。如要获得较大颗粒的结晶,可在滤完后将滤液中析出的结晶重新加热溶解,室温静置,让其慢慢冷却结晶。

5. 洗涤抽滤

乙酰苯胺结晶体析出后,抽滤,晶体用少量的冰水洗涤 2 次（5 mL×2）,尽量除去母液,抽滤至干燥。

6. 干燥称重

取出晶体,放在表面皿上晾干,或在 100 ℃ 以下烘干,或真空干燥,称量,计算收率。

乙酰苯胺的熔点为 114 ℃。

重结晶实验
操作错误示范

【注释】

[1] 乙酰苯胺在 100 mL 水中的溶解量为：0.46 g（20 ℃），0.56 g（25 ℃），0.84 g（50 ℃），3.45 g（80 ℃），5.5 g（100 ℃）。另外，由于水作重结晶溶剂，球冷可不通冷凝水。

[2] 用水重结晶乙酰苯胺时，往往会出现油珠。这是因为当温度高于 83 ℃时，虽然乙酰苯胺未溶于水，但已熔化的乙酰苯胺会形成另一液相，这时只要加入少量水或继续加热，此种现象即可消失。另外，为了防止热抽滤时有晶体在漏斗中析出，溶剂用量可比沸腾时饱和溶液所需的用量适当多些，即接近饱和溶液。

[3] 操作要紧凑、要快！防止热量散失及温度下降，以避免操作时晶体提前析出，如果有晶体在滤纸上或抽滤瓶内析出，应将晶体回收，重新操作。

【思考题】

1. 重结晶时，理想溶剂应该具有哪些条件？
2. 重结晶操作中，活性炭起什么作用？为什么不能在溶液沸腾时加入？
3. 抽滤结束，为什么在关闭水泵前先打开安全瓶上通大气的旋塞？

【学习拓展】

在工业生产中，重结晶操作是一项非常重要的固体提纯分离技术，结晶是目前公认的最好工业提纯方法。其具有操作简单易于放大，对仪器设备要求低，所得产品纯度非常高，纯化成本低等特点。很多固体有机精细化学品、药品及食品等都能通过重结晶提纯生产。目前，工业结晶的新技术主要集中在熔融结晶、反应沉淀结晶以及溶液结晶方面，其中以溶液结晶最为常见。在固体产品纯化技术开发中，通过尝试优化各种结晶条件（比如溶剂、温度、结晶方法等），找到合适的重结晶提纯条件，对石油化工、精细化工及生化、医药行业的发展具有重要推动作用。

3.4 升华

升华是指固态物质加热时不经过液态而直接变为气态，蒸气受到冷却后直接冷凝为固态的过程。升华是固体化合物提纯的一种手段，适用范围是：① 被提纯的固体化合物具有较高的蒸汽压；② 固体化合物中杂质的蒸汽压较低。

实验 8　粗萘的升华

【实验目的】

（1）学习升华提纯固体有机化合物的原理和方法。
（2）掌握升华的实验操作。
（3）坚定理想信念，学习科研工作者追求卓越、不懈奋斗的精神。

【实验原理】

1. 升华的基本原理

升华利用固体混合物的蒸汽压或挥发度不同,将不纯净的固体化合物在低于熔点温度下加热,利用产物蒸汽压高、杂质蒸汽压低的特点,使产物不经液化过程而直接汽化,遇冷后固化,而杂质不发生这个过程,从而达到固体混合物分离的目的。

以图3-9所示的某物质的三相平衡图为例进行说明。在相图中,三条曲线将图分为三个区域,每个区域代表物质的一相。由曲线上的点可读出两相平衡时的蒸汽压。GS表示固相与气相平衡时固体的蒸汽压曲线,SY表示液相与气相平衡时液体的蒸汽压曲线,SV表示固相与液相平衡时的温度与压力关系曲线。三条曲线的交点S叫三相点,在此状态下物质的气、液、固三相共存,是物质的三相平衡点。在三相点温度以下,物质只有气、固两相,升高温度,固相直接转化成蒸气;降低温度,气相直接转变为固相。凡是在三相点以下具有较高蒸汽压的固态物质,都可以在三相点温度以下进行升华提纯。一般来说结构对称性高的、极性小的物质具有较高的熔点,在熔点温度以下具有较高的蒸汽压,易于用升华来进行提纯。

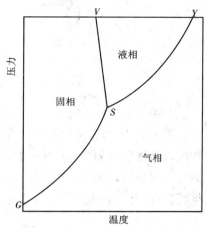

图 3-9　某物质的三相平衡图

升华操作不使用溶剂,操作简便,纯化后产品的纯度较高。缺点是产品损失较大,时间较长,不适合大量产品的提纯。

2. 升华的基本操作

1)常压升华

图3-10所示是常用的常压升华装置。图3-10(a)是实验室常用的常压升华装置。将待升华的物质烘干研碎后均匀置于蒸发皿中,上面覆盖一张滤纸,在滤纸上扎些小孔(孔刺朝上)。随后在滤纸上倒置一个大小合适的锥形漏斗,漏斗颈部用少量棉花或玻璃毛堵住,以减少蒸气外逸,造成产品损失。在蒸发皿下垫石棉网,用电热套加热。在加热过程中需控制加热温度和加热速度,保持温度在熔点以下,小心加热,慢慢升华。蒸气通过滤纸上升,凝结在滤纸上或漏斗壁上。如果在升华过程中观察到晶体不能及时析出,可以用湿布冷却漏斗外壁,但注意不要把滤纸弄湿。

如果升华量较大时,升华可以在烧杯中进行。如图3-10(b)所示,在烧杯上放置一个通冷却水的烧瓶,小心加热,蒸气会在烧瓶底部凝结成晶体并附着在瓶底上。

图3-10(c)所示是在空气或惰性气体流中进行升华时的装置。在锥形瓶上安装打有两个孔的瓶塞,其中一孔插入玻璃管,以便导入气体;另一孔插入接引管,接引管的另一端伸入圆底烧瓶中,烧瓶口塞一些棉花或玻璃毛。物质开始升华时通入空气或惰性气体,带出的升华物质凝结在经冷却水冷却的烧瓶壁上。

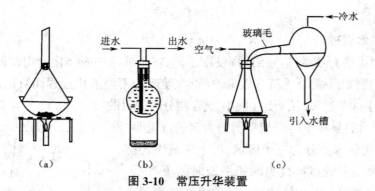

（a）　　　　　　　　（b）　　　　　　　　（c）

图 3-10　常压升华装置

（a）常用升华装置；（b）较大量物质的升华装置；（c）需通气体的升华装置

2）减压升华

图 3-11 所示是常用的减压升华装置,通常采用水泵或油泵进行减压。将干燥后的待升华物放入吸滤管（或瓶）中,在吸滤管中放入"指形冷凝管",用橡皮塞塞紧,利用水泵或油泵进行抽气。接通冷凝水,将此装置放入电热套或水浴中加热,使固体在一定压力下升华,被升华物将凝聚在"指形冷凝管"的底部。

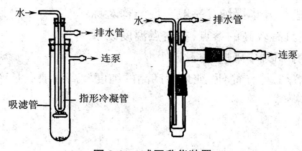

图 3-11　减压升华装置

【**装置与试剂**】

装置:见图 3-10（a）所示常压升华装置。

试剂:粗萘 1 g。

【**实验步骤**】

1. 药品及材料准备

称取 1 g 待升华的粗萘,烘干后研细,均匀放置于蒸发皿中。取一刺有许多小孔的滤纸[1]（孔刺朝上）盖在蒸发皿上,滤纸上倒置一支大小合适的玻璃漏斗[2],漏斗颈部塞一些棉花,以减少蒸气外逸。

2. 加热升华

蒸发皿下面垫石棉网加热升华[3],控制加热温度和加热速度缓慢升华。温度必须低于其熔点。待有蒸气通过滤纸上升时调节加热温度,上升蒸气遇到漏斗壁冷凝成晶体附着在漏斗壁上或者落在滤纸上。当通过滤纸的蒸气很少时停止加热。

3. 产品收集称重

升华结束,移走热源。稍冷后小心拿下漏斗,用小刀将漏斗壁和滤纸上的晶体轻轻刮下,置于洁净的表面皿中,即得到纯净的产品。称量,计算收率。

测定熔点。萘的熔点为 80~82 ℃。

【注释】

[1] 滤纸上的孔应尽量大些,以便蒸气上升时顺利通过滤纸,并在滤纸上和漏斗中结晶,否则将会影响晶体的析出。

[2] 漏斗直径稍小于蒸发皿和滤纸。

[3] 升华温度一定要控制在固体化合物熔点以下,升华过程中应始终小火间接加热,温度太高会使滤纸碳化变黑,影响产品的纯度。

【思考题】

1. 简述升华和重结晶操作的优缺点及适用范围。

2. 为什么需要干燥被升华的固体混合物?

【学习拓展】

改革开放以来,我国的载人航天技术发展迅猛,载人航天事业取得了重大成就,已研制出具有完全自主知识产权的神舟系列飞船,先后实现了载人往返、太空漫步、航空器与空间站对接,成为能自主进行载人航空的三个国家之一,跻身航天大国之列。随着航天事业的发展,出舱活动日益频繁,热控系统作为舱外航天服便携式生保系统的一个重要组成部分,得到了广泛的研究和报道。水升华器是一种消耗型相变散热装置,是航天器空间短期散热较为经济的热控措施。Apollo 登月舱,Saturn 火箭,美、俄及中国的舱外航天服均采用了水升华器散热装置。升华模式就是水升华器的工作模式之一。载人航天工程不仅推动国家科技进步和创新发展,而且为提升综合国力、提高民族威望做出了巨大贡献。随着研究的不断推进,我国的载人航天事业将会绽放新的光彩。

3.5 色谱分离

色谱法是分离、纯化和鉴定有机化合物的重要方法之一。它是利用混合物中各组分在某一物质中的吸附、分配、离子交换、排阻或者亲和等不同作用,混合物由载体流经该物质时产生个体差异,从而将各组分分离开来的分离方法。该某一物质称为固定相,携带待测混合物组分向前移动的载体称为流动相。

色谱法按分离原理不同分为吸附色谱、分配色谱、离子交换色谱和凝胶渗透色谱等;按其操作不同又分为柱色谱、薄层色谱、纸色谱、气相色谱和高效液相色谱等。

实验 9　薄层色谱法分离化合物

【实验目的】

(1)学习薄层色谱法的原理和应用。

（2）掌握薄层色谱的操作方法。

（3）通过实验培养分析和解决问题能力,加强环保意识和职业素养。

【实验原理】

1. 薄层色谱分离原理

薄层色谱,或称薄层层析(Thin-Layer Chromatography TLC),是以涂布于支撑板上的支持物为固定相,以合适的溶剂为流动相,对混合物进行分离和鉴别的一种层析分离技术。通常薄层色谱法是指吸附薄层色谱分离法,它利用样品中各组分对同一吸附剂的吸附能力不同,在流动相(展开剂)流过固定相(吸附剂)时,经过连续的吸附、解吸附、再吸附、再解吸附过程,达到各组分互相分离的目的。

在薄层色谱中所用的吸附剂(固定相)颗粒比柱色谱中要小很多,颗粒太大,展开剂流速快,分离效果不好;颗粒太小,展开剂流速慢,斑点不集中,效果也不好。通常情况下吸附性强的吸附剂可选用颗粒稍大的型号,吸附性弱的吸附剂选用颗粒稍小的型号。实验室常用的吸附剂是硅胶和氧化铝。硅胶分为:硅胶 H,不含黏合剂;硅胶 G,含黏合剂;硅胶 GF_{254},含有黏合剂和荧光剂,可在波长 254 nm 紫外光下发出荧光。氧化铝分为:氧化铝 G、氧化铝 GF_{254} 及氧化铝 HF_{254}。氧化铝的极性比硅胶大,易用于分离极性小的化合物。使用硅胶作吸附剂时,颗粒大小一般在 500 目以上;使用氧化铝作吸附剂时,颗粒大小一般在 100~150 目。

黏合剂除煅石膏外,还可使用淀粉、聚乙烯醇和羧甲基纤维素钠(CMC)作为黏合剂。使用时,一般配成百分之几的水溶液。如羧甲基纤维素钠的质量分数为 0.5%,淀粉的质量分数为 5%。加黏合剂的薄层板称为硬板,不加黏合剂的薄层板称为软板。

2. 基本操作

1)制板

薄层色谱所用的载板有玻璃板、铝箔板及塑料板,玻璃板是最常用的载板。薄层色谱板的简单制备方法是:取 2 g 硅胶 G 加入 5~7 mL 0.5%的羧甲基纤维素钠水溶液,调成糊状。将糊状硅胶均匀地倒在每块玻璃板上,先用玻璃棒铺平,再用手将带浆的玻片在水平的桌面上作上下轻微的颠动,制成薄厚均匀、表面光洁平整的薄层板,涂好硅胶 G 的薄层板置于水平的玻璃板上,在室温放置 0.5 h 后再放入烘箱中,缓慢升温至 110 ℃,恒温 0.5 h 后取出,稍冷后置于干燥器中备用。

2)配制展开剂

展开剂也称流动相。展开剂的选择主要根据样品的极性、溶解度和吸附剂的活性等因素考虑,所选展开剂应满足以下条件:①对样品中所有成分有良好的溶解性。②不与待测组分或吸附剂发生化学反应。③沸点适中,黏度较小。④待测组分展开后,斑点圆且集中。定性测定的比移值在 0.2~0.8。⑤混合展开剂最好现用现配。

一般情况下,极性化合物选择极性展开剂,非极性化合物选择非极性展开剂。当一种溶剂不能很好地展开各组分时,常选择混合溶剂作为展开剂。常见展开剂极性大小顺序为:

石油醚<正己烷<二氯甲烷<乙醚<乙酸乙酯<丙酮<正丙醇<甲醇<水

3）点样

点样前先在薄层板上画出起始线和终点线。在距薄层板两端各 10 mm 处轻轻用铅笔各画一条横直线作为点样的起始线和爬行的终点线，画线动作要轻，不要划破薄层板固定相。

取一根干净并干燥的毛细管，竖直伸入试剂瓶中吸取少量样品，在起始线上轻轻点样，样品点的直径不超过 3 mm，点样量不宜过多或过少。若需重复点样，应待第一次样品晾干后再进行第二次点样。点好样品的薄层板待溶剂挥发后再放入展开缸中展开。

4）展开

在展开槽[1]（层析槽）中加入配好的展开剂，展开剂的用量以展缸的深度约 5 mm 为宜，切勿倒入过多，若样品点浸入展开剂，样品成分将被展开剂溶解而不能随展开剂在薄层板上分离。因吸附剂会对样品发生无数次吸附和解吸过程，所以展开前应使展开槽内展开剂的蒸气达到饱和。将薄层板点有样品的一端朝下放入展开槽中，在展开过程中，样品斑点随着展开剂向上迁移，当展开剂前沿移动至薄层板上端的终点线时，立刻取出薄层板。

薄层板常用的展开方法有以下三种。

（1）倾斜上行法：色谱板倾斜 15°，适用于无黏合剂的软板；色谱板倾斜 45°～60°，适用于含黏合剂的硬板，如图 3-12 所示。

（2）下降法：展开剂放在圆底烧瓶中，用滤纸或纱布等将展开剂吸到薄层板的上端，使展开剂沿板下行，这种连续展开的方法适用于比移值小的化合物的分离，如图 3-13 所示。

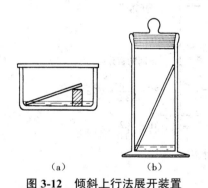

图 3-12　倾斜上行法展开装置

（a）长方形盒式展开槽；（b）广口瓶式展开槽

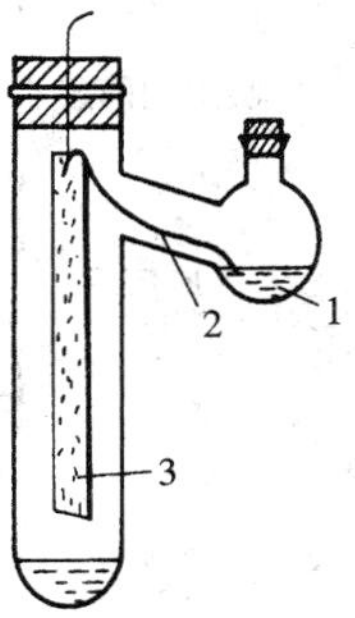

图 3-13　下降法展开装置

1—溶剂；2—滤纸条；3—薄层板

（3）双向展开法：使用方形薄层板时，将样品点在角上后向一个方向展开，然后转动 90°，再换另一种展开剂展开，此法适用于成分复杂的混合物的分离。

5）显色

样品展开后，如果本身带有颜色，可直接看到斑点的位置和形状。但大多数有机化合物本身是无色的，需进行显色处理。常用的显色处理方法如下。

（1）在紫外灯（254 nm 或 365 nm）下观察有无暗斑或荧光斑点并记录其颜色、位置及强弱。能发荧光的物质或少数有紫外吸收的物质可用此法检出。

（2）荧光薄层板检测。荧光薄层板是在硅胶中掺入了少量荧光物质制成的板，在 254 nm 紫外灯下，整个薄层板呈黄绿色荧光，被测物质由于荧光猝灭作用而呈现暗斑。

（3）碘熏显色。在一密闭容器（碘缸）中放入碘，使容器中充满碘蒸气。将展开并晾干的薄层板放入碘缸，碘与大多数有机化合物（烷和卤代烷除外）会可逆地结合，在数秒钟内化合物的斑点呈黄棕色。

（4）喷洒显色剂。薄层板可用腐蚀性显色剂（如浓硫酸、浓盐酸、浓磷酸等）显色，还可以采用一些试剂显色，如三氯化铁溶液、水合茚三酮溶液、磷钼酸溶液等。

6）计算比移值

化合物在薄层板上移动的高度与展开剂上升高度的比值称为该化合物的比移值，常用 R_f 表示为

$$R_f = \frac{样品中某组分移动离开原点的距离}{展开剂前沿至原点中心的距离}$$

图 3-14 给出了混合物的展开情况及样品中各组分 R_f 值的计算过程。在一定的色谱条件下，特定化合物的 R_f 值是一个常数，因此可以根据化合物的 R_f 值来鉴定化合物。但是，影响比移值的因素较多，如展开剂、吸附剂、薄层板的厚度以及操作温度等，因此同一化合物的比移值与文献值会相差很大。实验中常采用的方法是，在一块薄层板上同时点一个已知物和一个未知物进行展开，通过计算和对比同一色谱板上组分的比移值（相对位置）来确定是否为同一化合物。

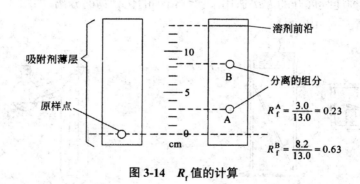

图 3-14　R_f 值的计算

【装置与试剂】

装置：见图 3-12（b）倾斜上行法展开装置。

试剂：石油醚，乙酸乙酯，二茂铁，乙酰二茂铁，GF_{254} 硅胶板。

1 号样品：3.6%二茂铁的乙酸乙酯溶液。

2 号样品：3.6%二茂铁和 0.8%乙酰二茂铁的乙酸乙酯混合溶液。

3 号样品：0.8%乙酰二茂铁的乙酸乙酯溶液。

薄层色谱实验
操作流程

【实验步骤】

1. 制板

本实验省略制板操作，直接使用商品化的 GF_{254} 硅胶板[2]。

2. 配置展开剂

用 5 mL 量筒量取 4 mL 石油醚，再用滴管加入 0.5 mL 乙酸乙酯，倒入展缸，盖上展缸盖

子,摇匀,备用。

3. 点样

用铅笔在距离薄层板一端约 1 cm 处轻轻画一条直线作为起始线,在线上点样的位置用铅笔做两个记号,两点距离 0.8~1 cm,且不可靠近薄层板边缘。用毛细管吸取样品,先在滤纸上练习,熟练后再在硅胶板上点样。在标记的记号处分别点两个样品点(1、2 号或 2、3 号)。

4. 展开

使用倾斜上行法展开。待样品点中溶剂挥发后,用镊子夹住薄层板顶端,倾斜放入展缸中,展开剂液面不可超过样品点起始线(1 cm 铅笔线),盖上盖子,观察样品点的移动和展开过程。展开过程中不可打开盖子或移动展缸,更不可晃动展缸。

5. 显色

本实验的样品各组分本身有颜色,当观察到混合样品中的两个组分点完全分开时,用镊子取出薄层板,迅速用铅笔画出展开剂前沿线。若本步操作过慢,展开剂快速挥发后将观察不到溶剂前沿位置,无法进行后续比移值的计算。待溶剂挥发后,沿斑点外缘圈出斑点轮廓,并找出轮廓的中心点位置。

6. 计算比移值

计算比移值。薄层板展开后共有 3 个斑点,分别测量并计算比移值,分析计算结果。

【注释】

[1] 若无展开缸,可用广口瓶代替。

[2] 薄层板可自制或市售。

【思考题】

1. 点样量太多或太少会产生什么后果?

2. 如果混合样中两种化合物的比移值相近,展开剂的比例该如何调节?

薄层色谱操作
错误示范

【学习拓展】

薄层色谱法是 20 世纪 50 年代在经典柱色谱法及纸色谱法的基础上发展起来的一种平面色谱技术,常用来分离或鉴别混合物中各组分,精制粗产品,监控有机合成反应过程,寻找柱色谱最佳分离条件等。薄层色谱法操作简便,具有分离速度快效率高,试剂和样品用量小,废弃物排放少等特点,符合节能和环保要求,是目前应用最普遍的色谱分离法。

实验 10　柱色谱法分离化合物

【实验目的】

(1)理解柱色谱分离有机化合物的基本原理。

(2)掌握柱色谱分离有机化合物的基本操作。

(3)通过实验养成精益求精的科学态度和职业素养。

【实验原理】

柱色谱又称柱层析,是分离、提纯反应混合物和天然产物的重要方法,在常量制备中具有重要的实用价值。吸附剂的用量、颗粒的大小、色谱柱的尺寸及溶剂的极性和流速是决定分离效果的几个重要因素。在装柱、洗脱和收集样品的过程中,要求做到认真细致、精益求精,养成良好的科学态度和职业素养。

1. 柱色谱的分离原理

柱色谱分离过程一般为,将已溶解的样品从柱顶加入到已装好的色谱柱中,然后用洗脱剂(流动相)淋洗,样品中各组分在吸附剂(固定相)上的吸附能力不同,各组分在洗脱剂中的溶解度也不一样,使样品中各组分在色谱柱中移动速度不同,从而达到分离的目的。一般来说,极性大的吸附能力强,极性小的吸附能力弱。极性化合物易溶于极性洗脱剂中,非极性化合物易溶于非极性洗脱剂中。

当固定相为极性吸附剂时,非极性组分在固定相中吸附能力弱,而在流动相中溶解度大,非极性组分首先被解吸出来。极性组分的吸附能力强,且在洗脱剂中溶解度又小,因此不易被洗脱出来。图3-15为常见柱色谱装置。

2. 吸附剂和洗脱剂

1)吸附剂

常用的吸附剂有硅胶、氧化铝、氧化镁、碳酸钙和活性炭等。实验室一般使用氧化铝或硅胶,氧化铝的极性大于硅胶,它是一种高活性和强吸附的极性物质。通常市售的氧化铝分为中性、酸性和碱性三种。酸性氧化铝用于分离酸性有机物;碱性氧化铝适用于分离碱性有机物,如生物碱和烃类化合物;中性氧化铝应用最为广泛,适用于中性物质的分离,如醛、酮、酯、醌等有机物。市售的硅胶略带酸性。由于样品被吸附到吸附剂表面上,因此颗粒大小均匀、比表面积大的吸附剂吸附分离效果最佳。比表面积越大,组分在流动相和固定相之间达到平衡就越快,色带就越窄。通常使用的吸附剂颗粒大小以100~150目为宜。吸附剂的活性取决于吸附剂的含水量,含水量越高,吸附剂的吸附能力越弱;反之,则吸附能力越强。

2)洗脱剂

一般洗脱剂的选择是通过薄层色谱实验确定的,能将样品中各组分完全分开的展开剂作为柱色谱的洗脱剂。选择洗脱剂的原则是:洗脱剂的极性不能大于样品中各组分的极性,否则会由于洗脱剂在固定相上被吸附,迫使样品一直保留在流动相中,影响分离效果。另外,所选择的洗脱剂必须能够将样品中的各组分溶解,但不能同各组分竞争吸附固定相。如果被分离的样品不溶于洗脱剂,那么各组分可能会牢固地吸附在固定相上,而不随流动相移动或移动很慢。

不同的洗脱剂使样品沿着固定相的相对移动能力称为洗脱能力。常用溶剂的洗脱能力按以下顺序排列:

乙酸、水、甲醇、乙醇、丙酮、乙酸乙酯、乙醚、氯仿、二氯甲烷、甲苯、环己烷、石油醚

← 极性和洗脱能力增加

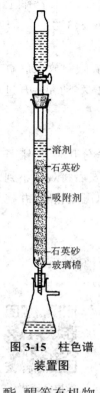

图3-15 柱色谱装置图

溶剂
石英砂
吸附剂

石英砂
玻璃棉

3. 基本操作

1）柱色谱装置

色谱柱是一根带有下旋塞或无下旋塞的玻璃管，如图3-15所示。一般来说，吸附剂的质量应是待分离物质质量的25~30倍，所用柱的高度和直径比为8∶1。

2）柱色谱操作要点

（1）装柱。装柱前应先将色谱柱洗干净，进行干燥，垂直固定于铁架上。在柱底铺一小块脱脂棉，再铺上约0.5 cm厚的石英砂，然后进行装柱。装柱分为湿法装柱和干法装柱两种，下面分别介绍。

a. 湿法装柱。在烧杯中将吸附剂（氧化铝或硅胶）用洗脱剂中极性最低的溶剂调成糊状，在柱内先加入约3/4柱高的洗脱剂，打开下旋塞，在色谱柱下方放一个干净容器，接收洗脱剂，将调好的吸附剂边敲打边倒入柱中。当装入的吸附剂有一定高度时，洗脱剂流速变慢，待吸附剂全部装完后，用收集到的洗脱剂转移烧杯中残留的吸附剂，并将柱内壁残留的吸附剂淋洗下来。在此过程中，应不断敲打色谱柱，以使色谱柱填充均匀并没有气泡[1]。色谱柱填充完成后，在吸附剂上端覆盖一层约0.5 cm厚的石英砂。覆盖石英砂的目的是：使样品均匀地渗入吸附剂表面；当加入洗脱剂时，它可以防止吸附剂表面被破坏。在整个装柱过程中，柱内洗脱剂的高度始终不能低于吸附剂最上端，否则柱内会出现裂痕和气泡[2]。

b. 干法装柱。在色谱柱上端放一个干燥的漏斗，将吸附剂倒入漏斗中，使其成为一细流连续不断地装入柱中，并轻轻敲打色谱柱，使其填充均匀，再加入洗脱剂湿润柱身。也可以先加入3/4的洗脱剂，然后再倒入干的吸附剂。因为硅胶和氧化铝的溶剂化作用易使柱内形成缝隙，所以这两种吸附剂不宜使用干法装柱。

（2）加入样品及洗脱。液体样品可以直接加入到色谱柱中，如果浓度较低，则可浓缩后再进行分离。固体样品应先溶解于极性尽可能小的溶剂中，使之形成浓溶液。加入样品前，应先将柱内洗脱剂排至稍低于石英砂表面后关闭色谱柱旋塞，停止排液，用滴管将样品沿柱内壁均匀加到柱顶。加入样品时，应注意滴管尽量向下靠近石英砂表面，缓慢滴入样品（防止冲起柱面覆盖物）。加入样品后，打开下旋塞，待液体样品进入石英砂层后再用少量的洗脱剂冲洗柱壁上的样品。这部分液体进入石英砂层后，再加入大量洗脱剂进行淋洗，直至所有色带被展开。

色谱带的展开过程也就是样品的分离过程。在此过程中应注意以下事项。

a. 洗脱剂应连续平稳地加入，不能中断。样品量少时，可用滴管加入。样品量大时，用滴液漏斗作储存洗脱剂的容器，控制好滴加速度，可得到更好的效果[3]。

b. 在洗脱过程中，应先使用极性最小的洗脱剂淋洗，然后逐渐加大洗脱剂的极性，使洗脱剂的极性在柱内形成梯度，以形成不同的色带环。也可以分步进行淋洗，即先将极性小的组分分离出来，再加大洗脱剂的极性，分出极性较大的组分。

c. 在洗脱过程中，样品在柱内的下移速度不能太快，但也不能太慢（甚至过夜），因为吸附剂表面活性较大，时间太长会造成某些成分被破坏，并使色谱带扩散，影响分离效果。通常流出速度为1~2滴/s，若洗脱剂下移速度太慢，可适当加压或用水泵减压。

d. 当色谱带出现拖尾时,可适当提高洗脱剂极性。

（3）样品中各组分的收集。当样品中各组分带有颜色时,可根据不同的色带用锥形瓶分别进行收集,然后分别将洗脱剂蒸除得到纯组分。但是大多数有机化合物是无色的,可采用等分收集的方法,即将收集瓶编号,按编号顺序收集流出液,通过薄层色谱监控各组分洗脱情况,合并含相同组分的收集瓶。

【装置与试剂】

装置:见图3-15柱色谱装置。

试剂:8 g氧化铝,95%乙醇15 mL,蒸馏水,石英砂,0.5%甲基橙水溶液与0.1%亚甲基蓝水溶液的等量混合样。

【实验步骤】

1. 装柱

（1）用镊子取少许玻璃棉（或脱脂棉）放入干净的色谱柱底部,轻轻塞紧,再在玻璃棉（或脱脂棉）上盖一层厚约0.5 cm的石英砂,关闭旋塞。

柱色谱实验操
作流程

（2）取5 mL蒸馏水和15 mL95%的乙醇,倒入锥形瓶中,混匀,作为洗脱剂。取约5 mL洗脱剂倒入色谱柱中。

（3）取8 g氧化铝倒入小烧杯中,加入剩余洗脱剂,调成糊状。

（4）打开旋塞,控制洗脱剂的流速为1~2滴/s。将糊状氧化铝边搅拌边缓慢倒入色谱柱中。轻轻敲打柱壁,赶走气泡,填实裂缝,使装填均匀、紧密。

（5）再在吸附剂上面加一层约0.5 cm厚的石英砂,操作时一直保持上述流速,当洗脱剂液面降至石英砂上表面时,立即关闭旋塞[4]。

2. 加样与洗脱

（1）用长滴管取少量样品,伸入到色谱柱中接近石英砂表面的位置,小心加入8~10滴样品。

（2）打开旋塞,控制洗脱剂的流速同上。当样品液面达到石英砂表面时,立即用少量洗脱剂冲洗色谱柱壁的样品,如此重复2~3次,直到洗净为止。

（3）将收集的干净洗脱剂全部加入到色谱柱中,洗脱样品。

3. 收集

（1）当蓝色组分流出时,用锥形瓶收集。

（2）当蓝色组分完全流出时,换蒸馏水作洗脱剂（水作洗脱剂有助于混合物中极性较大的组分甲基橙的洗出）,当黄色组分流出时,更换另一容器收集黄色组分。记录收集到的组分体积。

实验完毕,色谱柱中的氧化铝倒入回收容器中,并将色谱柱洗净倒立固定于铁架台上晾干。

【注释】

[1] 色谱柱装填紧密与否对分离效果影响较大。若色谱柱中留有气泡、裂缝或各部分松紧不均时,会影响渗滤速度和显色的均匀,如果装填时过分敲击,又会因太紧密而流速太慢。

[2] 为保持色谱柱的均匀性,应始终保持洗脱剂液面高于吸附剂上表面,否则当色谱柱中洗脱剂流干时,会使色谱柱身干裂。即使重新加入溶剂,也会影响分离效果。

[3] 可以采用滴液漏斗连续不断地添加洗脱剂或每次倒入 10 mL 洗脱剂的方法进行洗脱。

[4] 在吸附剂上端加石英砂可防止加样时将吸附剂冲起,影响分离效果。在吸附剂下端加玻璃棉和石英砂是为了防止吸附剂流出,并使吸附剂下表面平齐,确保分离效果。

【思考题】

1. 柱色谱分离过程中为什么极性大的组分要用极性较大的溶剂洗脱?

2. 色谱柱中若留有空气或装填不均,对分离效果有何影响? 如何避免?

3. 在色谱分离过程中,为什么不能让洗脱剂液面低于吸附剂?

【学习拓展】

色谱技术在研究天然产物化学中有着广泛的应用。动物、植物、微生物及其代谢产物中的部分化学成分是天然药物和食品添加剂的重要来源,这些有效成分往往含量较低,并与许多其他物质并存,因此其提取分离是一项烦琐而艰巨的工作。天然物质的综合利用是当今极具潜力的研究课题,对自然资源的研究与开发逐渐向深入化、快速化、微量化方向发展,以获取安全高效的天然成分,色谱技术正符合这种要求。20 世纪 30 年代,我国已经从中药丹参中分离到三种脂溶性色素,分别称为丹参酮Ⅰ、丹参酮Ⅱ、丹参酮Ⅲ。之后的进一步研究发现除丹参酮Ⅰ为纯品外,丹参酮Ⅱ、丹参酮Ⅲ均为混合结晶。通过各种层析方法,迄今已分离出 15 种单体,其中有 4 种为我国首次发现。

第4章　波谱分析

实验 11　红外光谱仪的使用

【实验目的】

（1）加深对红外光谱原理的理解。

（2）能够运用压片法制作固体试样晶片,学会使用红外光谱仪对有机化合物进行表征。

（3）通过实验培养运用红外光谱技术分析和解决实际问题的能力。

【实验原理】

1. 红外光谱原理

以一定波长的红外光辐射物质时,当光的频率正好与此物质分子中某个基团的振动能级跃迁的频率相同,并且分子振动时伴随有瞬时偶极矩的变化,则该分子就能吸收此频率的红外光,引起辐射光的强度改变,从而产生相应的吸收。红外吸收通常出现在波长为 2.5~25 μm（对应于波数 4 000~400 cm^{-1} 的中红外区）。由红外光谱仪测定物质分子对不同波长的红外光的吸收强度,可以得到此物质的红外光谱图。测绘出的光谱图的纵坐标为透过率 T,表示吸收强度,横坐标一般为波数 $\sigma(cm^{-1})$,表示吸收峰的位置。

红外光谱对有机化合物的定性分析具有鲜明的特征性。由于分子中基团的振动频率主要取决于原子折合质量和键的力常数,因此对于具有相同基团的化合物,尽管其他部分结构有所不同,但其相同基团的基本振动频率吸收峰会出现在特定波数区域内,通过特征吸收峰的波数位置,可以判断官能团的种类。化合物的红外光谱就像人的指纹一样,可确定化合物或其官能团是否存在。该法具有用量少、不破坏样品、分析速度快和灵敏度高等优点,且应用范围广,气态、液态、固态都可以分析。

2. 傅里叶变换红外光谱仪

傅里叶变换红外（FT-IR）光谱仪是根据光的相干性原理设计的,它主要由光源、干涉仪、检测器、计算机和记录系统组成。大多数傅里叶变换红外光谱仪使用了迈克尔孙（Michelson）干涉仪,因此实验测量的原始光谱图是光源的干涉图,然后通过计算机对干涉图进行快速傅里叶变换计算,从而得到以波长或波数为函数的光谱图。

3. 红外光谱的定性分析

应用红外光谱进行定性分析一般过程如下。

（1）样品的分离和精制,样品不纯会给光谱解析带来困难。

（2）了解样品的来源及其性质:了解样品来源、元素分析值、相对分子质量、熔点、沸点、溶解度等有关性质。根据样品的元素分析值及相对分子质量得出的分子式计算不饱和度,估计分子结构式中是否含有双键、三键及苯环,并可验证光谱解析结果的合理性。

70

（3）谱图解析：光谱解析习惯上多用两区域法，即官能团区及指纹区。4 000~1 500 cm⁻¹ 称为官能团区或特征区，为基团和化学键的特征频率区，官能团区的信息对结构鉴定很重要。1500~400 cm⁻¹ 称为指纹区，主要是单键伸缩振动和 X—H 键的弯曲振动。谱图解析可归纳为：先特征，后指纹；先最强峰，后次强峰；先粗查，后细找；先否定，后肯定。对于简单的光谱，一般解析一两组相关峰即可确定未知物的分子结构。对于复杂化合物的光谱，可粗略解析后，再核对标准光谱或进行综合光谱解析。

4. 固体样品的卤盐压片制样方法

将样品在研钵里磨细后加入溴化钾，磨成极细粉末且混合均匀，在压片机上压成透明的薄片进行测定。

【仪器与试剂】

仪器：红外光谱仪，压片机及模具，玛瑙研钵，烘箱。

试剂：苯甲酸样品（AR），干燥的溴化钾粉末（SP）。

【实验步骤】

（1）用空调机、除湿机等控制好实验室条件：室温 18~20 ℃；相对湿度＜65%。

（2）分别开启红外光谱仪主机、计算机和打印机电源。启动红外光谱工作站，初始化并等待仪器自检。自检完毕，设置红外光谱仪的测定参数。仪器具体操作步骤见红外光谱仪的使用操作说明书。

（3）空白片的制作：取一定量（100~200 mg）的干燥溴化钾粉末（使用前，可在 110 ℃的鼓风干燥箱中烘干 2 h 以上）[1]，加到洁净的研钵中研磨至粉末，然后取适量的粉末转移到压片模具上进行压片[2,3]。

（4）根据仪器操作使用说明要求，将空白压片放入样品室，点击相应按钮，进行背景扫描。

（5）苯甲酸试样片的制作：取干燥的 1~2 mg 苯甲酸试样于研钵中，加入约 200 mg 的溴化钾粉末，一同研磨至颗粒直径＜2 μm，混合均匀，然后取约 100 mg 的混合样进行压片。制得的晶片应透明无裂痕，局部无发白现象，否则需重新压片。

（6）根据仪器操作使用说明要求，将苯甲酸压片放入样品室，点击相应按钮，进行测试扫描。

（7）保存或打印苯甲酸谱图，与苯甲酸标准红外光谱图（图 4-1）比较，并对谱图进行解析。

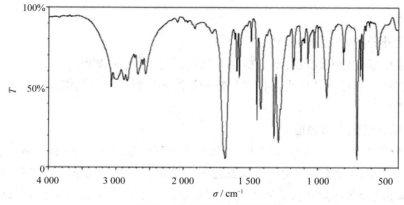

图 4-1　苯甲酸的红外光谱图

【注释】

[1] 测试用的样品和溴化钾必须充分干燥,否则谱图中可能出现水的吸收峰而干扰红外光谱的分析。压好片应立即上机测定,若暂时不用,需放在干燥器中避免吸潮。

[2] 制作片样时,将 KBr 和固体样品的混合物均匀置于压片座的孔内,量不要太多,把洒落到压片座表面的样品除去,然后按顺序放好各部件。施压时,温和地将压片机的手柄压下,慢慢升压至 10 MPa 后,停止升压,维持 5 min,再卸压,从模具里小心取出晶片。

[3] 由于金属模具的压片座、顶部和底部冲垫组件都容易生锈,而且 KBr 有强吸湿性,会加速生锈。因此每次实验结束后,应把残留在模具上的粉末除净,用去离子水洗涤顶部和底部冲垫组件和压片座,最后用乙醇除去水,再将其保存在干燥器中。

【思考题】

1. 利用红外光谱对化合物进行分析的基本原理是什么?

2. 用压片法制样时,为什么要求将固体样品研磨到颗粒粒度小于 2 μm? 为什么要求 KBr 粉末干燥并避免吸水受潮?

【学习拓展】

红外光谱技术应用十分广泛,几乎涉及自然科学的每个领域,如化工、食品、医药、环境、气象、文物鉴定、质量监控、地质等。对于有机化合物的结构分析与定量分析,主要采用的是中红外光谱(波长 2.5~25 μm),发展了傅里叶变换光谱技术,该技术已经发展出了二维红外光谱、全反射红外光谱、显微红外光谱、时间分辨率红外光谱、光声光谱以及红外光谱与其他仪器的联用等,并不断地完善。另外,近红外技术和远红外技术发展得也非常成熟。利用近红外光谱技术(波长 0.75~2.5 μm)可以得到样品中有机分子含氢基团的特征信息,可用于物质中的水分、氨基酸、蛋白质等含量的测定。远红外光谱技术(波长 25~1 000 μm)对应的谱带信息主要是气体分子中的纯转动跃迁、振动-转动跃迁和液体与固体中重原子的伸缩振动、某些变角振动、骨架振动,以及晶体中的晶格振动,其在医学、无机材料学、文化遗产鉴定及天体物理等领域都有广泛的应用。

实验 12 紫外可见分光光度计的使用

【实验目的】

(1)理解紫外分光光度法的原理。

(2)能够运用紫外分光光度计对有机化合物进行定性、定量检测。

(3)通过实验培养运用紫外光谱技术分析和解决实际科研问题的能力。

【实验原理】

1. 紫外可见分光光度法原理

紫外可见分光光度法是物质吸收了一定波长的紫外光(波长 200~380 nm)或可见光(波长 380~780 nm)后引起分子中价电子能级跃迁而形成的一种分析方法。不同物质分子中电子类型、电子分布和电子结构不同,紫外可见光谱就不同,因此可用于定性分析和结构分析。另外,物质溶液对某一特定波长的紫外可见光谱或可见光的吸收强度与该物质溶液的浓度呈正相关性,因此也可以用于物质的定量分析。紫外分光光度计主要用于含共轭体系化合物的检测。利用紫外分光光度计发出不同波长的单色光,依次通过某一浓度含有共轭体系化合物的溶液测定其吸光度。以波长为横坐标,吸光度为纵坐标作图,就得到紫外-可见吸收光谱图。在光谱图中,吸收曲线的高峰为吸收峰,对应的波长以 λ 表示,其对应的吸光度也可用摩尔吸光系数 ε 表示。λ 和 ε 都是化合物特征常数,利用它们可对含有共轭体系物质进行定性鉴定。可以根据一定物质在不同浓度时紫外-可见吸收光谱的曲线形状以及高峰和低峰所对应的波长不变,进行未知物的定性鉴定。

紫外-可见吸收光谱的定量分析基本原理为朗伯-比尔定律,即

$$A=\lg(I_0/I)=\varepsilon bc \tag{4-1}$$

式中:A 表示吸光度;b 为液层厚度,cm;c 为被测样品的摩尔浓度,mol/L;ε 为摩尔吸光系数;I_0 为入射光强度;I 为透射光强度。

由上式可知,用同一台仪器在同一波长下,测得的标准化合物溶液的吸光度 A_s 和样品溶液的吸光度 A_x 的关系为

$$A_x/A_s=c_x/c_s \tag{4-2}$$

因此,只要测出已知浓度 c_s、标准溶液的吸光度 A_s 和样品溶液的吸光度 A_x,就可以计算出样品溶液的浓度 c_x。

2. 紫外可见分光光度计

紫外可见分光光度计主要由辐射源、单色器、试样容器、检测器和显示装置等组成(见图4-2)。它具有灵敏度高、选择性好、准确度高、使用浓度范围广、分析成本低、操作简便、快速、应用广泛等特点。

图4-2 紫外可见分光光度计构造方块图

辐射源必须具有稳定的、有足够输出功率的、能提供仪器使用波段的连续光谱,如钨灯、卤钨灯(波长350~2500 nm),氙灯或氢灯(波长180~460 nm),或可调谐染料激光光源等。

单色器由入射狭缝、出射狭缝、透镜系统和色散元件(棱镜或光栅)组成,是产生高纯度单色光束的装置。其功能包括将光源产生的复合光分解为单色光和分出所需的单色光束。

试样容器又称吸收池,供盛放样品液进行吸光度测量使用,分为石英池和玻璃池两种,前者适用于紫外光到可见光区,后者只适用于可见光区。容器的光程一般为0.5~10 cm。

检测器又称光电转换器。常用的有光电管或光电倍增管,后者较前者更灵敏,特别适用于检测较弱的辐射。近年来还使用光导摄像管或光电二极管矩阵作检测器,具有快速扫描的特点。

显示装置发展较快,较高级的紫外可见分光光度计常与计算机连接,通过控制软件对仪器测量参数及测试方法进行设置和调整。

【仪器与试剂】

仪器：紫外可见分光光度计1台，配套石英比色皿2个。

试剂：标准溶液为50 μg/L维生素B$_{12}$（C$_{63}$H$_{88}$CoN$_{14}$O$_{14}$P，又名钴胺素）水溶液；被测溶液为25 μg/L维生素B$_{12}$水溶液；空白溶液为蒸馏水。

【实验步骤】

1. 开机

依次开启电源开关、电脑、仪器，点击"连接"，仪器进行初始化，期间勿开样品室。

2. 光谱测定

（1）选择光谱，点击"菜单编辑或标准工具条M（数据采集方法）"，输入测定波长范围、扫描速度、采样间隔、扫描方式。

（2）测定方式选吸收度，狭缝宽度设定为2 nm，取两个吸收池分别装入空白样品，打开样品室，将吸收池放入样品架上，点击"光度计"按键上的"基线校正"，然后点击"确认"。

（3）基线校正完毕，取出样品架上外侧的样品池，换成维生素B$_{12}$的标准溶液。按开始键，出谱图后点击"峰值检测"，可在检测表上看到扫描结果。同样，将维生素B$_{12}$标准溶液换成被测样品溶液，可绘制出被测溶液吸收光谱曲线。

3. 被测溶液的鉴别

（1）从被测溶液吸收光谱曲线中找出3个吸收峰对应的波长值，与维生素B$_{12}$标准溶液的吸收光谱曲线中3个吸收峰对应的标准波长值278 nm、361 nm、550 nm相对照，看其是否一致。

（2）将所得到的被测溶液吸收光谱曲线与标准维生素B$_{12}$的吸收光谱曲线相比较，判定两种曲线形状以及高峰或低峰所对应的波长是否相同。

根据（1）和（2）判断被测物质与标准物是否是同一种物质。

4. 定量测定

在波长361 nm处，分别测定标准溶液吸光度A_s和样品溶液吸光度A_x，c_s为标准溶液的浓度，由式（4-2）算出样品的浓度c_x，测量方法选择固定波长测量方式。

5. 关机

样品测定完成后，点击"断开"按钮，断开仪器，关闭仪器开关，关闭电脑。

6. 实验注意事项

（1）仪器使用前预热仪器15~30 min，为了延长光源的使用寿命，使用时应尽量减少开关次数，短时间工作间隔内可以不关灯，刚关闭的光源灯不要立即重新开启。

（2）使用时取出仪器内的干燥剂，使用完将干燥剂放回原处。

（3）用擦镜纸把比色皿外壁擦净，使透光面保持干净。

（4）实验操作时，手捏比色皿毛面。

（5）测定完毕，及时用蒸馏水冲洗比色皿，不能用毛刷刷洗比色皿。

【注释】

[1] 摩尔吸光系数为物质对某波长的光吸收能力的量度。指一定波长时，溶液的浓度为1 mol/L，液层厚度为1 cm的吸光度，用ε表示。

【思考题】

1. 如何利用紫外可见光分光度计光谱对未知物质进行定性鉴定?

2. 使用比色皿应注意哪些问题?

【学习拓展】

1854 年杜包斯克(Duboscq)和奈斯勒(Nessler)等人设计出第一台比色计。1918 年美国国家标准局制成了第一台紫外可见分光光度计。此后,紫外可见分光光度计经不断改进,灵敏度和准确度不断提高,应用范围不断扩大。紫外可见分光光度计主要用于物质定性、定量分析,可以对化合物的结构、纯度、未知物含量以及反应动力学进行测定与研究,无论在物理学、化学、生物学、医学、材料学、环境科学等领域,还是在化工、医药、环境检测、冶金等现代生产与管理部门都有广泛而重要的应用。

实验 13　核磁共振波谱仪的使用

【实验目的】

(1)了解核磁共振(NMR)波谱仪的工作原理。

(2)能够运用核磁共振波谱仪测试有机化合物的氢谱,并能对简单核磁氢谱图进行解析。

(3)通过实验培养运用核磁共振波谱技术解析有机化合物结构的能力。

【实验原理】

1. 核磁共振波谱仪

傅里叶变换核磁共振波谱仪是 20 世纪 70 年代发展起来的核磁共振仪器,它具有灵敏度高、测定速度快、可实现多种特殊实验技术等优点。该仪器是在恒定磁场中,施加一个有一定能量的强而短的脉冲,这个脉冲包含了一定的频率范围,它能使相应频率范围内所有的核同时发生共振跃迁。检测器检测的是脉冲结束后跃迁到高能态的原子核通过弛豫过程返回低能态时发出的信号。这个信号称作自由感应衰减信号(FID),是一个随时间而变化的信号,亦称为时域信号。通过傅里叶变换从 FID 信号中变换出谱线在频率域中的位置及其强度,即通常所见的核磁共振谱图。傅里叶变换核磁共振波谱仪主要由磁体、射频振荡器、射频接收器、探头及信号控制、处理与显示系统等组成。

2. 核磁共振谱图的应用

核磁共振波谱法被广泛用于化合物的结构鉴定、定量分析和动力学研究等。常用样品溶剂有氘代氯仿、氘代二甲亚砜、氘代丙酮、氘代苯等。

1)结构鉴定

对于某些结构简单的化合物,根据核磁共振谱图即可确定其结构,鉴定未知物结构的一般步骤如下。

(1)测出不同环境质子的化学位移,根据化学位移大小与基团的关系,初步判断各种质子的化学环境。

(2)利用积分曲线计算各峰的相对面积,求出不同基团间的质子数之比。

（3）考虑自旋裂分,用谱图的裂分峰型来确定组成分子的结构单元。

（4）将各结构单元适当组合,列出每一种可能的化合物。测出每一种可能的化合物纯品的核磁共振谱图,然后与未知样品的谱图进行比较。也可以直接与标准谱图进行比较,以确定未知样品是哪种化合物。

2）定量分析

核磁共振谱图独特的优点是吸收峰的面积与产生该峰的质子数成正比。因此在分析混合物试样中某一特定组分时,只要用于测定的峰不被其他组分的峰干扰,这个峰的面积就可以直接用于含量的测定,而不需要被测组分的纯品作校正曲线。每个质子的信号面积可以从已知浓度的内标化合物得到。

【仪器与试剂】

仪器:核磁共振波谱仪,核磁管。

试剂:乙酰水杨酸,氘代氯仿。

【实验步骤】

1. 样品的制备

将约 5 mg 乙酰水杨酸加入外径为 5 mm 长约 200 mm 的核磁管中,再向其中加入 $0.5\sim0.6$ mL $CDCl_3$ 溶剂溶解乙酰水杨酸,盖上核磁帽,待测 ^1H NMR。

2. 样品测试

严格按照说明书操作,放置样品→匀场→建立新文件→设定 ^1H NMR 谱的采样脉冲程序及参数→采样→设定谱图处理参数→处理谱图→打印。

（1）开机准备:核磁共振波谱仪在测试样品前需要进行开机准备,包括开机、匀场、调节分辨率、调节幅度与相位等操作,此部分需由专业人员操作。

（2）放置样品:用纸巾或绸布将核磁管外表面擦拭干净,然后再插入转子中,用标尺确定核磁管底部距转子的距离,最后将带有转子的核磁管小心放置在自动进样器上,然后由程序控制其沉入探头底部的时机。

（3）测试:建立新文件,设置好 ^1H NMR 谱的采样脉冲程序及参数,然后仪器自动进行锁场、匀场、采样等操作,测试完毕后,核磁管自动被弹出。

（4）核磁数据处理:利用核磁数据处理软件对所得数据进行处理,将其转化为相应的核磁谱图,过程包括傅里叶变换、调整相位、基线校正、积分、定标、标记化学位移等步骤。

3. 谱图解析

指出 ^1H NMR 谱图中相关数据及归属。

4. 实验注意事项

（1）确保核磁管、核磁帽清洁干燥,避免沾污其他物质。

（2）移取氘代试剂时,建议使用一次性滴管或移液枪,避免交叉污染。

（3）核磁管的外表面要清洁干净,建议用纸巾或绸布擦拭核磁管的外表面。

【思考题】

1. 为什么测试时核磁要选用氘代试剂作为溶剂?

2. 从核磁谱图中能得到哪些对于解析化合物结构有用的信息?

【学习拓展】

核磁共振(简称 NMR)是基于原子核磁性的一种波谱技术。1945 年,玻塞尔(Edward Purcell)和布洛赫(Felix Bloch)分别领导的两个小组几乎同时发现了核磁共振现象,因此共同分享了 1952 年诺贝尔物理学奖。NMR 技术经历几次飞跃,1945 年发现 NMR 信号,1948 年建立核磁弛豫理论,1950 年发现化学位移和耦合,1965 年诞生傅里叶变换谱学。自 20 世纪 70 年代以来,NMR 发展异常迅猛,形成了液体高分辨、固体高分辨和 NMR 成像三雄鼎立的新局面。二维 NMR 的发展,使液体 NMR 的应用迅速扩展到了生物领域。NMR 成像技术的发展,使 NMR 进入了与人类生命息息相关的医学领域。随着超导技术、计算机技术和脉冲傅里叶变换波谱仪的迅速发展,核磁共振已成为鉴定有机化合物结构和研究化学动力学等的重要方法,其功能及应用领域正在逐步扩大。

实验 14　质谱仪的使用

【实验目的】

(1)了解质谱仪的结构与工作原理。

(2)运用质谱仪对有机化合物进行分子量检测。

(3)通过实验培养学生运用质谱技术解析有机化合物结构的能力。

【实验原理】

1. 质谱法的原理

质谱法是测定有机化合物结构的最重要方法之一,它可以提供有机物的相对分子质量、分子式、化合物类型以及其他结构信息。质谱法的基本原理是以某种方式使有机分子电离、碎裂,然后按质荷比将各种离子分离,检测它们的强度,并排列成谱。其中质荷比是指离子的质量 m(以相对原子质量为单位)与其所带的电荷量(以电子电荷量为单位)之比,通常用 m/z 表示。检测得到的离子按质荷比大小排列的谱图称为质谱图,谱图的横坐标为 m/z,纵坐标为离子的相对强度,即以谱图中最强峰为 100%,计算得到各离子的相对强度。通过样品的质谱图相关信息,可以得到样品的定性、定量结果。

2. 质谱仪结构简介

质谱仪由真空系统、进样系统、离子源、质量分析器和检测器五部分组成,整台仪器配有控制与数据处理系统,如图 4-3 所示。

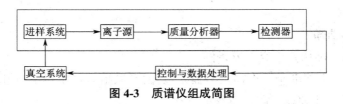

图 4-3　质谱仪组成简图

1）真空系统

质谱仪的离子源、质量分析器及检测器必须处于高真空状态,通常用机械泵预抽真空,然后用油扩散泵或分子涡轮泵连续抽气达到并维持高真空。

2）进样系统

质谱仪在高真空条件下工作,而被分析试样则处于常压环境下,进样系统的作用就是使样品在不破坏真空的情况下进入离子源。不同状态和性质的试样需用不同的进样方式。对于气体或挥发性液体,可将样品用微量注射器注入贮样器中,在低真空下加热样品使之立即汽化,通过漏孔渗入离子源中;对于固体样品,可以用探针杆直接进样,将样品直接送入离子源,并在短时间内加热汽化。

3）离子源

离子源的作用是使被分析物质电离成离子。离子源的种类很多,如电子轰击离子源（EI）、化学电离源（CI）、快原子轰击离子源（FAB）、电喷雾离子源（ESI）等。其中电喷雾电离源质谱（ESI-MS）较为常用,是一种软的电离方式,它在一定的电压下不会使样品分子产生碎片,因此对于小分子的样品,ESI谱图可确定样品的组成成分。但对于大分子的蛋白质来说,由于要形成非常复杂的多电荷峰,因此分析大分子混合物较为困难,一般只用于分析较纯的大分子化合物。

4）质量分析器

质量分析器的作用是将离子源产生的离子按照质荷比的大小分开。理想的质量分析器应该能分开质荷比相差很微小的离子,使质谱仪具有较高的分辨率,而且能产生强的离子流,使质谱仪具有较高的灵敏度。质量分析器的性能直接影响质谱仪的质量范围、分辨率、扫描速度等技术指标,常见质量分析器有四极杆、离子阱、飞行时间等类型。

5）检测器

检测器用于检测各种质荷比离子的强度,最常用的检测器是电子倍增管。当离子束撞击到倍增管内表面掺杂了碱金属的发射层时,产生二次电子,二次电子经过多级倍增后输出到放大器。由于二次电子的数量与离子的质量和能量有关,即存在质量歧视效应,因此在进行定量分析时需要加以校正。由检测器输出的电流信号经前置放大器放大并转变为适合数值转换的电压,由计算机完成数据处理并绘制成质谱图。

【仪器与试剂】

仪器:电喷雾飞行时间质谱仪。

试剂:1,8-二氮杂二环十一碳-7-烯（DBU）,乙腈,甲醇,甲酸。

【实验步骤】

1.质谱仪使用须知

使用质谱仪前请确认并检查以下条件:

（1）质谱仪的测试前准备工作需由专业人员操作,其他人员不得擅自开启使用,更不得随意"调校"氮气和氦气压力或更改仪器参数等;

（2）检查氮气和氦气钢瓶是否有一定压力,以便为测试样品提供符合流速和压力要求的

氮气(喷雾气体和干燥气体)和氦气(碰撞气体);

(3)样品溶液必须澄清透明,不含有固体微粒,不得将粗提物直接用于测定,以免污染毛细管。溶液要经过脱盐处理。生物聚合物样品浓度一般不大于 20 pmol/mL,低分子量化合物样品浓度一般不大于 10 ng/mL。

2. 开机操作

(1)检查氮气和氦气,并打开主阀。

(2)检查机械泵泵油的水平线是否在窗口的 1/2~2/3。

(3)打开计算机。

(4)开启质谱仪主机电源。

(5)启动质谱仪控制软件,待真空度达到 10^{-5} Pa 后,按质谱仪使用流程指南操作。

3. 进样操作

质谱仪一般多与高效液相色谱或气相色谱联用,对于标准品或相对较纯并且不含盐的样品,可以采用直接进样方法测定。在正式测样前,需要对仪器准确度进行校准,校准方法可参照质谱仪使用流程指南。直接进样方法如下。

(1)样品用标准溶剂(50%水,50%乙腈或甲醇,0.1%甲酸)溶解,浓度为 5~10 ng/mL。

(2)将配好的样品或标准品吸入进样器,将进样器放置于进样泵中。将进样器直接与离子源紧密连接。注意:进样器内不能有气泡。

(3)设置进样泵的流速为 120~180 μL/h。

4. 数据收集与处理

(1)设置离子源参数,在质谱仪控制软件中参数设置界面可以对仪器各项参数进行调整。

(2)适当调节参数,以得到适宜的质谱图,如果有已经建立好的方法,可以导入方法后直接测定,而不需调节参数。

(3)储存图谱,给质谱图编制文件名,然后存储在特定的文件夹内。

5. 关机操作

按照质谱仪操作指南,通过质谱仪控制软件界面关闭所有电源电压,并释放真空系统,耐心等待其恢复常压后,关闭质谱仪主机电源。

【思考题】

1. 质谱仪由哪几部分构成?与质谱仪的分辨率和灵敏度关系最密切的是哪一组成部分?

2. 进样时样品的浓度应控制在什么范围?进样时应注意哪些事项?

【学习扩展】

第一台质谱仪是由英国科学家弗朗西斯·威廉·阿斯顿于 1919 年制成的。阿斯顿用这台装置发现了多种元素同位素,研究了 53 个非放射性元素,发现了天然存在的 287 种核素中的 212 种,第一次证明原子质量亏损,他因此荣获了 1922 年诺贝尔化学奖。1934 年诞生的双聚焦质谱仪是质谱学发展的又一个里程碑。在此期间创立的离子光学理论为仪器的研制提供了理论依据。双聚焦仪器大大提高了仪器的分辨率,为精确原子量测定奠定了基础。随后又有离子阱技术、电喷雾技术、基质辅助激光解吸离子化等关键技术的问世,这些技术进一步提高了质谱的精确度及测量范围,不仅适用于小分子,还可以对蛋白质等大分子进行分子量测试。截至目前,统计有 13 位科学家因对质谱技术的贡献或因借助质谱技术而获得诺贝尔奖。发展至今,质谱技术已经形成多种先进技术和设备,如高分辨质谱,可以精确分子量小数点后四位。另外,质谱通常与高效液相色谱或气相色谱联用,使其应用更加高效且广泛。

第 5 章　有机化合物的制备

5.1　烯烃的制备

实验室中制备烯烃主要采用醇脱水和卤代烷脱卤化氢两种方法。在由醇脱水制备的反应中,常用的脱水剂是浓硫酸、浓磷酸和氧化铝。用氧化铝为脱水剂时,反应温度要求较高,一般为 350~400 ℃,优点是脱水剂经再生后可重复使用,且反应过程中很少有重排现象发生。而用浓硫酸为脱水剂时,反应温度较低,但产物不够单一,且以重排产物为主。醇的脱水反应与底物分子结构相关,反应速率一般为叔醇 > 仲醇 > 伯醇。叔醇在较低温度下即可脱水,整个反应可逆。为了促使反应完成,必须不断把生成的低沸点烯烃蒸出。由于高浓度的硫酸会导致烯烃的聚合或分子间脱水,因此醇在酸催化脱水反应中的主要副产物是烯烃的聚合物和醚。

卤代烷与碱的醇溶液作用脱卤化氢,也是实验室用来制备烯烃的方法。常用的碱有 NaOH、KOH 等。一般认为,这是一个双分子消除反应(E_2)。当有可能生成两种烯烃时,反应遵从查依采夫(Saytzeff)规则,即主要生成双键上连有较多取代基的烯烃。

实验 15　环己烯的制备

【实验目的】

(1)学习环己醇在酸催化下分子内脱水制备环己烯的原理和方法。

(2)练习掌握分馏、控温、分液、干燥、蒸馏等实验操作。

(3)通过实验培养观察、分析等科学思维方法。

【实验原理】

醇在脱水剂作用下分子内脱去一分子水而形成烯烃。

主反应:

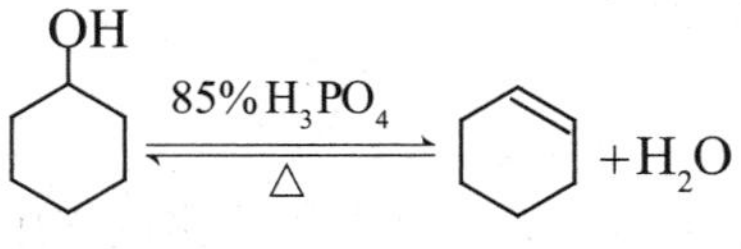

副反应:

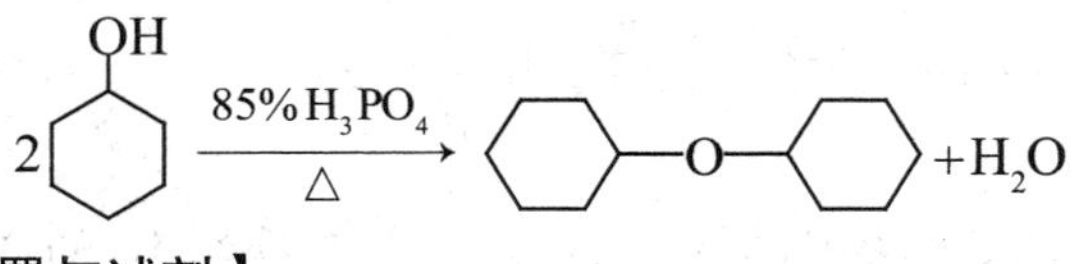

【装置与试剂】

装置:见图 2-10(e)分馏装置,图 2-10(a)常压蒸馏装置。

试剂:环己醇 10 g(10.4 mL，0.1 mol)，85%磷酸 5 mL，氯化钠 1 g,无水氯化钙 1~2 g，5%碳酸钠溶液 4 mL。

【实验步骤】

1. 加药品,安装装置

在 50 mL 干燥的圆底烧瓶中,加入 10 g 环己醇[1]和 5 mL85%磷酸[2],使两种液体混合均匀。投入几粒沸石,按图 2-10(e)安装好分馏装置。用小锥形瓶作接收器并置于冷水浴中。

2. 加热反应

用小火慢慢加热反应物至沸腾,以较慢速度进行蒸馏,并控制分馏柱顶部温度不超过73 ℃ [3]。当无液体蒸出时,可适当加大火源,继续蒸馏。当温度达到 85 ℃时,停止加热,馏出液为环己烯和水的混浊液。

3. 分离纯化

在馏出液中分批加入约 1 g 氯化钠,使之饱和。再加入 3~4 mL 5%的碳酸钠溶液,以中和其中的微量酸。然后将上述液体倒入分液漏斗中,振荡后静止分层。分出下面的水层,将有机层转入干燥的小锥形瓶中,加入适量无水氯化钙将其干燥[4]。

将干燥后澄清透明的粗环己烯滤入 25 mL 蒸馏瓶中,加入几粒沸石,加热蒸馏收集 80~85 ℃馏分。蒸馏装置所用的各部件必须是干燥的。

产量 4~5 g。

纯环己烯为无色透明液体,沸点为 83 ℃。

环己烯的红外光谱和核磁共振氢谱见图 5-1 和图 5-2。

本实验约需 4 h。

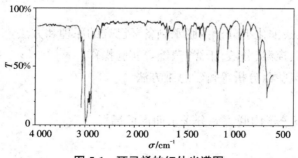

图 5-1 环己烯的红外光谱图

【注释】

[1] 环己醇在常温下是黏稠液体,如果用量筒量取约 10.4 mL,应注意转移过程中的损失。也可用称量法称取。

[2] 脱水用磷酸或硫酸均可。磷酸的用量是硫酸的 2 倍。用磷酸的好处一是反应中不生成碳渣,二是反应中无刺激性气体生成。

[3] 环己醇和水、环己烯和水皆可形成二元恒沸物。前者沸点为 97.8 ℃,后者沸点为70.8 ℃。因此,加热时温度不可过高,蒸馏速度不宜太快,以减少未反应的环己醇蒸出。

[4] 水层应尽可能分离完全,否则将增加无水氯化钙的用量,使产物更多地被干燥剂吸附而导致损失。这里用无水氯化钙干燥较适宜,因为它还可以除去少量环己醇。

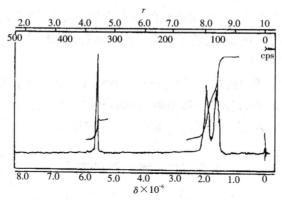

图 5-2　环己烯的核磁共振氢谱图

【思考题】

1. 用磷酸作脱水剂比用硫酸作脱水剂有什么优点?

2. 在制备环己烯的过程中,为什么要控制分馏柱顶部馏出温度不超过 73 ℃?

3. 在粗制环己烯中,加入食盐使水饱和的目的何在?

【学习拓展】

环己烯为重要的有机合成原料,如合成赖氨酸、环己酮、苯酚、聚环烯树脂、氯代环己烷、橡胶助剂等。另外,还可用作催化剂溶剂、石油萃取剂、高辛烷值汽油稳定剂等。

5.2　卤代烃的制备

在实验室中,饱和烃的一卤衍生物(卤代烷)的制备通常采用以下方法。

1. 醇和氢卤酸反应

$$ROH + HX \rightleftharpoons RX + H_2O$$

醇和氢卤酸的反应是可逆反应。为了使反应平衡向右移动,可以增加醇或氢卤酸的浓度,也可以不断地除去生成的卤代烷或水,或是两者并用。一般情况下,氢卤酸的反应活性为 $HI > HBr > HCl$;醇的反应活性为 $R_3COH > R_2CHOH > RCH_2OH$。

叔醇在无催化剂存在时室温即可与氢卤酸进行反应;仲醇需温热及酸催化以加速反应;伯醇则需要更剧烈的反应条件及更强的催化剂才能够反应。

醇转变为溴化物可用溴化钠及过量的浓硫酸代替易挥发且刺激性很强的氢溴酸。这种方法不适于制备相对分子质量较大的溴化物,因高浓度的盐降低了醇在反应介质中的溶解度。

$$n\text{-}C_4H_9OH + NaBr + H_2SO_4 \xrightarrow{\triangle} n\text{-}C_4H_9Br + NaHSO_4 + H_2O$$

必须指出,与上述取代反应同时存在的还有消除反应,对于仲醇和叔醇还存在着重排反应。因此,在不同卤代烷的制备过程中,可能存在着醚、烯烃和重排的副产物。

2. 醇和亚硫酰氯反应

$$ROH+SOCl_2 \xrightarrow{\text{吡啶}} RCl+SO_2\uparrow+HCl\uparrow$$

此方法是制备氯代烷的好方法,由亚硫酰氯在少量吡啶存在下与醇一起回流而制得。由于此反应所得副产物都是气体,因此便于提纯。同时具有无副反应、产率高、纯度高等优点。

3. 醇和卤化磷反应

醇与三卤化磷作用生成卤代烷,此法生成的卤代烷不易发生重排反应,这也是制备溴代烷和碘代烷的常用方法。制备过程中将溴或碘加到醇和红磷的混合物中加热,溴或碘与红磷作用生成三溴化磷或三碘化磷,再与醇作用生成溴代烷或碘代烷。

实验 16　溴乙烷的制备

【实验目的】

（1）学习用乙醇和氢溴酸反应制取溴乙烷的反应原理和方法。

（2）学习并掌握边反应边蒸馏分离和尾气吸收的实验操作方法。

（3）通过实验培养理论联系实际的科学思维方法和环保意识。

【实验原理】

乙醇与氢溴酸反应生成溴乙烷。

主反应：

$$NaBr+H_2SO_4 \longrightarrow HBr+NaHSO_4$$

$$CH_3CH_2OH+HBr \longrightarrow CH_3CH_2Br+H_2O$$

副反应：

$$CH_3CH_2OH \xrightarrow[\triangle]{H_2SO_4} CH_2\!\!=\!\!CH_2+H_2O$$

$$2CH_3CH_2OH \xrightarrow[\triangle]{H_2SO_4} CH_3CH_2OCH_2CH_3+H_2O$$

$$2HBr+H_2SO_4(浓) \longrightarrow Br_2+SO_2\uparrow+2H_2O$$

【装置与试剂】

装置:见图 2-10（a）常压蒸馏装置,图 2-10（b）简易蒸馏装置。

试剂:95%乙醇 10 mL（7.9 g,0.165 mol）,溴化钠（无水）15 g（0.15 mol）,浓硫酸。

【实验步骤】

1. 加药品,安装装置

在 100 mL 圆底烧瓶中加入 10 mL 95%乙醇和 9 mL 水[1],在不断旋摇和冷水冷却下,慢慢加入 19 mL 浓硫酸,冷却至室温后加入 15 g 研细的溴化钠[2]及几粒沸石,装好常压蒸馏装置,在接收瓶内加入少量冷水并浸入冰水浴[3]中,使接引管末端刚好与接收瓶中冷水接触为宜。

2. 加热反应

开始加热,边反应边进行蒸馏。开始用小火[4]加热蒸馏,约 30 min 后慢慢提高加热温度,直至无油状物馏出为止[5]。

3. 分离纯化

将接收瓶中的溜出液倒入分液漏斗中,将下层的粗溴乙烷置于干燥的锥形瓶里。将锥形瓶浸入冰水浴,在旋摇下逐滴加入浓硫酸约 5 mL[6],用干燥的分液漏斗仔细地分去下面的硫酸层,将溴乙烷层从分液漏斗的上口倒入 25 mL 蒸馏烧瓶中。

安装常压蒸馏装置,加入沸石,用水浴加热进行蒸馏,用已称重的干燥锥形瓶作接收器,并浸入冰水中冷却。收集 37~40 ℃的馏分。产量约 10 g。

纯溴乙烷为无色液体,沸点为 38.4 ℃,d_4^{20} = 1.46。

本实验约需 4 h。

【注释】

[1] 加少量水可防止反应进行时产生大量泡沫,减少副产物乙醚的生成和避免氢溴酸的挥发。

[2] 在搅拌下加入研细的溴化钠,以防止结块而影响反应的进行。亦可用含结晶水的溴化钠($NaBr \cdot 2H_2O$),其用量按物质的量进行换算,并相应减少加入水的量。

[3] 由于接收瓶中加入了冷水,故在蒸馏时防止馏出液倒吸。一旦发生倒吸,应立即使接引管的下端露出液面,然后稍微加大火焰,待有馏出液馏出时再恢复原状。

[4] 蒸馏速度宜慢,否则蒸气来不及冷却而散失;而且在开始加热时,常有很多泡沫发生,若加热太剧烈,会使反应物冲出。

[5] 馏出液由浑浊变成澄清时,表示已经蒸完。拆除热源前,应先使接收器和接引管分离,以防倒吸。稍冷后,应趁热将瓶内物倒出,以免硫酸氢钠冷后结块,不易倒出。

[6] 加硫酸可除去乙醚、乙醇及水等杂质,为防止产物挥发,应在冷却下操作。

【思考题】

1. 在制备溴乙烷时,反应混合物中如果不加水,会有什么结果?

2. 粗产物中可能有什么杂质?是如何除去的?

3. 分析影响本次实验产率的因素有哪些?

【学习拓展】

溴乙烷是重要的有机合成原料,是制造镇静剂巴比妥的原料之一。农业上可用作谷物仓储、其他仓储及房舍等的熏蒸杀虫剂。还用作制冷剂、麻醉剂、溶剂、折射率标准样品等。

实验 17　1-溴丁烷的制备

【实验目的】

(1)学习用正丁醇与氢溴酸反应制取 1-溴丁烷的反应原理和方法。

(2)熟悉掌握安装带有尾气吸收的回流装置。

（3）通过实验培养理论联系实际的科学思维方法和环保意识。

【实验原理】

正丁醇与氢溴酸作用生成1-溴丁烷。

主反应：

$$NaBr + H_2SO_4 \longrightarrow HBr + NaHSO_4$$

$$n\text{-}C_4H_9OH + HBr \longrightarrow n\text{-}C_4H_9Br + H_2O$$

副反应：

$$n\text{-}C_4H_9OH \xrightarrow{H_2SO_4} C_4H_8 + H_2O$$

$$2n\text{-}C_4H_9OH \xrightarrow[\triangle]{H_2SO_4} (n\text{-}C_4H_9)_2O + H_2O$$

【装置与试剂】

装置：见图2-6（c）带有气体吸收的回流装置，图2-10（b）简易蒸馏装置，图2-10（a）常压蒸馏装置。

试剂：正丁醇5 g（6.2 mL，0.068 mol），无水溴化钠8.3 g[1]（0.078 mol），浓硫酸10 mL（0.18 mol），10%碳酸钠溶液10 mL，无水氯化钙。

【实验步骤】

1. 加药品，安装装置

在100 mL圆底烧瓶中加入6.2 mL正丁醇以及8.3 g研细的溴化钠和几粒沸石，安装好回流装置。在一小锥形瓶内加入10 mL水，将锥形瓶放入冰水浴中冷却，一边摇荡，一边慢慢地加入10 mL浓硫酸。将稀释的硫酸分4次从冷凝管上端加入瓶内，每加一次都要充分振荡烧瓶，使反应物混合均匀。在回流冷凝管上口连接气体吸收装置[2]。

2. 加热反应

用电热套开始缓慢加热至沸腾，调节加热速度使反应物保持沸腾而又平稳回流，间歇摇动烧瓶促使反应完成，保持回流30~40 min[3]。

3. 分离纯化

回流反应完成，待反应物稍冷后，拆下回流冷凝管，再加入1~2粒沸石，改成简易蒸馏装置进行蒸馏。仔细观察馏出液，直到无油滴蒸出为止[4]。

将馏出液倒入分液漏斗中，将油层[5]从下面放入干燥的小锥形瓶中，然后用4 mL浓硫酸分两次加入瓶中，每加一次都要摇动锥形瓶，如果混合物发热，可用冰水浴冷却。将混合物慢慢倒入分液漏斗中，静止分层，放出下层的浓硫酸。油层依次用10 mL水、5 mL 10%碳酸钠溶液和10 mL水洗涤。将下层的粗1-溴丁烷放入干燥的小锥形瓶中，加入适量的无水氯化钙干燥，直到液体澄清为止。

将干燥后的澄清液滤入50 mL蒸馏烧瓶中，加入沸石，安装蒸馏装置，用小火加热蒸馏，收集99~103 ℃馏分。产量约6.5 g。

纯1-溴丁烷沸点为101.6 ℃，$n_D^{20} = 1.440$。1-溴丁烷的核磁共振氢谱见图5-3。

本实验约需 6 h。

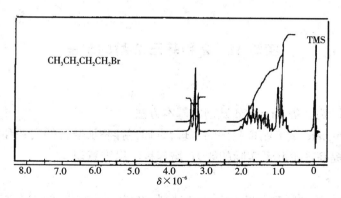

CH₃CH₂CH₂CH₂Br

图 5-3　1-溴丁烷的核磁共振氢谱图

【注释】

[1] 如用含结晶水的溴化钠,可按物质的量进行核算并减少水的加入量。

[2] 勿使漏斗全部埋入水中,以免倒吸。

[3] 回流时间太短,则反应不完全;回流时间太长,会增加副产物。

[4] 用盛清水的小量筒收集馏出液,看有无油滴。粗 1-溴丁烷约 7 mL。

[5] 馏出液分为两层,通常下层为粗 1-溴丁烷,上层为水。若未反应的正丁醇较多,或因蒸馏过久而蒸出一些氢溴酸恒沸液,则液层的相对密度发生变化,油层可能悬浮或变为上层。若遇此现象可加清水稀释,使油层下沉。

【学习拓展】

1-溴丁烷在有机合成中有着广泛的用途,可用作医药、染料、香料、农药中间体,例如可用于合成麻醉药盐酸丁卡因,也可用于稀有元素萃取剂等。1-溴丁烷具有一定的毒性,吸入本品蒸气可引起咳嗽、胸痛和呼吸困难,眼睛和皮肤接触可致灼伤,因此实验操作应做好防护。

5.3　醇和酚的制备

醇的制法很多,简单和常用的醇在工业上利用水煤气合成、淀粉发酵、烯烃水合等反应来制备。实验室中醇的制备,除了羰基还原(醛、酮、羧酸和羧酸酯)和烯烃的硼氢化氧化等方法外,利用格林尼亚(Grignard)反应是合成各种结构复杂醇的主要方法。

卤代烷在无水乙醚中与金属镁作用生成的烷基卤化镁(RMgX)称为 Grignard 试剂。

$$R—X+Mg \xrightarrow{无水乙醚} RMgX$$

Grignard 试剂能和环氧乙烷、醛、酮和羧酸酯等发生加成反应,将该加成反应物进行酸性水解,分别得到伯醇、仲醇、叔醇。

Grignard 试剂的化学性质非常活泼,遇含有活泼氢的化合物(如水、醇、酸等)和氧气立即分解。因此 Grignard 反应必须在无水条件下进行,所用仪器和试剂均需干燥。同时为了提高产率,Grignard 反应时需要在惰性气体(氮气或氩气)保护下进行。Grignard 试剂的制备及其加成和水解反应都是放热反应,在实验室进行上述反应时,必须控制加料速度和反应温度等条件。

实验 18 2-甲基己-2-醇的制备

【实验目的】

(1)学习由卤代烷制备 Grignard 试剂的基本方法。

(2)学习由 Grignard 试剂制备叔醇的原理,掌握搅拌滴加装置的安装和实验操作技术。

(3)通过实验提高理论联系实际的能力,培养科学思维意识。

【实验原理】

以 1-溴丁烷为起始原料制备的 Grignard 试剂,再与丙酮加成,产物经水解得到所制产品。

反应式:

$$CH_3CH_2CH_2CH_2Br + Mg \xrightarrow{无水乙醚} CH_3CH_2CH_2CH_2MgBr$$

$$CH_3CH_2CH_2CH_2MgBr + CH_3\overset{\overset{O}{\|}}{C}CH_3 \xrightarrow{无水乙醚} CH_3CH_2CH_2CH_2\underset{OMgBr}{C}(CH_3)_2$$

$$CH_3CH_2CH_2CH_2\underset{OMgBr}{C}(CH_3)_2 \xrightarrow{H_2O/H^+} CH_3CH_2CH_2CH_2\overset{\overset{CH_3}{|}}{\underset{OH}{C}}CH_3$$

【装置与试剂】

装置:见图 2-8(b)搅拌滴加回流装置,图 2-10(a)常压蒸馏装置。

试剂:镁屑 2.4 g(0.1 mol),1-溴丁烷 13.7 g(10.8 mL,0.1 mol),丙酮 6 g(7.4 mL,0.1 mol),20%硫酸溶液,5%碳酸钠溶液,无水乙醚,无水碳酸钾。

【实验步骤】

1. 正丁基溴化镁(Grignard 试剂)的制备

(1)安装装置。按图 2-8(b)所示装置[1]在 250 mL 三口瓶上分别安装电动搅拌器、恒压滴液漏斗和回流冷凝管,并在冷凝管上安装氯化钙干燥管。

(2)加药品,开始反应。向三口瓶内加入 2.4 g 剪碎的镁屑[2]及 15 mL 无水乙醚。在恒压滴液漏斗中加入 15 mL 无水乙醚和 10.8 mL 1-溴丁烷,混合均匀。先向反应瓶中加入约 5 mL 1-溴丁烷-乙醚混合液,数分钟后即见反应液呈微沸状态。若不发生反应,可用温水浴加热[3]。反应开始比较剧烈,必要时可用冰水浴冷却。待反应缓和后,自冷凝管上端加入 25 mL 无水乙醚。开始搅拌,并滴入其余的 1-溴丁烷-乙醚混合液,控制滴加速度,维持反应液呈微沸状态。滴加完毕,再进行水浴回流 20 min,使镁屑作用完全。

2. 2-甲基己-2-醇的制备

将已制好的正丁基溴化镁在冰水浴冷却和搅拌下,自滴液漏斗中滴入 7.4 mL 丙酮和 15

mL 无水乙醚的混合液,控制滴加速度,勿使反应过于猛烈。加完后,在室温下继续搅拌 15 min。有时反应液中可能有灰白色黏稠状固体析出。

将反应瓶在冰水浴冷却和搅拌下,自滴液漏斗中分批加入 50~60 mL 20%硫酸溶液用来分解产物(开始滴入稍慢,随后可逐渐加快)。

3. 分离纯化

将分解完全后的溶液倒入 250 mL 分液漏斗中,分出醚层。水层每次用 20 mL 乙醚萃取 2 次,合并醚液,用 30 mL 5%碳酸钠溶液洗涤 1 次,用无水碳酸钾干燥[4]。

将干燥后的粗产物乙醚溶液滤入 50 mL 蒸馏烧瓶中,安装常压蒸馏装置,先用水浴加热蒸出乙醚[5],用电热套继续加热,收集 139~143 ℃馏分。产量 5~6 g。

纯 2-甲基己-2-醇沸点为 143 ℃,$d_4^{20} = 0.811\ 9$,$n_D^{20} = 1.417\ 5$。

本实验约需 6 h。

【注释】

[1] 本实验所用仪器及试剂必须充分干燥。1-溴丁烷用无水氯化钙干燥并蒸馏纯化,丙酮用无水碳酸钾干燥,再经蒸馏纯化。

[2] 不宜采用长期放置的镁屑。如长期放置,镁屑表面常有一层氧化膜,可采用以下方法除去:用 5%盐酸溶液作用数分钟,抽滤除去酸液后,依次用水、乙醇和乙醚洗涤,抽干后置于干燥器内备用。也可用镁条代替镁屑,使用前用细砂纸将其表面擦亮,剪成小段。

[3] 若 5 min 后反应仍不开始,可用温水浴加热,或在加热前加入一小粒碘促使反应发生。

[4] 2-甲基己-2-醇与水能形成共沸物,因此必须很好地干燥,否则前馏分将大大增加。

[5] 由于醚溶液体积较大,可采用分批过滤蒸去乙醚。

【思考题】

1. 本实验在将 Grignard 试剂加成产物水解前的各步反应中,为什么使用的仪器和试剂均需要绝对干燥?

2. 当试剂都按要求加入后,若反应仍未开始,应采取哪些措施?

3. 为什么本实验所得粗产物乙醚溶液用无水碳酸钾干燥而不用无水氯化钙干燥?

【学习拓展】

Grignard 试剂由法国化学家维克多·格林尼亚于 1901 年发现,是含卤化镁的有机金属化合物。Grignard 试剂是活泼的亲核试剂,可与具有活泼氢的化合物(如 H_2O,ROH,RC ≡ CH 等)、醛、酮、酯、酰卤、腈、环氧乙烷、二氧化碳、三氯化磷、三氯化硼、四氯化硅等反应,为重要的有机合成试剂。

实验 19　三苯甲醇的制备

【实验目的】

(1)进一步学习由 Grignard 试剂制备醇的原理和方法。

(2)熟悉搅拌、水蒸气蒸馏及重结晶等操作技术,提高实验操作能力。

（3）通过两种制备方法的学习比较,提升科学素养和探索精神。

【实验原理】

二苯甲酮与苯基溴化镁反应(方法一)。

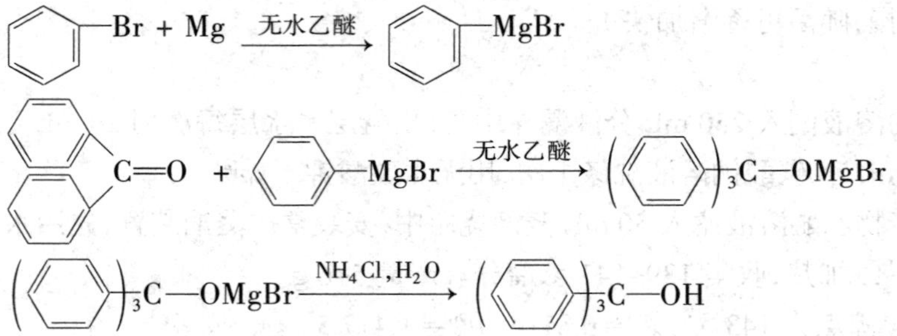

苯甲酸乙酯与苯基溴化镁反应(方法二)。

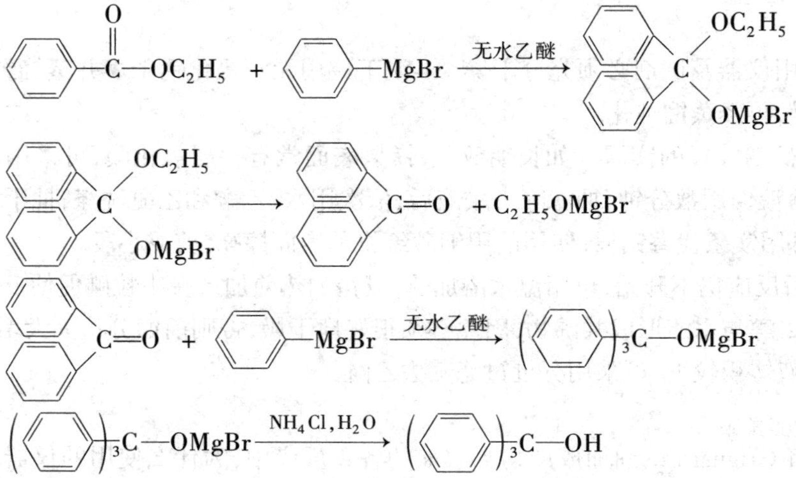

【装置与试剂】

装置:见图 2-8(b)搅拌滴加回流装置,图 2-10(a)常压蒸馏装置,图 3-3 水蒸气蒸馏装置。

方法一试剂:镁屑 0.8 g(0.03 mol),溴苯 4.8 g(3.2 mL, 0.03 mol),二苯甲酮 5.5 g(0.03 mol),无水乙醚,乙醇,氯化铵 6 g。

方法二试剂:镁屑 1.5 g(0.006 2 mol),溴苯 10 g(6.7 mL, 0.064 mol),苯甲酸乙酯 4 g(3.8 mL, 0.062 mol),无水乙醚,乙醇,氯化铵 7.5 g。

【实验步骤】

1. 方法一

1)安装装置[1]

在 250 mL 三口瓶上分别安装搅拌器、恒压滴液漏斗和回流冷凝管,在冷凝管上口装上氯化钙干燥管。

2)Grignard 试剂的制备

在三口瓶中加入 0.8 g 镁屑[2]及一小片碘,在恒压滴液漏斗中加入 3.2 mL 溴苯及 15 mL 无水乙醚[3],首先滴入 1/3 混合液至三口瓶中[4],待反应开始后,碘的颜色逐渐消失。开始搅拌,缓缓滴入剩余的混合物,保持溶液呈微沸状态。滴加完毕,用水浴加热回流 0.5 h,直至镁屑作用完全[5]。

3)三苯甲醇的制备

将三口瓶在冰水浴冷却和搅拌下,滴加 5.5 g 二苯甲酮溶于 15 mL 无水乙醚的溶液,加完后加热回流 0.5 h,使反应完全。将反应瓶在冰水浴冷却和搅拌下,由滴液漏斗滴入 6 g 氯化铵配成的饱和水溶液(约加 23 mL 水),分解加成产物[6]。

4)分离纯化

将反应装置改成普通蒸馏装置,蒸出乙醚后,再进行水蒸气蒸馏,除去未作用完的溴苯和副产物联苯,直至无油状物为止。将反应瓶冷却析出固体,抽滤,用水洗涤。抽干后,用乙醇-水进行重结晶[7],干燥后产量为 4~4.5 g。

纯三苯甲醇为无色棱状结晶,熔点为 161~162 ℃。

本实验约需 8 h。

2. 方法二

仪器装置及操作步骤同方法一。

1)粗产物合成

用 1.5 g 镁屑和 6.7 mL 溴苯及 25 mL 无水乙醚制成 Grignard 试剂,在冷却及搅拌下滴加 3.8 mL 苯甲酸乙酯和 10 mL 无水乙醚混合溶液。加完后,在水浴上回流 0.5 h,使反应进行完全,这时可以明显观察到反应物分为两层。

2)分离纯化

将反应瓶在冰水浴冷却和搅拌下,由滴液漏斗缓慢滴加由 7.5 g 氯化铵配成的饱和水溶液(约加水 28 mL),分解加成产物。然后加热蒸去乙醚后,再进行水蒸气蒸馏。冷却,抽滤,用乙醇-水重结晶,得纯净三苯甲醇结晶,干燥后产量为 4.5~5 g,测熔点,纯三苯甲醇熔点为 161~162 ℃。

本实验约需 8 h。

【注释】

[1] 见实验 18 注释[1]。

[2] 见实验 18 注释[2]。

[3] 无水乙醚若为市售,需用压钠机向瓶内压入钠丝,瓶口用带有无水氯化钙干燥管的橡皮塞塞紧,放置 24 h(放置在远离火源的阴凉、黑暗处保存),直至无气泡放出。

[4] 也可以用手心接触瓶底,反应开始后将手移开。

[5] 极少量残留的镁不会影响下面的反应。

[6] 若反应中絮状氢氧化镁未完全溶解,可加入几毫升稀盐酸促使其全部溶解。

[7] 因为三苯甲醇溶于乙醇而不溶于水,所以可以选择乙醇-水混和溶剂重结晶。具体操作为:先用热的乙醇使三苯甲醇晶体溶解,然后滴加热水直至溶液出现混浊,再加热使混浊消失,溶液变为澄清,冷却即可析出晶体。

1. 本实验中溴苯加入太快或一次加入,对反应有什么不利影响?
2. 如果反应原料或溶剂中有醇存在,对反应有什么影响?

【学习拓展】

三苯甲醇为有机合成中间体。三苯甲醇为活泼的叔醇,其羟基很活泼,例如与干燥氯化氢在乙醚中即可生成三苯氯甲烷。

实验 20　二苯甲醇的制备

【实验目的】

（1）学习用还原法由酮制备仲醇的原理和方法。
（2）进一步巩固萃取、蒸馏、重结晶等操作方法。
（3）通过实验培养实事求是、一丝不苟的科学探索精神。

【实验原理】

二苯甲醇可以通过多种还原剂还原二苯甲酮得到。在碱性醇溶液中用锌粉还原是制备二苯甲醇常用的方法,适用于中等规模的实验室制备;对于少量合成,硼氢化钠是更理想的将醛、酮还原为醇的负氢试剂,反应可在含水和醇的溶液中进行,其合成路线如下。

方法一：$4(C_6H_5)_2C{=}O + NaBH_4 \longrightarrow B[OCH(C_6H_5)_2]_4^-Na^+ \xrightarrow{H_2O} 4(C_6H_5)_2CHOH$

方法二：

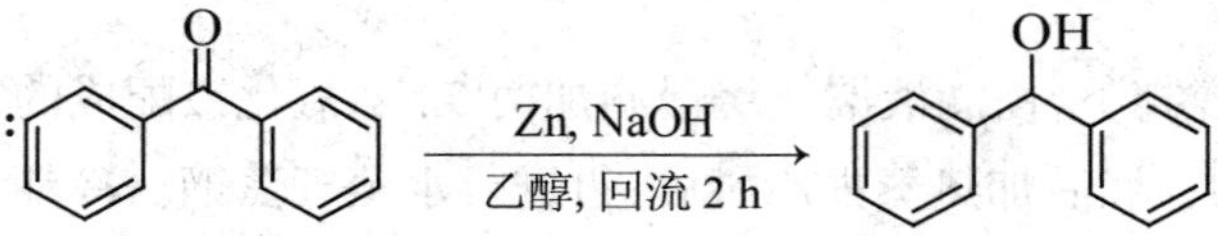

1 mol NaBH$_4$ 可以将 4 mol 酮还原为醇。由于 NaBH$_4$ 的纯度有时不能保证,通常使用时总是过量。

【装置与试剂】

装置:见图 2-6(a)回流冷凝装置。

方法一试剂:二苯甲酮 1.82 g(10.0 mmol),硼氢化钠 0.23 g(6.0 mmol),甲醇 8 mL,石油醚(60~90 ℃);

方法二试剂:二苯甲酮 1.82 g(10.0 mmol),锌粉 1.97 g(30.0 mmol),氢氧化钠 1.97 g(49.3 mmol),95%乙醇,盐酸,石油醚(60~90 ℃)。

【实验步骤】

1. 方法一:硼氢化钠还原

1)粗产物的合成

在装有回流冷凝管的 25 mL 圆底烧瓶中加入搅拌磁子、1.82 g 二苯甲酮和 8 mL 甲醇,摇动使其溶解。迅速称取 0.23 g 硼氢化钠加入瓶中,装上回流冷凝管并搅拌,反应物自然升温至沸腾,然后室温下搅拌 20 min。加入 3 mL 水,在水浴上加热至沸,保持 5 min。

2）分离纯化

冷却,析出结晶,减压过滤。粗品干燥后用石油醚(60~90 ℃)或环己烷重结晶。产率70%~80%,熔点为 67~68 ℃（纯品为 69 ℃）。

2. 方法二:锌粉还原

1）粗产物的合成

在 50 mL 圆底烧瓶中依次加入搅拌磁子、1.97 g 氢氧化钠、1.82 g 二苯甲酮[1]、1.97 g 锌粉[2]和 20 mL 95%乙醇,振摇,使氢氧化钠和二苯甲酮逐渐溶解。装上回流冷凝管,置于 80 ℃水浴中,电磁搅拌 2 h[3]。

2）分离纯化

停止搅拌,冷却。减压抽滤,残渣用少量 95%乙醇洗涤。

将滤液倒入盛有 90 mL 冰水和 4 mL 浓盐酸[4]的烧杯中,立即出现白色沉淀,减压抽滤。粗品干燥后用石油醚重结晶[5],得白色针状晶体 1.40~1.60 g。

3. 产物表征

二苯甲醇的熔点为 67~68 ℃（纯品为 69 ℃）。

二苯甲醇的红外光谱和核磁共振氢谱见图 5-4 和图 5-5。

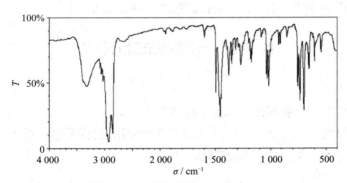

图 5-4　二苯甲醇的红外光谱图

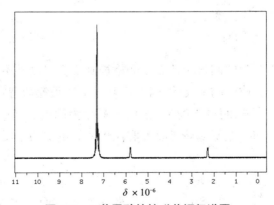

图 5-5　二苯甲醇的核磁共振氢谱图

[1] 二苯甲酮和氢氧化钠必须研碎,否则反应很难进行。

[2] 锌粉最好后加,便于搅拌。

[3] 反应在两相间进行,所以搅拌是实验成功的关键。

[4] 酸化时,溶液的酸性不宜太强,控制 pH 在 5~6,否则难以析出固体。

[5] 由于用石油醚重结晶,产品和重结晶仪器均需干燥,否则很难溶解产物。

【思考题】

1. 比较 LiAlH$_4$ 和 NaBH$_4$ 的还原特性有何区别?

2. 为什么方法一中反应后加入 3 mL 水,并加热至沸腾,然后再冷却结晶?

3. 为什么要用水浴加热?温度为什么要控制在 80 ℃,温度更高或更低有什么影响?

4. 滤液为什么要倒入冰水中?

5. 是否可以用己烷代替石油醚进行重结晶?

【学习拓展】

二苯甲醇又称 α-苯基苯甲醇,是一种重要的有机中间体,用于合成苯海拉明(抗组胺药)、茶苯海明(抗组胺药、乘晕宁)、赛克利嗪(抗组胺药)、二苯拉林(抗组胺药)、苯甲托品(抗胆碱药)、莫达非尼(抗抑郁药)、桂利嗪(血管扩张药)、阿屈非尼(中枢神经兴奋药)等药物。

实验 21　间硝基苯酚的制备

【实验目的】

(1)掌握通过重氮盐制备间硝基苯酚的原理和合成方法。

(2)掌握反应温度控制方法以及恒压滴液漏斗的使用,巩固重结晶操作。

(3)通过实验培养安全意识,养成安全操作习惯。

【实验原理】

温热重氮盐的水溶液时,大多数重氮盐发生水解,生成相应的酚并释放出氮气。

$$ArN_2^+X^- \longrightarrow Ar^+ + N_2\uparrow + X^-$$

$$Ar^+ + H_2O \longrightarrow ArOH + H^+$$

　　上面的原理解释了重氮盐的制备为什么要严格控制反应温度并不能长期存放。直接通过亲电取代反应很难合成间位取代的酚类化合物,而基于上述重氮盐特殊的性质,可以间接制备间位取代的酚类(间硝基苯酚、间溴苯酚)。当以重氮盐为原料制备酚时,重氮化通常在硫酸中进行,这是因为使用盐酸时,重氮基被氯原子取代将成为重要的副反应。本实验的具体原理如下。

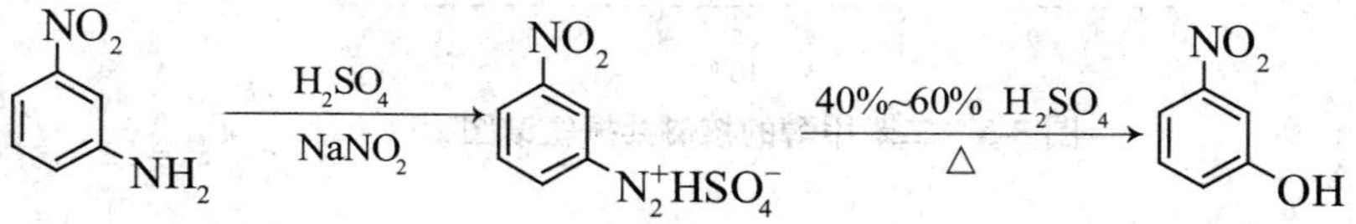

【装置与试剂】

装置:见图 2-8(b)搅拌滴加回流装置。

试剂:间硝基苯胺 6.9 g(50 mmol),亚硝酸钠 3.8 g(55 mmol),浓硫酸,盐酸。

【实验步骤】

1. 重氮盐溶液的制备

在玻璃棒不断搅拌下,将 11 mL 浓硫酸沿器壁倒入盛有 18 mL 水的 250 mL 烧杯中,稍冷后加入 6.9 g 研成粉状的间硝基苯胺和 20~25 g 碎冰,充分搅拌,至芳胺变成糊状的硫酸盐。将芳胺置于冰盐浴中冷至 0~5 ℃,在充分搅拌下由滴液漏斗滴加 3.8 g 亚硝酸钠溶于 10 mL 水的溶液。控制滴加速度,使温度始终保持在 5 ℃以下,约 5 min 加完[1]。必要时可向反应液中加入几小块冰,以防温度上升。滴加完毕后,继续搅拌 10 min。然后取 1 滴反应液,用淀粉-碘化钾试纸进行亚硝酸试验,若试纸变蓝,表明亚硝酸钠已经过量[2],必要时可补加 0.5 g 亚硝酸钠溶液。然后将反应物在冰盐浴中放置 5~10 min,部分重氮盐以晶体形式析出,小心倾倒出上层清液于一锥形瓶中备用。

2. 间硝基苯酚的制备

在 500 mL 圆底烧瓶中加入 25 mL 水,不断搅拌并小心滴入 33 mL 浓硫酸。将配制的稀硫酸加热至沸腾,分批加入步骤 1 制备的重氮盐溶液。加入速度要保持反应液剧烈地沸腾,约 15 min 加完。控制加入速度,以免因氮气迅速释放产生大量泡沫而使反应物溢出。此时的反应液呈深褐色。部分间硝基苯酚呈黑色油状物析出。加完后继续煮沸 15 min,稍冷后,将反应混合物倾入用冰水浴冷却的烧杯中,并充分搅拌,使产物形成小而均匀的晶体。

3. 分离纯化

用少量的冰水多次洗涤减压抽滤析出的晶体,压干,得到湿的褐色粗产物 4~5 g。粗产物用 15%的盐酸重结晶(每克湿产物需 10~12 mL 溶剂),并加适量的活性炭脱色。干燥后得淡黄色的间硝基苯酚结晶。产量为 2.5~3 g。

4. 产物表征

纯间硝基苯酚的熔点为 96~97 ℃。间硝基苯酚的红外光谱见图 5-6。

本实验需 4~6 h。

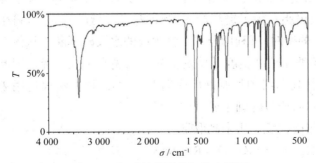

图 5-6 间硝基苯酚的红外光谱图

【注释】

[1] 亚硝酸钠的加入速度不宜过慢,以防止重氮盐与未反应的芳胺发生偶联,生成黄色不

溶性的重氮氨基化合物,强酸性介质有利于抑制偶联反应的发生。

[2] 游离亚硝酸的存在表明芳胺硫酸盐已充分重氮化。重氮化反应使用量通常比计算多3%~5%的亚硝酸钠,过量的亚硝酸易导致重氮基被硝基取代和间硝基苯酚被氧化等副反应的发生。

【思考题】

1. 为什么重氮化反应必须在低温下进行? 如果温度过高或溶液酸度不够会产生什么副反应?

2. 写出由硝基苯为原料制备间硝基苯酚的合成路线。为什么间硝基苯酚不能由苯酚硝化来制备?

3. 邻和对硝基苯胺与氢氧化钠溶液一起煮沸后可生成相应的硝基酚,而间硝基苯胺却不发生类似的反应,试解释之。

【学习拓展】

间硝基苯酚是一种淡黄色晶体,极易溶于乙醇和乙醚,易溶于苛性碱和碱金属的碳酸盐溶液,呈黄色。间硝基苯酚用于合成有机染料的中间体,用作分析试剂。间硝基苯酚应储存于阴凉、通风的库房,严禁与氧化剂、还原剂、碱类、食用化学品混储。

重氮盐的制备操作相对较为危险,操作前小组成员之间务必相互提醒,反复核对,严格控制反应温度,以确保实验安全。

5.4 醚的制备

大多数有机化合物在醚中都有良好的溶解度,有些反应(如 Grignard 反应)必须在醚中进行,因此醚是合成中常用的有机溶剂。

醚的制法主要有两种。

(1)在酸性脱水剂存在下,醇分子间脱水生成醚。

$$R—OH + HO—R \xrightarrow[\triangle]{催化剂} R—O—R + H_2O$$

这种方法主要适用于制备脂肪族低级单醚,如乙醚、正丁醚等。实验室常用的脱水剂有浓硫酸、磷酸和离子交换树脂。为了提高产率,制备沸点较低的醚时,可将生成的醚从反应器中蒸出来;制备沸点较高的醚时,可利用分水器将生成的水及时不断地从体系中除去。

需要指出的是,醇类在较高温度下易发生分子内脱水生成烯烃。因此用上述方法制备醚时,为了减少副产物,操作时必须控制好反应温度。此外,该方法仅适用于从低级伯醇制备单醚;用仲醇制醚产量不高;用叔醇则主要生成烯烃。

(2)由醇(酚)钠与卤代烷作用来制取醚。

$$RONa + R'—X \longrightarrow R—O—R' + NaX$$

$$ArONa + R—X \longrightarrow Ar—O—R + NaX$$

这一方法主要是用来制备混醚,特别是制备芳基烷基醚时产率较高。由醇钠与卤代烷通过取代反应制备混醚时,因醇钠是强碱,在进行取代反应的同时伴随着消除反应,与叔和仲卤代烷反应时,主要生成烯烃,因此,最好用伯卤代烷。烷基芳基醚应用酚钠与卤代烷(或硫酸酯)反应,一般是将酚和卤代烷(或硫酸酯)与一种碱性试剂一起加热。

实验 22　正丁醚的制备

【实验目的】
(1)学习醇在酸催化下分子间脱水制备醚的反应原理和方法。
(2)学习掌握回流分水装置的安装和操作方法。
(3)通过实验提高理论联系实际、分析解决问题的能力。

【实验原理】
低级伯醇在酸性脱水剂催化下共热,分子间脱水生成单醚。
主反应:

$$2CH_3CH_2CH_2CH_2OH \xrightarrow[134\sim135\,℃]{H_2SO_4} (CH_3CH_2CH_2CH_2)_2O + H_2O$$

副反应:

$$CH_3CH_2CH_2CH_2OH \xrightarrow[>135\,℃]{H_2SO_4} C_4H_8 + H_2O$$

【装置和试剂】
装置:见图 2-9(b)回流分水测温装置,图 2-10(c)使用空气冷凝管的蒸馏装置。
试剂:正丁醇 15.5 mL(12.5 g,0.17 mol),浓硫酸 2.5 mL,50%硫酸溶液,无水氯化钙。

【实验步骤】
1. 加药品,安装装置
在 100 mL 三口烧瓶中加入 15.5 mL 正丁醇,边摇边缓慢加入 2.5 mL 浓硫酸,使其混合均匀[1],加入 1~2 粒沸石。在烧瓶侧口安装一温度计,中间口安装分水器,分水器内装有(V-2)[2] mL 水,分水器上方安装回流冷凝管,烧瓶另一侧用塞子塞住。

2. 加热反应
开始用小火加热反应瓶,使瓶内液体微沸并开始回流。回流液经冷凝管收集于分水器内,水沉于下层,有机液浮于上层。当有机液积至支管时即可返流回烧瓶中。待烧瓶内温度升至134~135 ℃时[3](约需 50 min),分水器中已全部被水充满即可停止加热。

3. 分离纯化
待反应物冷却后,连同分水器中的水一起倒入盛有 25 mL 水的分液漏斗中振荡后静置,分出下层液体。上层粗产物每次用 8 mL50%硫酸洗涤 2 次,再每次用 10 mL 水洗涤 2 次,最后加入适量无水氯化钙干燥。

将干燥后的粗产物滤入 50 mL 烧瓶中,加入 1~2 粒沸石,装上空气冷凝管,加热收集140~144 ℃馏分。产量 4~5 g。

纯正丁醚为无色液体,沸点为 142.4 ℃,$n_D^{20} = 1.399\,2$。

本实验约需 6 h。

【注释】

[1] 正丁醇和浓硫酸一定要混合均匀,否则局部过浓的浓硫酸会使正丁醇部分碳化。

[2] (V-2)中的 V 为分水器的容积,单位是毫升。2 为反应中水的生成量,即为 2 mL。水的理论生成量为 1.52 mL。考虑到水中溶解少量正丁醇和仪器中可能带入水,故取 2 mL。当分水器充满水后,表示反应已基本结束。

[3] 制备正丁醚的适宜温度是 134~135 ℃,但开始回流时很难达到。因为正丁醇、正丁醚和水可形成二元或三元恒沸物,这些恒沸物的沸点都低于 134 ℃。

【思考题】

1. 为什么反应过程中要严格控制反应温度?

2. 用 50%的硫酸洗涤粗产物的目的是什么? 为什么不用浓硫酸洗涤?

3. 能否用本实验的方法由乙醇和丁-2-醇制备乙基仲丁基醚?

【学习拓展】

正丁醚是一种安全性很高的溶剂,可用作树脂、油脂、有机酸、酯、蜡、生物碱、激素等的萃取和精制溶剂。由于正丁醚是惰性溶剂,还可用作格氏试剂、橡胶、农药等的有机合成反应溶剂。

实验 23 苯乙醚的制备

【实验目的】

(1)掌握威廉姆逊(Williamson)合成法制备醚的原理和方法。

(2)熟悉机械搅拌、分液等基本操作,提高实验操作能力。

(3)通过实验培养理论联系实际以及科学思维意识。

【实验原理】

通过 Williamson 合成法由溴乙烷和苯酚钠作用制备苯乙醚,其基本反应式为:

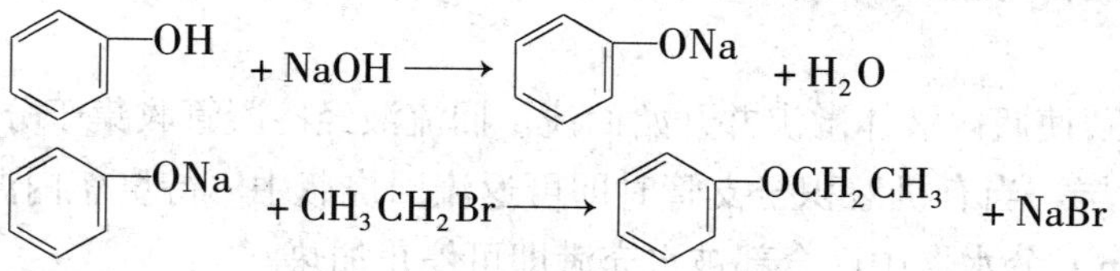

【装置与试剂】

装置:见图 2-8(b)搅拌滴加回流装置,图 2-10(a)常压蒸馏装置。

试剂:苯酚 7.5 g(0.08 mol),氢氧化钠 4 g(0.10 mol),溴乙烷 8.5 mL(0.12 mol),乙醚,氯化钠,无水氯化钙。

【实验步骤】

1. 安装装置,加料

在 100 mL 三口圆底烧瓶中装上搅拌器、回流冷凝管和恒压滴液漏斗,向烧瓶中依次加入

7.5 g 苯酚、4 g 氢氧化钠和 4 mL 水。

2. 搅拌,加热

缓慢开动搅拌器,用水浴加热使固体全部溶解,控制水浴温度在 80~90 ℃。开始慢慢滴加 8.5 mL 溴乙烷[1],大约 1 h 可滴加完毕。继续保温搅拌 2 h 后,停止加热,冷却至室温。

3. 分离纯化

在反应瓶中加适量水(10~20 mL)使固体全部溶解。将液体转入到分液漏斗中分出水相,有机相用等体积的饱和氯化钠溶液洗涤两次(若有乳化现象,可减压过滤),分出有机相。合并两次的洗涤液,用 15 mL 乙醚萃取一次,将萃取液与有机相合并,用无水氯化钙干燥。先用水浴蒸出乙醚[2],再常压蒸馏(撤去冷却水)收集 170~173 ℃ 馏分。

产物为无色透明液体,产量 5~6 g。沸点为 172 ℃,相对密度 $d_4^{20} = 0.96$。

本实验需 6~8 h。

【注释】

[1] 溴乙烷沸点低(38.4 ℃),实验时回流冷却水流量要大,或加入冰块,才能保证有足够量的溴乙烷参与反应。滴加溴乙烷时若有结块出现,则停止滴加,待充分搅拌后再继续滴加。

[2] 蒸除乙醚时不能用明火加热,在通风柜中进行,以防乙醚蒸气外漏引起火灾。

【思考题】

1. 制备苯乙醚时,用饱和食盐水洗涤的目的是什么?

2. 反应中回流的液体是什么?出现的固体又是什么?

【学习拓展】

苯乙醚为有芳香气味的无色油状液体,主要用作有机合成中间体,用于合成香料、染料、医药、农药等,也可用作有机反应溶剂。

5.5 醛和酮的制备

醛基既能被氧化,又能被还原。醛经催化加氢还原成醇,被氧化剂氧化为酸。在实验室中,醛的制备是通过伯醇和酸性重铬酸钾(钠)溶液共热进行。由于醛容易进一步被氧化,在不控制反应条件的情况下醛会继续被氧化为酸。所以在制备较低级的醛时,需要控制温度使醛及时从反应混合物中蒸出,以避免继续氧化或发生其他副反应。也可使用更温和的氧化剂,如吡啶重铬酸盐(PCC)制备醛,以避免醛进一步氧化为酸。

仲醇的氧化和脱氢是制备脂肪酮的主要方法。工业上大多用催化氧化或催化脱氢法,即用相应的醇在较高的温度(250~350 ℃)和有银、铜等金属催化的情况下来制取。实验室一般用酸性重铬酸钠(钾)作氧化剂,例如:

$$Na_2Cr_2O_7 + H_2SO_4 \longrightarrow 2CrO_3 + Na_2SO_4 + H_2O$$

$$3 \bigcirc\!\!\!-OH + 2CrO_3 \longrightarrow 3 \bigcirc\!\!\!=O + Cr_2O_3 + 3H_2O$$

酮比醛稳定,不容易被进一步氧化,因此一般可得到满意的产率。但仍需谨慎地控制反应条件,勿使氧化反应进行得过于猛烈,而使反应产物进一步被氧化。

α,β-不饱和酮通常可以通过羟醛缩合反应制备（见 5.9 节）。芳香酮的制备通常利用傅-克（Friedel-Crafts）反应（见 5.8 节），即将芳香烃在无水三氯化铝等催化剂存在下，同酰氯或酸酐作用，在苯环上发生亲电取代反应而引入酰基。

实验 24　正丁醛的制备

【实验目的】

（1）掌握由正丁醇氧化制备正丁醛的原理和方法。
（2）进一步巩固分馏、干燥、蒸馏等实验操作，提高实际动手能力。
（3）学习通过反应物的投料比控制生成产物的种类，培养科学思维意识。

【实验原理】

主反应：

$$CH_3(CH_2)_2CH_2OH \xrightarrow[H_2SO_4]{Na_2Cr_2O_7} CH_3(CH_2)_2CHO + H_2O$$

副反应：

$$CH_3(CH_2)_2CHO \xrightarrow[H_2SO_4]{Na_2Cr_2O_7} CH_3(CH_2)_2COOH$$

【装置与试剂】

装置：见图 2-10(f)滴加分馏蒸出装置，图 2-10(a)常压蒸馏装置。
试剂：正丁醇 14 mL（11.1 g，0.15 mol），重铬酸钠（$Na_2Cr_2O_7 \cdot 2H_2O$）15 g（0.05 mol），浓硫酸 11 mL，无水硫酸镁或无水硫酸钠。

【实验步骤】

1. 加料，安装装置

称取 15 g 重铬酸钠[1]倒入烧杯中，加入 83 mL 水使其溶解。在仔细搅拌和冷却下，缓缓加入 11 mL 浓硫酸。将配制好的氧化剂溶液小心地倒入滴液漏斗中。向 250 mL 三口烧瓶里加入 14 mL 正丁醇及几粒沸石。按照图 2-10(f)安装反应装置。

2. 加热反应

用小火加热正丁醇至微沸，待蒸气上升刚好达到分馏柱底部时，开始滴加氧化剂溶液。注意滴加速度，使分馏柱顶部的温度不超过 78 ℃（约需 30 min）。同时，生成的正丁醛不断馏出[2]。由于氧化反应是放热反应，在加料时要注意温度变化，控制柱顶温度不低于 71 ℃，又不高于 78 ℃。

当氧化剂全部加完后，继续用小火加热 15~20 min。收集所有在 95 ℃以下馏出的粗产物。

3. 分离纯化

将馏出的粗产物倒入分液漏斗中，分去水层，把上层的油状物倒入干燥的小锥形瓶中，加入无水硫酸镁或无水硫酸钠干燥。

将干燥后澄清透明的粗产物倒入 25 mL 蒸馏烧瓶中，加入几粒沸石。安装好蒸馏装置。

加热蒸馏，收集 70~80 ℃的馏出液[3]。继续蒸馏，收集 80~120 ℃的馏分回收正丁醇。产量约 3.5 g。

纯正丁醛为无色透明液体，沸点为 75.7 ℃，$d_4^{20} = 0.817$，$n_D^{20} = 1.384\ 3$。

正丁醛的红外光谱和核磁共振氢谱见图 5-7 和图 5-8。

本实验约需 6 h。

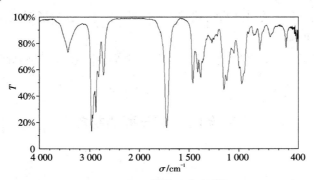

图 5-7　正丁醛的红外光谱图

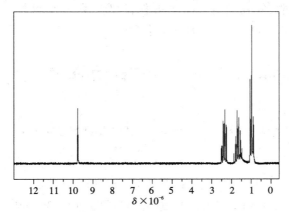

图 5-8　正丁醛的核磁共振氢谱图

【注释】

[1] 重铬酸钠是强氧化剂且有毒，应避免与皮肤接触，反应残余物要倒入指定容器。

[2] 正丁醛和水一起蒸出，接收瓶要用冰水浴冷却。正丁醛和水形成二元恒沸混合物，其沸点为 68 ℃，恒沸物含正丁醛 90.3%。为减少正丁醛的挥发，接收器可用冰水浴冷却。正丁醇和水也形成二元恒沸混合物，其沸点为 92.2 ℃，恒沸物含正丁醇 62.5%。

[3] 绝大部分正丁醛应在 73~76 ℃馏出。为防止被氧化，正丁醛应保存在棕色瓶中。

【思考题】

1. 制备正丁醛有哪些方法？

2. 为什么本实验中正丁醛的产率低？

3. 反应混合物的颜色变化说明了什么？

【学习拓展】

正丁醛是重要的有机合成中间体。例如由正丁醛加氢可制取正丁醇;正丁醛氧化可制取正丁酸;正丁醛与甲醛缩合能制取三羟甲基丙烷,它是合成醇酸树脂的增塑剂和空气干燥油的原料;正丁醛与苯酚缩合制取油溶性树脂;正丁醛与尿素缩合可制取醇溶性树脂;正丁醛与聚乙烯醇、丁胺、硫脲、硫化氨基甲酸甲酯等缩合的产品是制取层压安全玻璃的原料和胶黏剂。正丁醛在医药工业用于制眠尔通、乙胺嘧啶、氨甲丙二酯等,是增塑剂、合成树脂、橡胶促进剂、杀虫剂等重要中间体原料。

正丁醛也可用于香精、香料的制备,自然界中的花、叶、果、草、奶制品、酒类等多种精油中含有该成分。

实验 25　环己酮的制备

【实验目的】

(1)学习用氧化法由环己醇制备环己酮的原理和方法。

(2)进一步熟悉蒸馏、分液、萃取等基本操作,提高实际操作能力。

(3)通过实验培养理论联系实际、科学思维意识。

【实验原理】

环己醇在重铬酸钠和浓硫酸的作用下生成氧化产物环己酮。

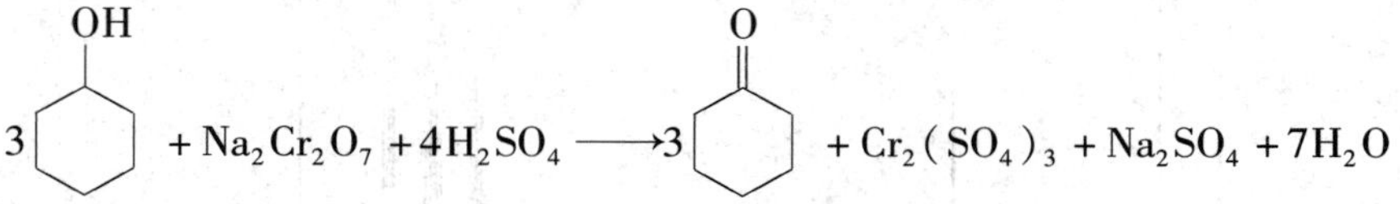

$$3\,\text{环己醇} + Na_2Cr_2O_7 + 4H_2SO_4 \longrightarrow 3\,\text{环己酮} + Cr_2(SO_4)_3 + Na_2SO_4 + 7H_2O$$

【装置与试剂】

装置:见图 2-8(a)搅拌测温回流装置,图 2-10(a)、(c)蒸馏装置。

试剂:环己醇 10 g(12.4 mL,0.1 mol),重铬酸钠 10.5 g(0.035 mol),浓硫酸,乙醚,氯化钠,无水硫酸镁。

【实验步骤】

1. 加料,安装装置

在 400 mL 烧杯中溶解 10.5 g 重铬酸钠于 60 mL 水中,不断搅拌并慢慢加入 9 mL 浓硫酸,得到一橙红色溶液,冷却至 30 ℃以下备用。

在 250 mL 三口瓶上分别安装电动搅拌器、温度计和回流冷凝管。在圆底烧瓶中加入 12.4 mL 环己醇,然后一次性加入上述制备好的铬酸溶液,搅拌使充分混合。

2. 搅拌,反应

开始搅拌后,测量初始反应温度并观察温度变化。当温度上升至 55 ℃时,立即用水浴冷却,保持反应温度在 55~60 ℃。约 0.5 h 后,温度开始出现下降趋势,移去水浴再放置 0.5 h 以上。其间要不停搅拌,使反应完全,反应液呈墨绿色。

102

3. 分离纯化

在反应瓶中加入 60 mL 水和几粒沸石,改成蒸馏装置,将环己酮与水一起蒸出来[1],直至馏出液不再混浊,再多蒸 15~20 mL,约收集 50 mL 馏出液。馏出液用氯化钠(约 12 g)饱和[2]后,转入分液漏斗,静置后分出有机层。水层用 15 mL 乙醚萃取一次,合并有机层与萃取液,用无水硫酸镁干燥,在水浴上蒸去乙醚后,再蒸馏收集 151~155 ℃馏分,产量 6~7 g。

环己酮的沸点为 155.7 ℃,$n_D^{20} = 1.450\ 7$。

环己酮的红外光谱和核磁共振氢谱见图 5-9 和图 5-10。

本实验约需 6 h。

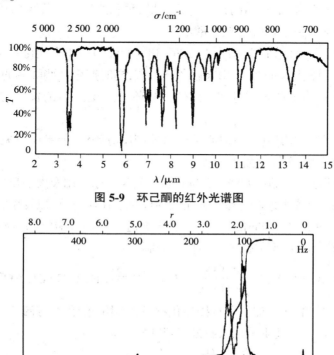

图 5-9　环己酮的红外光谱图

图 5-10　环己酮的核磁共振氢谱图

【注释】

[1] 这里实际上是一种简化了的水蒸气蒸馏,环己酮与水形成恒沸混合物,沸点为 95 ℃,含环己酮 38.4%。

[2] 加入氯化钠的目的是为了降低环己酮的溶解度,并有利于环己酮的分层。水的馏出量不宜过多,否则即使使用盐析,仍不可避免有少量环己酮溶于水中而损失掉。

【思考题】

1. 本实验为什么要严格控制反应温度在 55~60 ℃,温度过高或过低有什么不利影响?

2. 为什么环己醇用铬酸氧化得到环己酮? 为什么用高锰酸钾氧化得到己二酸?

【学习拓展】

环己酮是重要化工原料,是制造尼龙、己内酰胺和己二酸的主要中间体。环己酮也是重要的工业溶剂,特别是用于那些含有硝化纤维、氯乙烯聚合物及其共聚物或甲基丙烯酸酯聚合物油漆等。还可用于有机磷杀虫剂及许多类似物等农药的优良溶剂,用作染料、脂、蜡及橡胶的溶剂,作为活塞型航空润滑油的黏滞溶剂等。

5.6 羧酸及其衍生物的制备

制备羧酸的方法很多,最常用的是氧化法。烯、醇和醛等氧化都可以用来制备羧酸,所用的氧化剂有重铬酸钾-硫酸、高锰酸钾、硝酸等。

制备脂肪族一元酸,可用伯醇为原料。仲醇和酮的强烈氧化也能得到羧酸,同时发生碳链断裂。例如环己醇或环己酮氧化,可用来制备己二酸,同时产生一些降解的二元羧酸。芳烃的侧链氧化是制备芳香族羧酸的最重要的方法,芳环上的支链不论长短,强烈氧化后都变成羧基。

氧化反应一般都是放热反应,所以必须严格控制反应条件,如果反应失控,不仅破坏产物,降低收率,有时还有发生爆炸的危险。

制备羧酸的方法很多。腈的水解、Grignard 试剂与干冰作用及卤仿反应,也是实验室制备某些羧酸常用的方法。另外芳香醛和酸酐在碱性催化剂作用下,可以发生类似羟醛缩合反应,生成 α,β-不饱和芳香酸,称为 Perkin 反应。催化剂通常是相应酸酐的羧酸钾或钠盐,有时也可用碳酸钾或叔胺代替。典型的例子是肉桂酸的制备:

$$C_6H_5CHO+(CH_3CO)_2O \xrightarrow[170\sim180℃]{CH_3CO_2K} C_6H_5CH=CHCO_2H+CH_3CO_2H$$

羧酸酯常用羧酸与醇在酸催化下直接酯化制备,常用的催化剂有硫酸、氯化氢和对甲苯磺酸等,催化剂的作用是使羰基质子化从而提高羰基的反应活性。

$$\underset{R-C}{\overset{O}{\|}}\text{—OH} + \text{HOR}' \overset{H^+}{\rightleftharpoons} \underset{R-C}{\overset{O}{\|}}\text{—OR}' + H_2O$$

该反应为可逆反应,如果使用等摩尔的羧酸和醇进行反应,达到平衡时,只有约 2/3 的原料转化为酯。为了获得较高产率的酯,通常用增加酸或醇的用量及不断地移去产物酯或水的方法来进行酯化反应。至于是过量酸还是过量醇,则取决于原料来源难易和操作是否方便等因素。例如,在制备乙酸乙酯时,乙醇过量,因为乙醇比乙酸便宜;而在制备乙酸正丁酯时,乙酸过量,因为乙酸比正丁醇容易得到。

除去酯化反应中的酯和水,一般是借形成共沸物来进行制备。在某些酯化反应中,醇、酯和水可以形成二元或三元最低恒沸物,或在反应体系中加入能与水形成共沸物的溶剂(如苯),利用分水器达到满意的效果。

酰氯和酸酐的醇解是制备酯的另一重要方法。

实验 26 己二酸的制备

【实验目的】

（1）了解并掌握以环己醇为原料，通过氧化反应制备己二酸的反应原理及方法。

（2）进一步练习电动搅拌、抽滤等实验操作，提高实际动手能力。

（3）通过实验培养观察、分析、思考等科学思维能力。

【实验原理】

以环己醇为原料，用高锰酸钾氧化法制备己二酸。

$$\bigcirc\!\!-\!OH + KMnO_4 \xrightarrow{NaOH} NaOOC(CH_2)_4COOK + MnO_2$$
$$\xrightarrow[]{H^+} HOOC(CH_2)_4COOH$$

【装置与试剂】

装置：见图 2-8（c）搅拌滴加回流测温装置。

试剂：环己醇 2 g（2.1 mL，0.02 mol），高锰酸钾 6 g（0.038 mol），1%氢氧化钠溶液 50 mL，浓盐酸 4 mL，亚硫酸氢钠少量。

【实验步骤】

1. 安装装置，加料

在装有搅拌器、温度计和恒压滴液漏斗的 100 mL 四口烧瓶中，加入 6 g 高锰酸钾和 50 mL 1%的氢氧化钠溶液，将 2.1 mL 环己醇[1]加入恒压滴液斗中。

机械搅拌使用方法

2. 反应

（1）搅拌，氧化反应。开动搅拌器，将反应液加热升温至 40 ℃，移去电热套。将 2.1 mL 环己醇从滴液漏斗缓缓滴入，同时用冰水浴控制反应温度约在 40±2 ℃。当环己醇滴加完毕后，撤除冰水浴，将反应液加热搅拌约 5 min[2]，使反应完全。在一张平整的滤纸上点一小滴反应液，以检验反应是否完成。如果紫红色消失，表示反应已经完成。如果紫红色还存在，可继续搅拌加热几分钟。若紫红色仍不消失，则向反应液中加入少许固体亚硫酸氢钠，以消除未反应的高锰酸钾。

安装仪器-加料反应

（2）抽滤，酸化。趁热抽滤，滤渣二氧化锰每次用 10 mL 热水洗涤 2 次。每次尽量挤压掉滤渣中的水分。将滤液转移到 100 mL 烧杯中，用 4 mL 浓盐酸酸化。

处理反应液得己二酸产品

3. 浓缩，结晶

小心地加热蒸发，使溶液的体积减少到约 15 mL[3]，冷却析出己二酸。抽滤，用 10 mL 冰水洗涤晶体，干燥，得白色己二酸晶体，熔点为 151~152 ℃，产量约 2 g。

纯己二酸为白色棱状晶体，熔点为 153 ℃。其红外光谱见图 5-11。

己二酸制备实验仪器洗涤方法

本实验约需 6 h。

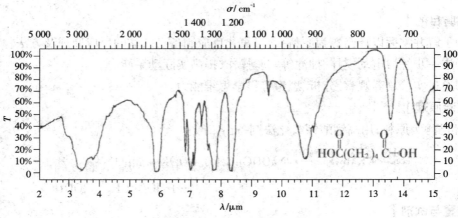

σ/cm^{-1}

图 5-11　己二酸的红外光谱图

【注释】

[1] 环己醇熔点为 24 ℃,熔融时为黏稠液体。为减少转移时的损失,可用少量水冲洗量筒,并加入滴液漏斗中。室温较低时,这样做还可以降低其熔点,以免堵住漏斗。

[2] 加热除可加速反应外,还有利于二氧化锰凝聚,便于下一步过滤。

[3] 15 ℃时 100 mL 水能溶解己二酸 1.5 g,因此浓缩母液有利于回收产物。

【思考题】

1. 用高锰酸钾法制取己二酸时,为什么先用热水洗涤滤渣,后用冷水洗涤粗产品?

2. 在洗涤过程中用水量过多对实验结果有什么影响?

【学习拓展】

己二酸又称肥酸,是一种重要的有机二元酸,能够发生成盐反应、酯化反应、酰胺化反应等,并能与二元胺或二元醇缩聚成高分子聚合物等。己二酸是工业上具有重要意义的二元羧酸,在化工生产、有机合成工业、医药、润滑剂制造等方面都有重要作用,产量居所有二元羧酸中的第二位。己二酸主要用作尼龙-66、工程塑料、聚氨基甲酸酯弹性体的原料,也用于生产各种酯类产品,还用作各种食品和饮料的酸化剂等。

实验 27　肉桂酸的制备

【实验目的】

(1)学习利用 Perkin 反应制备肉桂酸的原理和方法。

(2)进一步掌握回流、水蒸气蒸馏等实验操作。

(3)学习了解天然有机化合物在日常生活和工业生产中的应用。

【实验原理】

利用 Perkin 反应,将芳醛与酸酐混合,在相应的羧酸盐存在下加热,可制备 α, β-不饱和酸。

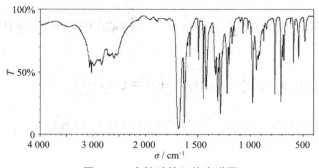

【装置与试剂】

装置:见图 2-6(b)带干燥管的回流装置,图 3-3 水蒸气蒸馏装置。

试剂:苯甲醛(新蒸)5.3 g(5 mL, 0.05 mol),无水醋酸钾 3 g,醋酸酐(新蒸)8 g(7.5 mL,0.078 mol),碳酸钠,活性炭,浓盐酸。

【实验步骤】

1. 加料,安装装置

在 100 mL 圆底烧瓶中分别加入 5.3 g 新蒸馏的苯甲醛[1]、8 g 蒸馏过的醋酸酐[2]和 3 g 无水醋酸钾[3],摇匀后将烧瓶与装有氯化钙干燥管的空气冷凝管连接好。

2. 回流,反应

将圆底烧瓶中反应混合物用电热套加热回流 1.5~2 h,并不时加以振摇,促使反应完成。

3. 分离纯化

(1)分离未反应的苯甲醛。将反应瓶中的混合物趁热倒入 500 mL 圆底烧瓶中,将留在反应瓶中的沉淀用少量热水冲洗数次,并全部转移至圆底烧瓶中。加入约 7.5 g 固体碳酸钠,使溶液呈微碱性(pH 值为 8~9),用水蒸气蒸馏,将反应物中未反应的苯甲醛蒸出,至馏出液无油珠为止。

(2)脱色,酸化,结晶。残留液中加入少量活性炭,装上回流冷凝管煮沸数分钟,用热滤漏斗趁热过滤。边搅拌边向热滤液中小心加入浓盐酸 12~14 mL,至溶液呈酸性(pH 值为 3~4)。冷却,待白色结晶完全析出后,抽滤,即得粗产品,干燥。

(3)重结晶,提纯。将粗产品转入 250 mL 锥形瓶中,用 1:3 的乙醇-水溶液进行重结晶,干燥,产量约 4 g。

测熔点,纯肉桂酸(反式)为白色片状结晶,熔点为 133 ℃,其红外光谱见图 5-12。

图 5-12　肉桂酸的红外光谱图

本实验约需 8 h。

【注释】

[1] 提纯苯甲醛时需先用碳酸钠溶液洗去苯甲酸,用无水硫酸镁干燥后重新蒸馏。

[2] 在醋酸酐中加入五氧化二磷,回流 20 min,再进行蒸馏。

[3] 无水醋酸钾需重新熔焙,即将醋酸钾放在蒸发皿中加热至熔化,水分挥发后又结成固体。固体冷却后用研钵研碎,然后放在干燥器中备用。

【思考题】

1. 如果与苯甲醛缩合的酸酐在 α 碳原子上只含有一个氢原子,将会得到什么产物? 试举例说明。

2. 水蒸气蒸馏前为什么用碳酸钠进行碱化?

【学习拓展】

肉桂酸又名 β-苯丙烯酸、3-苯基丙-2-烯酸。它们是从肉桂皮或安息香分离出的天然有机酸。植物中的苯丙烯酸是由苯丙氨酸脱氨降解产生的。肉桂酸广泛应用于日常生活和工业生产中,可用于香精香料、食品添加剂、医药、农药等方面。

实验 28　乙酸正丁酯的制备

【实验目的】

(1)学习乙酸正丁酯的制备原理和方法。

(2)学习分水器的使用,熟练液体有机物的洗涤、干燥及常压蒸馏等基本操作。

(3)通过实验中合理处理有机废物,培养绿色环保意识。

【实验原理】

羧酸与醇作用生成酯的反应称为酯化反应。酯化反应在常温下进行得很慢,加入少量酸(如硫酸、磷酸、盐酸、苯磺酸等)催化剂可以加速反应完成。

酯化反应是可逆的。为了提高酯的产量,一般过量某种易得的反应物,或将产物不断地从反应体系中移出,促使反应进行完全。本实验采用分水器将反应过程中生成的水移出反应体系,提高反应产率。

主反应:

$$CH_3\overset{O}{\overset{\|}{C}}OH + HOCH_2CH_2CH_2CH_3 \rightleftharpoons CH_3\overset{O}{\overset{\|}{C}}OCH_2CH_2CH_2CH_3 + H_2O$$

副反应:

$$CH_3CH_2CH_2CH_2OH \underset{\triangle}{\overset{H^+}{\rightleftharpoons}} CH_3CH_2CH=CH_2 + H_2O$$

$$2CH_3CH_2CH_2CH_2OH \underset{\triangle}{\overset{H^+}{\rightleftharpoons}} (CH_3CH_2CH_2CH_2)_2O + H_2O$$

【装置与试剂】

装置:见图 2-9(a)回流分水装置,图 2-10(a)常压蒸馏装置。

试剂:正丁醇 11.5 mL(9.3 g, 0.125 mol),冰醋酸 7.2 mL(7.5 g, 0.125 mol),硫酸氢钠 1 g,无水硫酸镁。

【实验步骤】

1. 加料,安装仪器

在干燥的 100 mL 圆底烧瓶中加入 11.5 mL 正丁醇和 7.2 mL 冰醋酸,再加入 1 g 硫酸氢钠,加入几粒沸石。轻轻摇动烧瓶,使液体混合均匀。将烧瓶固定到铁架台上,安装分水器,在分水器中预先加水至略低于支管口,标记水面所在位置,安装回流冷凝管。

乙酸正丁酯
制备操作流程

2. 回流分水

加热回流,反应一段时间后,把超过标记位置的水逐渐分去[1],保持分水器中水层液面在所标记的位置。约 40 min 后不再有水生成,反应完毕。停止加热,记录分出的水量[2]。

3. 粗产物洗涤和干燥

将分水器中分出的酯层和圆底烧瓶中的反应液一起倒入分液漏斗中,分去水层,将酯层用 10 mL 水洗涤一次,分去水层。将酯层倒入小锥形瓶中,加少量无水硫酸镁干燥。

分液漏斗使用
方法

4. 蒸馏精制

将干燥后的乙酸正丁酯滤入到干燥的 50 mL 蒸馏烧瓶中,加入沸石,安装蒸馏装置,加热蒸馏。收集 124~126 ℃的馏分,称重并计算产率。产量 10~11 g。

纯乙酸正丁酯的沸点为 126.5 ℃, $n_D^{20} = 1.394\ 7$。

乙酸正丁酯的红外光谱和核磁共振氢谱见图 5-13 和图 5-14。

本实验约需 5 h。

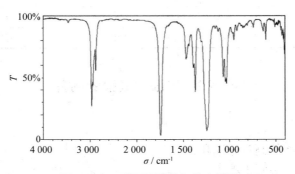

图 5-13 乙酸正丁酯的红外光谱图

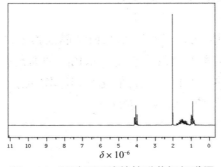

图 5-14 乙酸正丁酯的核磁共振氢谱图

【注释】

[1] 本实验利用恒沸混合物除去酯化反应中生成的水。正丁醇、乙酸正丁酯和水形成以下恒沸混合物：

恒沸混合物		沸点/℃	组成的质量分数		
			乙酸正丁酯	正丁醇	水
二元恒沸混合物	乙酸正丁酯-水	90.7	0.729	—	0.271
	正丁醇-水	92.2	—	0.555	0.445
	乙酸正丁酯-正丁醇	117.6	0.328	0.672	—
三元恒沸混合物	乙酸正丁酯-正丁醇-水	90.7	0.630	0.080	0.290

[2] 根据分出的总水量,可以粗略地估计酯化反应完全程度。

【思考题】

1. 本次实验采用什么方法提高乙酸正丁酯的产率?

2. 计算本实验理论上生成水的物质的量。

【学习拓展】

低分子量的酯类一般是具有芳香气味或特定水果香味的液体,自然界中许多水果和花草的芳香气味,就是由于酯类存在的缘故。大部分人工香料就是模拟天然水果或植物萃取液的香味经由人工合成而来的。部分酯类的密度、沸点和气味列于下表:

酯	甲酸异丁酯	乙酸丙酯	丁酸甲酯	丁酸乙酯	丙酸异丁酯	乙酸异戊酯	乙酸苯甲酯	乙酸辛酯	水杨酸甲酯
密度/g·mL⁻¹	0.885	0.888	0.898	0.875	0.869	0.876	1.054	0.868	1.174
沸点/℃	98.4	101.7	102.3	121	136.8	142	206	210	222
香味	草莓	梨	苹果	菠萝	兰姆酒	香蕉	桃子	柑橘	冬青油

实验 29　乙酰水杨酸的制备

【实验目的】

（1）学习乙酰水杨酸的制备原理和方法。

（2）熟练掌握重结晶等基本操作。

（3）通过实验学以致用,树立学科认同感。

【实验原理】

乙酰水杨酸又名阿司匹林,为白色针状结晶或结晶性粉末,微带酸味,微溶于水,溶于乙醇、乙醚等溶剂,可通过水杨酸酰基化反应制备。水杨酸的酚羟基进行酰基化反应,需要用酰氯或酸酐这类活泼的试剂。本实验以磷酸为催化剂,利用乙酸酐与水杨酸反应生成酯。催化剂用于活化酸酐中羰基氧原子,使反应顺利进行。

主反应:

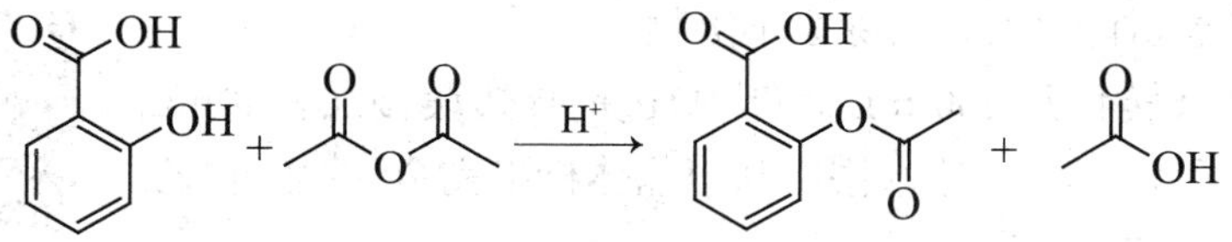

副反应：

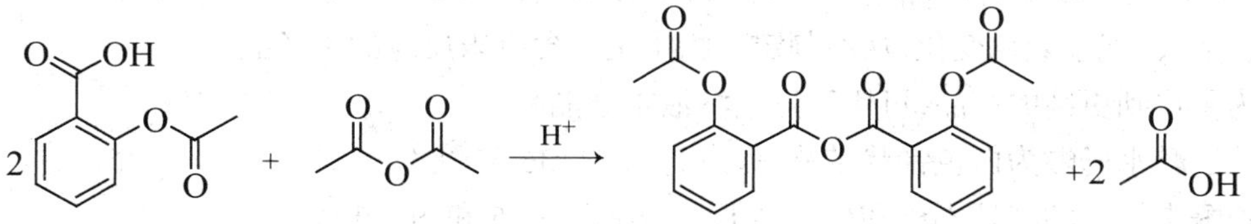

反应历程：

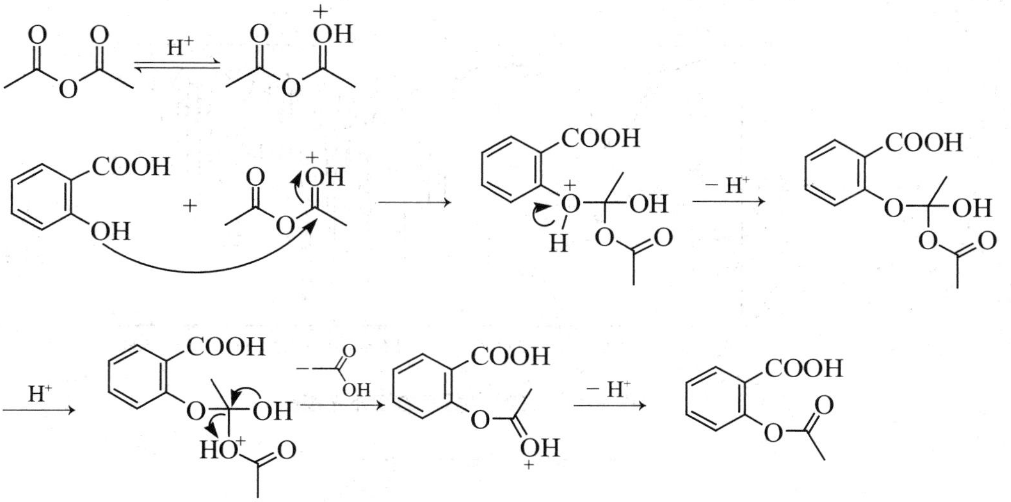

【装置与试剂】

装置：见图 2-6（a）回流装置。

试剂：水杨酸 2 g（0.015 mol），乙酸酐 4 mL（4.3 g，0.042 mol），饱和碳酸氢钠溶液，85%磷酸，盐酸（4 mol/L），1%三氯化铁溶液。

【实验步骤】

1. 加料，安装仪器

打开集热式磁力搅拌器，设定水浴温度为 50 ℃。

在干燥的 50 mL 单口瓶中依次加入 2 g 水杨酸和 5 mL 乙酸酐[1]，再滴入 8 滴 85%磷酸，摇匀，加入磁子，安装到磁力搅拌器上，再安装球形冷凝管和干燥管。

2. 粗产物制备

50 ℃下，反应 15 min，反应结束，边搅拌边滴加 1.5 mL 水，继续搅拌约 10 min，使乙酸酐水解完全。再加入 30 mL 水，搅匀，冰浴充分冷却，待产物析出完全后，抽滤，得乙酰水杨酸粗产物。

3. 乙酰水杨酸纯化处理

（1）碱溶除杂。将粗产物转移到 200 mL 烧杯中，小心加入 25 mL 饱和碳酸氢钠溶液[2]，

磁力搅拌器
使用方法

乙酰水杨酸
粗产物制备

不断搅拌,直到无二氧化碳气体产生,抽滤除去不溶物。

（2）酸化结晶。将滤液转移到 200 mL 烧杯中,边搅拌边缓慢加入 8 mL 盐酸（4 mol/L）。搅拌至无气泡生成,冰水浴冷却至晶体析出完全,抽滤,得乙酰水杨酸。干燥后称量,计算产率。

乙酰水杨酸
产品精制

（3）检测。取少许产品溶解于盛有 5 mL 水的试管中,滴入 1~2 滴 1%三氯化铁溶液,观察颜色变化,从而判定产物中是否含有未反应的水杨酸。

为了得到更纯的产品,可用乙醇水溶液重结晶。

纯乙酰水杨酸为白色针状结晶,熔点为 135~136 ℃ [3]。

乙酰水杨酸的红外光谱和核磁共振氢谱见图 5-15 和图 5-16。

本实验约需 4 h。

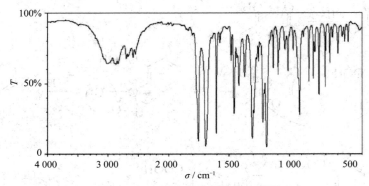

图 5-15　乙酰水杨酸的红外光谱图

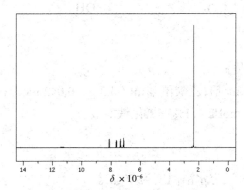

图 5-16　乙酰水杨酸的核磁共振氢谱图

【注释】

[1] 乙酸酐应是新蒸的。

[2] 乙酰水杨酸与碳酸氢钠反应生成水溶性钠盐,而副产物不能溶于碳酸氢钠水溶液。

[3] 乙酰水杨酸受热易分解,因此熔点不很明显,它的分解温度为 128~135 ℃。测定熔点时,应先将热载体加热至约 120 ℃,然后再放样品测定。

【思考题】

1. 磷酸在反应中起什么作用?

2. 反应中有哪些副产物? 如何除去?

3. 怎样由水杨酸制备水杨酸甲酯?

【学习拓展】

1897 年,在拜耳公司工作的德国化学家费利克斯·霍夫曼(Felix Hoffmann),利用水杨酸与醋酐反应,合成了乙酰水杨酸。1899 年,德国拜耳药厂正式生产这种药品,取商品名为阿司匹林(Aspirin)。

阿司匹林为水杨酸类药物,通过血管扩张,短期内可以起到缓解疼痛的效果,如头痛、牙痛、神经痛、肌肉痛等。同时可以用于感冒、流感的退热。阿司匹林是治疗风湿热的首选药物,用于治疗类风湿性关节炎。阿司匹林对血小板聚集有抑制作用,阻止血栓形成,临床可用于预防手术后的血栓形成,也可用于治疗不稳定型心绞痛。阿司匹林是世界上应用最广泛的药物之一,与青霉素和安定一起称为医学史上三大经典药物。

5.7 芳香族硝基化合物的制备及其还原反应

实验 30 邻硝基苯酚和对硝基苯酚的制备

【实验目的】

(1)学习芳香族化合物硝化反应的理论和方法。

(2)巩固水蒸气蒸馏的操作方法。

(3)通过实验熟悉危险品的使用规则,树立安全操作意识。

【实验原理】

芳香族硝基化合物一般是由芳香族化合物直接硝化制得。根据反应物的活性,可以用硝酸和浓硫酸的混合酸来进行硝化。混合酸中浓硫酸的作用主要是催化硝基正离子的生成,提高反应速率。

硝化反应的速率和其他芳香族亲电取代反应一样,受芳环上已有取代基团的影响,芳环上如已有一个钝化基团,再硝化反应就难以进行,因此反应可控制在一元硝化阶段。如果要在苯环上引入第二个硝基,就需要更为强烈的反应条件。例如用硝基苯制备间二硝基苯,通常使用发烟硝酸和浓硫酸的混合酸作为硝化试剂,反应温度也比较高。

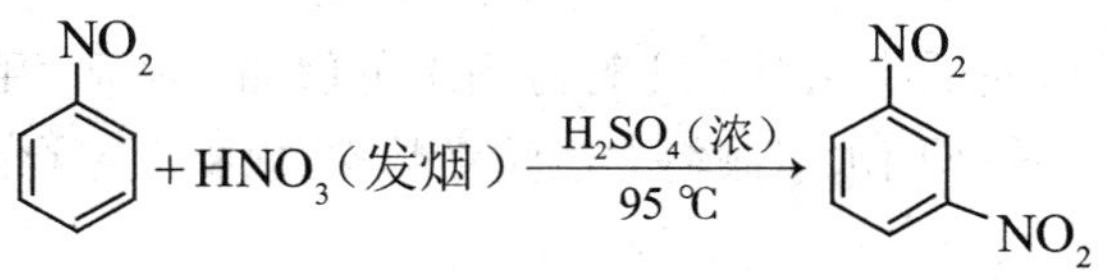

相反,如果芳环上已有一个活化基团,则硝化反应易于进行。如苯酚的硝化比苯的硝化容易得多,只需要用稀硝酸在室温下就可顺利进行。

$$2 \begin{array}{c}\text{OH}\end{array} + HNO_3\,(\text{稀}) \xrightarrow{20\ ℃} \begin{array}{c}\text{OH}\\ \text{NO}_2\end{array} + \begin{array}{c}\text{OH}\\ \\ \text{NO}_2\end{array}$$

由于苯酚活性较高,易被硝酸氧化,实验室多用硝酸钠或硝酸钾与稀硫酸的混合物代替稀硝酸,以提高产率。反应方程式如下:

$$2 \begin{array}{c}\text{OH}\end{array} + 2NaNO_3 + 2H_2SO_4 \xrightarrow{15\sim20\ ℃} \begin{array}{c}\text{OH}\\ \text{NO}_2\end{array} + \begin{array}{c}\text{OH}\\ \\ \text{NO}_2\end{array} + 2NaHSO_4 + 2H_2O$$

反应生成邻硝基苯酚和对硝基苯酚混合物。由于邻硝基苯酚能通过分子内氢键形成六元螯合环,而对硝基苯酚只能通过分子间氢键形成缔合体。因此,邻硝基苯酚沸点较对硝基苯酚低,并且在水中的溶解度前者比后者低得多,从而能够采用水蒸气蒸馏将二者分离。

邻硝基苯酚(分子内氢键)　　　　　　对硝基苯酚(分子间氢键)

【装置与试剂】

装置:见图 5-17 滴加测温装置,图 3-3 水蒸气蒸馏装置。

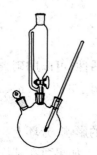

**图 5-17
滴加测温装置图**

试剂:苯酚 4.7 g(0.05 mol),硝酸钠 7 g(0.08 mol),浓硫酸 11 g(6 mL, 0.11 mol),浓盐酸 3 mL,活性炭。

【实验步骤】

1. 粗产物制备

（1）在 100 mL 三口烧瓶中加入 20 mL 水,冰水浴冷却,慢慢加入 6 mL 浓硫酸,同时不断搅拌,混匀后再加入 7 g 硝酸钠,摇匀,将烧瓶置于冰水浴中冷却。

（2）在小烧杯中加入 4.7 g 苯酚和 1 mL 水,温热搅拌使其溶解[1],冷却后倒入滴液漏斗中,并将滴液漏斗安装到三口瓶上,在搅拌下滴加苯酚水溶液,用冰水浴将反应温度维持在 15~20 ℃ [2]。

（3）苯酚滴加结束后,继续搅拌 0.5 h,使反应完全。此时得到黑色焦油状物质,用冰水冷却,使焦油状物凝成固体。小心倾去酸液,固体用水以倾析方法洗涤数次,以除净残存的酸[3]。

2. 分离

（1）安装水蒸气蒸馏装置,对焦油状混合物进行水蒸气蒸馏,直到冷凝管中无黄色油滴流出为止[4]。

（2）将馏出液冷却过滤,收集浅黄色晶体,即得邻硝基苯酚产物。晾干后称量,计算产率[5]。

（3）向水蒸气蒸馏后的残余物中加水至总体积为 50 mL,并加入 3 mL 浓盐酸和 0.5 g 活性炭,煮沸 15 min,热抽滤,滤液冷却,析出对硝基苯酚。干燥后称重,计算产率[6]。

（4）硝基苯酚可用乙醇-水混合溶剂重结晶提纯。将硝基苯酚转移至圆底烧瓶中,加少量乙醇,安装回流冷凝管,加热回流,逐渐补加乙醇直到产物全部溶解于沸腾的乙醇中,然后逐滴加入热水（60 ℃左右）,直到乙醇溶液刚好出现混浊为止。再加几滴乙醇,使混浊液刚好澄清,静置冷却至室温,过滤即得产物,晾干后称重。

3. 产物表征

邻硝基苯酚熔点为 43~47 ℃,对硝基苯酚熔点为 112~114 ℃。

邻硝基苯酚的红外光谱和核磁共振氢谱见图 5-18 和图 5-19。

对硝基苯酚的红外光谱和核磁共振氢谱见图 5-20 和图 5-21。

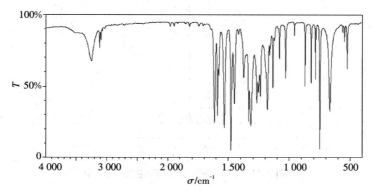

图 5-18　邻硝基苯酚的红外光谱图

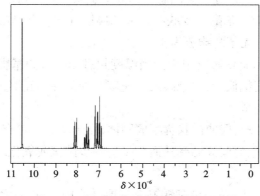

图 5-19　邻硝基苯酚的核磁共振氢谱图

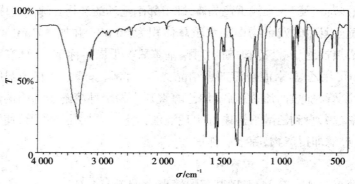

图 5-20　对硝基苯酚的红外光谱图

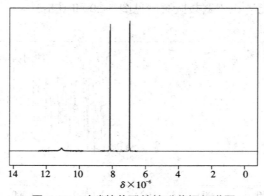

图 5-21　对硝基苯酚的核磁共振氢谱图

【注释】

[1] 苯酚的熔点为 41 ℃,室温下呈固态。苯酚中加入少许水可降低熔点,使其在室温下即呈液态,有利于滴加和反应。苯酚对皮肤有较大的腐蚀性,若不慎触及皮肤,应立刻用肥皂和水冲洗,再用酒精棉擦洗至无苯酚味道为止。

[2] 反应温度对苯酚的硝化影响很大。当温度超过 20 ℃,硝基酚可能发生进一步硝化或氧化,使产量降低。当温度偏低,又将减缓反应速度。酚与酸不互溶,故反应过程应不断搅拌,使其充分接触,达到反应完全。

[3] 反应瓶在冰水中冷却,促使油状物凝成固体,便于洗涤。若有残余酸存在,则在水蒸气蒸馏过程中硝基苯酚会因长时间高温受热而发生进一步硝化或氧化。因此一定要洗净粗产物中的残酸。

[4] 在水蒸气蒸馏过程中,黄色的邻硝基苯酚晶体会附着在冷凝管内壁上,可以通过间歇关闭冷却水的方法,用热蒸气将其熔化而流出。

[5] 邻硝基苯酚有特殊的芳香气味,容易挥发,应保存在密闭的棕色瓶中。

[6] 对硝基苯酚为淡黄或无色针状晶体,无气味。

【思考题】

1. 实验有哪些可能的副反应?如何减少这些副反应的发生?

2. 试比较苯、硝基苯、苯酚硝化的难易程度,并解释原因。

3. 水蒸气蒸馏的原理是什么? 被提纯物质应具备哪些条件才能用此法加以提纯?

【学习拓展】

苯酚是一种具有特殊气味的无色针状晶体,有毒。苯酚是生产某些树脂、杀菌剂、防腐剂以及药物(如阿司匹林)的重要原料,也可用于消毒外科器械和排泄物的处理、皮肤杀菌和止痒。苯酚是德国化学家龙格(Runge F)于 1834 年在煤焦油中发现的,故又称为石炭酸。英国著名医生里斯特发现病人手术后死因多数是伤口化脓感染,偶然之下他用苯酚稀溶液来喷洒手术的器械以及医生的双手,结果病人的感染情况显著减少。这一发现使苯酚成为一种强有力的外科消毒剂,里斯特也因此被誉为"外科消毒之父"。

实验 31　苯胺的制备

【实验目的】

(1)掌握硝基苯还原为苯胺的原理和实验室制法。

(2)巩固水蒸气蒸馏和萃取基本操作技能。

(3)通过实验体会有机合成的一般过程,锻炼谨慎缜密的科研思维。

【实验原理】

芳香族硝基化合物在酸性介质中还原,可以得到相应的芳香族伯胺。常用的还原剂有铁-盐酸、铁-醋酸、锡-盐酸等。用铁来还原硝基苯,酸的用量很少,因为这里主要由产生的亚铁盐来还原硝基,反应方程式为:

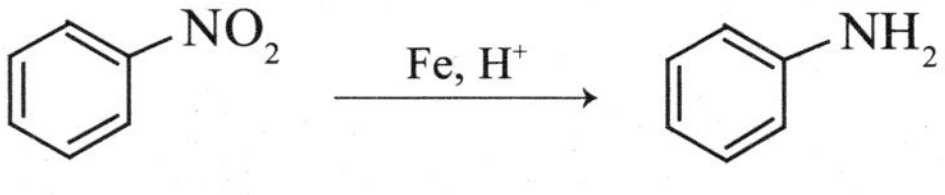

【装置与试剂】

装置:见图 2-8(b)搅拌滴加回馏装置,图 3-3 水蒸气蒸馏装置,图 2-10(a)常压蒸馏装置。

试剂:硝基苯 7.8 mL(9.3 g, 0.076 mol),铁粉 13.5 g(0.24 mol),乙酸 1.5 mL,食盐,乙醚,氢氧化钠。

【实验步骤】

1. 苯胺粗产品的合成

(1)在 250 mL 三口烧瓶中加入 25 mL 水、13.5 g 铁粉和 1.5 mL 冰醋酸[1]。中间瓶口安装电动搅拌器,一个侧口装回流冷凝管,另一个侧口装恒压滴液漏斗(内加 7.8 mL 硝基苯)。搅拌,加热煮沸 10 min[2]。移去热源待稍冷后滴入硝基苯,加完后回流约 30 min,使还原反应完全[3]。

(2)稍冷后,拆去搅拌装置。用少量水冲洗冷凝管和搅拌棒,洗涤液加入烧瓶中。组装好水蒸气蒸馏装置,进行水蒸气蒸馏。当馏出液由乳白色浑浊变为澄清时,更换接收器,继续收集 50 mL 馏出液[4]。

(3)将第一次收集的浑浊馏出液倒入分液漏斗,静置分层,分出下层苯胺粗产物[5]。倒出上层水相,加入研细的食盐[6],使溶液接近饱和,待萃取。

(4)将第二次收集的 50 mL 澄清馏出液用乙醚萃取,每次用乙醚 10 mL,萃取三次。收集乙醚萃取液,再用它萃取步骤(3)中待萃取液。

2. 蒸馏提纯

将乙醚萃取液与前述的苯胺粗产物合并,用氢氧化钠干燥。安装蒸馏装置,先用水浴加热,蒸馏出的乙醚(含水)集中回收。再移去水浴,改用电加热套加热蒸馏。当温度上升到 140 ℃时,暂停加热,稍冷后换上空气冷凝管,再重新加热蒸馏,收集 180~185 ℃的馏分,产量为 4~5 g。

3. 产物表征

苯胺的红外光谱和核磁共振氢谱见图 5-22 和图 5-23。

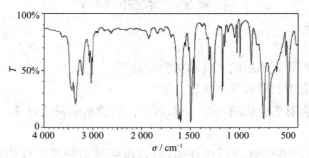

图 5-22　苯胺的红外光谱图

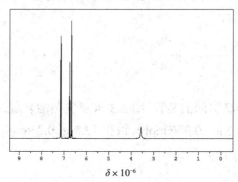

图 5-23　苯胺的核磁共振氢谱图

【注释】

[1] 也可用浓盐酸作催化剂,但反应生成的苯胺有一部分与盐酸作用生成盐酸盐,必须加碱使苯胺游离出来后才能进行水蒸气蒸馏。

[2] 其目的使铁粉活化,缩短反应时间。

[3] 硝基苯为黄色油状物,如果回流液中黄色油状物消失而转变成乳白色油珠,表示反应已经完全。还原反应必须完全,否则残留在反应物中的硝基苯在后面几步提纯过程中很难分离,将影响产品纯度。

[4] 反应完成后,圆底烧瓶上黏附的黑褐色物质,用 1∶1 盐酸水溶液温热除去。

[5] 苯胺有毒,操作时应避免与皮肤接触或吸入其蒸气。若不慎触及皮肤时,先用水冲洗,再用肥皂和温水清洗。

[6] 20 ℃时每 100 mL 水中可溶解 3.4 g 苯胺,根据盐析原理,加氯化钠使溶液饱和,原来溶于水中的绝大部分苯胺就呈油状物析出。

【思考题】

1. 反应过程中为什么要搅拌?

2. 根据什么原理选择水蒸气蒸馏把苯胺从反应混合物中分离出来?

3. 如果最后制得的苯胺中混有硝基苯,应如何分离提纯?

4. 反应物变黑时,表明反应基本完成。如果检验,可取少量反应液加入盐酸中摇振,若完全溶解,表示反应已完成,为什么?

5. 精制苯胺时,为什么用氢氧化钠作干燥剂而不用硫酸镁或氯化钙作干燥剂?

【学习拓展】

苯胺俗称阿尼林油、阿尼林,外观为无色或浅黄色透明油状液体,具有强烈的刺激性气味,暴露在空气中或日光下易变成棕色。苯胺微溶于水,能与乙醇、乙醚、丙酮、四氯化碳以及苯混溶,也可溶于汽油。苯胺的化学性质比较活泼,能与盐酸或硫酸反应生成盐酸盐或硫酸盐,也可发生卤化、乙酰化、重氮化和氧化还原等反应。苯胺是一种重要的有机化工原料、化工产品和精细化工中间体,以苯胺为原料可以制成 300 多种产品和中间体,具有技术含量高、附加值高、经济效益好等特点,因此被广泛应用于染料、农药、医药、炸药、香料、橡胶助剂和异氰酸酯(MDI)的生产上,其开发应用前景十分广阔。

实验 32　对硝基苯胺的制备

【实验目的】

(1)掌握对硝基苯胺的合成原理和方法。

(2)进一步巩固低温反应、过滤、回流等基本操作。

(3)通过实验了解工业废水,增强保护意识。

【实验原理】

对硝基苯胺是一种黄色针状晶体,易升华,有剧毒,微溶于冷水,溶于沸水、乙醇、乙醚、苯和酸液,可作为染料、药物中间体和有机反应试剂。由于氨基很容易被氧化成硝基,不能通过直接硝化苯胺得到对硝基苯胺。本实验将乙酰苯胺进行硝化而引入硝基,得到的硝基乙酰苯胺经过水解后即可制得对硝基苯胺。由于乙酰基的空间效应,乙酰苯胺邻位取代产物大大减少,反应的选择性显著提高,同时实验时严格控制反应温度,则主要生成对硝基乙酰苯胺。

反应式：

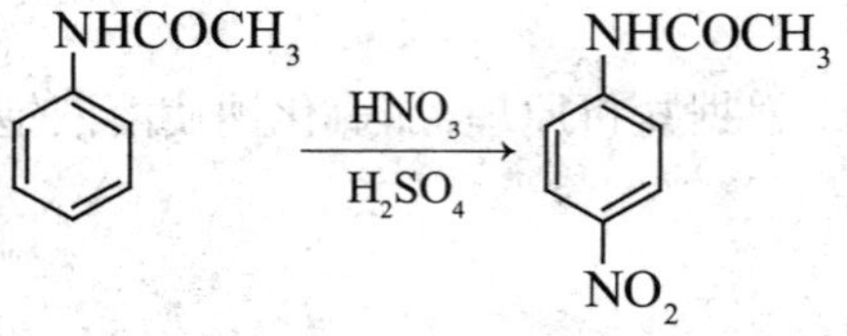

对硝基乙酰苯胺可在酸性或碱性条件下水解。在碱性条件下水解,试剂用量较少,但沉淀容易凝聚成团,产物中包夹杂质。本实验在酸性条件下水解,再中和多余的强酸,即可得到对硝基苯胺。由于中和过程大量放热,产品溶解量过多,此时可用冷水降至室温,但不能用冰水浴,防止硫酸钠析出。

反应式：

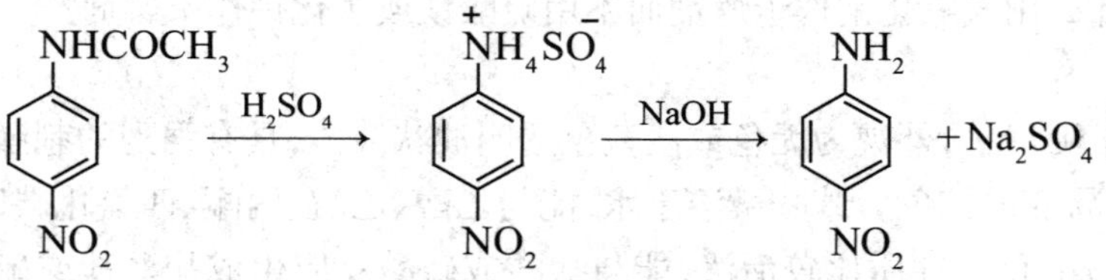

副反应：

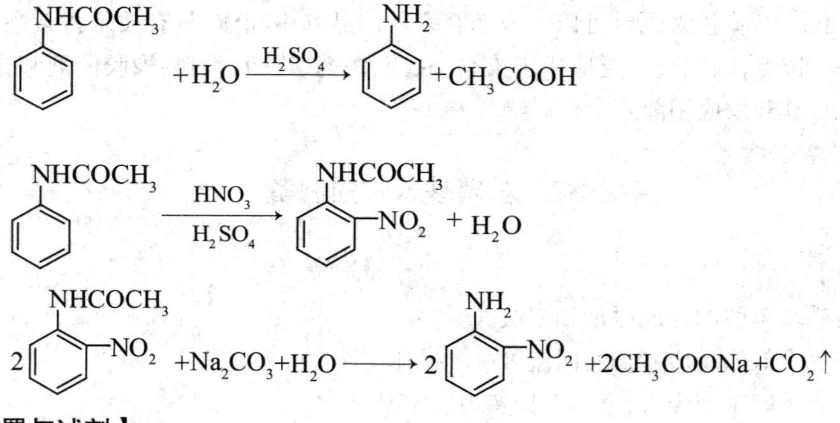

【装置与试剂】

装置：见图 2-6(a)简单回流装置。

试剂：乙酰苯胺 5 g(0.037 mol),硝酸(d=1.40)2.2 mL(0.032 mol),浓硫酸,冰醋酸,乙醇,碳酸钠,20%氢氧化钠水溶液。

【实验步骤】

1. 对硝基乙酰苯胺的制备

（1）在 100 mL 锥形瓶内加入 5 g 乙酰苯胺和 5 mL 冰醋酸[1]。用冰水冷却,一边摇动锥形瓶,一边缓慢加入 10 mL 浓硫酸。乙酰苯胺逐渐溶解,将所得溶液在冰浴中冷却到 0~2 ℃。

（2）取 2.2 mL 浓硝酸和 1.4 mL 浓硫酸在冰浴冷却下配成混酸[2]。在冰浴中,一边摇动锥形瓶,一边缓慢滴加混酸,保持反应温度不超过 5 ℃[3]。

（3）从冰浴中取出锥形瓶在室温下放置 30 min,间歇摇荡之。在搅拌下把反应混合物以细流缓慢倒入盛有 20 mL 水和 20 g 碎冰的烧杯中,对硝基乙酰苯胺立刻以固体形式析出。放置约 10 min 后抽滤,尽量挤压掉粗产物中的酸液,用冰水洗涤 3 次,每次用 10 mL。

（4）将粗产物倒入一个盛有 25 mL 水的 250 mL 烧杯中,在不断搅拌下分几次加入碳酸钠粉末,直到混合物呈碱性（pH 约为 10）,再加入约 25 mL 水。将反应混合物加热至沸腾。这时,对硝基乙酰苯胺不水解,而邻硝基乙酰苯胺水解为邻硝基苯胺。混合物稍冷后（不低于 50 ℃）迅速抽滤,尽量挤压掉溶于碱性溶液的邻硝基苯胺[4],用热水（60~70 ℃）洗涤滤饼,尽量抽干,得对硝基乙酰苯胺[5]。

2. 对硝基乙酰苯胺的酸性水解

将对硝基乙酰苯胺粗品转入 100 mL 的圆底烧瓶中,加入 20 mL 70%硫酸和两粒沸石[6],安装回流冷凝管,加热回流 20~25 min[7]。反应混合物变为透明溶液,冷却后倒入 100 mL 的冰水中。若有沉淀析出（可能是较难溶于稀硫酸的邻硝基苯胺）,抽滤除去,滤液为对硝基苯胺的硫酸盐溶液。待溶液彻底冷却后,加入 20%氢氧化钠溶液,使对硝基苯胺沉淀下来（pH 约为8）。冷却至室温后,减压抽滤,滤饼用冷水洗涤,除去碱液后取出晾干[8]。产量约 6.5 g。

3. 产物表征

对硝基苯胺的红外光谱和核磁共振氢谱见图 5-24 和图 5-25。

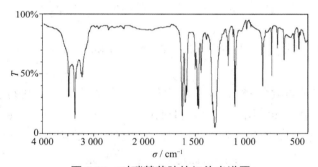

图 5-24 对硝基苯胺的红外光谱图

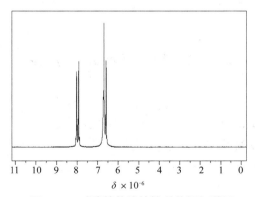

图 5-25 对硝基苯胺的核磁共振氢谱图

【注释】

[1] 乙酰苯胺可在低温下溶于浓硫酸,但速度较慢,加入冰醋酸可加速其溶解。

[2] 混酸的配制要注意安全。可用较大的试管作容器,将浓硫酸慢慢加入浓硝酸中,边倒边振荡试管,试管及时用冰水冷却,防止热量骤然增大,药品冲出。操作时要佩戴护目镜,在通风橱内操作,切不可将头伸入橱内。

[3] 乙酰苯胺与混酸在 5 ℃下反应的主要产物是对硝基乙酰苯胺;在 40 ℃下反应生成 25%的邻硝基乙酰苯胺。因此,要控制硝化时的温度不应高于 5 ℃。

[4] 当 pH 值为 10 时,邻硝基乙酰苯胺易水解为邻硝基苯胺,而对位产物不水解,邻硝基苯胺在 50 ℃时又溶于碱溶液,故在 50 ℃时抽滤即可除去。

[5] 所得的对硝基乙酰苯胺不必干燥,直接进行下一步的水解反应,制备对硝基苯胺。

[6] 70%硫酸的配制方法。搅拌时把 4 份(体积)浓硫酸小心地以细流加到 3 份(体积)冷水中。

[7] 可取 1 mL 反应液加到 2~3 mL 水中,如溶液仍清澈透明,表示水解反应已完全。

[8] 由于产物易升华,不宜用红外灯干燥,室温下晾干即可。

【思考题】

1. 对硝基苯胺是否可从苯胺直接硝化来制备?为什么?

2. 本实验如何除去对硝基乙酰苯胺粗产物中的邻硝基乙酰苯胺?

3. 在对硝基乙酰苯胺的酸性水解过程中,加热回流后的溶液为什么是透明的?根据什么原理使产品析出?

4. 在酸性或碱性介质中都可以进行对硝基乙酰苯胺的水解反应,试讨论各有何优缺点?

【学习拓展】

对硝基苯胺是一种重要的化工原料,可用作偶氮染料及抗氧化剂的中间体,在医药、印染和油漆等化学行业的生产和使用量很大。但对硝基苯胺属高毒性化学品,毒性比苯胺大,人体吸收后可出现发痒、溶血性贫血或肝脏损害,对人体有很强的致癌性,被许多国家列为优先控制的污染物。对硝基苯胺可通过多种途径进入生态环境,是一种常见的环境污染物。

5.8　Friedel-Crafts 反应

实验 33　对甲基苯乙酮的制备

【实验目的】

(1)学习利用 Friedel-Crafts 酰基化反应制备芳香酮的原理和方法。

(2)复习带尾气吸收回流装置的安装和使用,巩固减压蒸馏的操作方法。

(3)通过实验培养团结协作精神。

【实验原理】

Friedel-Crafts 酰基化反应是制备芳基酮类化合物的重要方法。反应中常用 $AlCl_3$、$ZnCl_2$、$FeCl_3$ 等为催化剂。制备反应中,常用酸酐代替酰氯作酰化试剂,这是由于与酰氯相比,酸酐原料易得、纯度高和操作方便,无明显的副反应和有害气体放出,反应平稳且产率高,产生的芳酮易提纯。

三氯化铝遇水或潮气会发生分解,故在操作时必须注意所用仪器和试剂都应干燥无水。Friedel-Crafts 反应是一放热反应,但它有一个诱导期,所以操作时要注意温度的变化。反应一般都在溶剂中进行,常用的溶剂有芳烃、二硫化碳、硝基苯等。

反应式:

$$\text{（甲苯）} + (CH_3CO)_2O \xrightarrow{AlCl_3} H_3C-\text{（苯环）}-\overset{\displaystyle O}{C}-CH_3 + CH_3COOH$$

在反应过程中,由于催化剂无水氯化铝在有水的条件下发生水解失去催化功能,故体系中应该保持无水。反应前应对相关的实验仪器进行烘干处理,相应的反应试剂也应作无水处理。

【装置与试剂】

装置:见图 2-8(b)搅拌滴加回流装置,图 2-10(a)常压蒸馏装置,图 3-2 减压蒸馏装置。

试剂:无水甲苯 50 mL,醋酸酐 6 mL(约 6.5 g,0.063 mol),无水三氯化铝 20.0 g(0.15 mol),浓盐酸,5%氢氧化钠水溶液,无水氯化钙,无水硫酸镁。

【实验步骤】

1. 对甲基苯乙酮的制备

(1)在 250 mL 干燥的三口烧瓶中安装电动搅拌器、恒压滴液漏斗和球形冷凝管,冷凝管上口安装无水氯化钙干燥管[1]。干燥管与氯化氢尾气吸收装置相连,用 5%氢氧化钠水溶液吸收尾气[2]。

(2)快速称取 20.0 g(0.098 mol)无水三氯化铝,研碎后加入到三口瓶中[3],立即加入 30 mL 无水甲苯,边搅拌边通过恒压滴液漏斗缓慢滴加 6 mL 醋酐与 10 mL 无水甲苯的混合液,约需 30 min 滴完[4]。滴完后,在 90~95 ℃下加热至没有氯化氢气体逸出,约需 30 min。

(3)撤去气体吸收装置[5],待反应液冷却后将三口烧瓶置于冷水浴中,边搅拌边倒入盛有 50 mL 浓盐酸和 50 g 碎冰的烧杯中(通风橱中进行)。刚刚加入时,可观察到有固体产生,而后渐渐溶解[6]。当固体全部溶解后,用分液漏斗分出有机层,水层用甲苯萃取 2 次(每次 5 mL)。合并有机层,依次用水、5%氢氧化钠水溶液、水各 20 mL 洗涤,再用无水硫酸镁干燥(锥形瓶必须是干燥的,且带塞子,干燥剂要加够,干燥时间至少 15 min)。

(4)先用常压蒸馏回收甲苯,稍冷后改为减压蒸馏装置[7],收集 112.5 ℃/1.46 kPa(11 mmHg)或 93.5 ℃/0.93 kPa(7 mmHg)的馏分,得对甲基苯乙酮。

2. 产物表征

对甲基苯乙酮的红外光谱和核磁共振氢谱见图 5-26 和图 5-27。

【注释】

[1] 仪器应充分干燥,并要防止潮气进入反应体系,以免无水三氯化铝水解,降低催化能力。

[2] 气体吸收装置末端应接一个倒置的漏斗,且把漏斗半浸入水中。

[3] 无水三氯化铝的品质是实验成功的关键,称量、研细和投料都要迅速,避免长时间暴露在空气中吸水,影响催化效率。

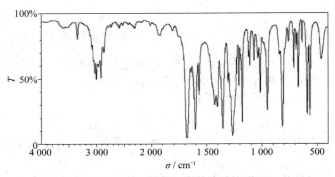

图 5-26　对甲基苯乙酮的红外光谱图

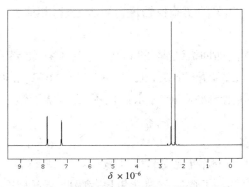

图 5-27　对甲基苯乙酮的核磁共振氢谱图

[4] 混合液滴加速度不可太快,否则会有大量氯化氢气体逸出,造成环境污染,并且还会增加副反应。

[5] 冷却前应先撤去尾气吸收装置,防止冷却时气体吸收装置中的水发生倒吸。

[6] 反应液冷却后倒入盐酸溶液,应使铝盐溶解完全,若不溶解可再添加稀盐酸。

[7] 若被蒸馏液体中含低沸点物质,通常先进行常压蒸馏,再进行减压蒸馏。

【思考题】

1. 反应体系为什么要处于干燥的环境? 为此在实验中应采取哪些措施?

2. 在 Friedel-Crafts 烷基化和酰基化反应中三氯化铝的用量有什么不同? 为什么?

【学习拓展】

对甲基苯乙酮为无色略带黄色的透明液体,在稍低的温度下凝固,具有山楂子花的芳香及紫苜蓿、蜂蜜和香豆素的香味,且香气较苯乙酮柔和,极度稀释后有草莓似的甜香味。对甲基苯乙酮的熔点为 28 ℃,沸点为 225 ℃,密度为 1.005 1,折射率为 1.533 5,闪点为 92 ℃,易溶于乙醇、乙醚、氯仿和丙二醇等,几乎不溶于水和甘油。对甲基苯乙酮天然存在于可可、黑醋栗、玫瑰木油、巴西檀木油、西藏柏木油、芳樟油以及含羞草中。制备对甲基苯乙酮主要是采用乙酰化法,以甲苯和醋酸酐为原料,在无水三氧化铝催化剂存在下进行乙酰化反应,然后水解、中和、水洗、分离、蒸馏而得。也可以从巴西檀香木、玫瑰木等天然原料中经精馏提取而得。对甲基苯乙酮常用于调和花精油,也用于香皂及草莓等水果味香料的制造,还能用于烘烤食品、糖果、布丁、日化香精和食用香精的配方中。

实验 34　乙酰二茂铁的制备

【实验目的】

（1）通过乙酰二茂铁的合成,学习设计合成方案。

（2）巩固柱色谱分离技术和减压蒸馏操作,巩固薄层色谱检测产品纯度的方法。

（3）通过实验培养科学素养和精益求精的工匠精神。

【实验原理】

二茂铁是橙色的固体,可用作火箭燃料的添加剂、汽油的抗爆剂和紫外光吸收剂等。二茂铁具有类似苯的一些芳香性,比苯更易发生亲电取代反应,例如 Friedel-Crafts 反应:

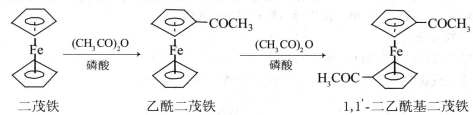

由于二茂铁具有 2 个茂环,这 2 个茂环都可以进行酰化反应,得到乙酰二茂铁或 1,1′-二乙酰基二茂铁。与苯的亲电反应相似,乙酰基对茂环也有致钝作用,当一个茂环乙酰化后,另一个乙酰基将酰化在不同的茂环上。从构象上看,2 个乙酰基处在交叉位置占优势,但两个茂环能够绕着与金属键合的轴旋转,因此 1,1′-二乙酰基二茂铁只有一种。一般温和反应条件下,主要得到一乙酰化产物,但在无水三氯化铝催化下更容易生成二乙酰基二茂铁。由于二茂铁分子中存在亚铁离子,对氧化的敏感性限制了它在合成中的应用,如不能用混酸对其硝化。

【装置与试剂】

装置:见图 3-15 柱色谱,图 2-10(a)常压蒸馏装置,图 3-2 减压蒸馏装置。

试剂:二茂铁 1 g(0.005 mol),乙酸酐 10.8 g(10 mL, 0.1 mol),石油醚(60~90 ℃),碳酸氢钠,85%磷酸。

【实验步骤】

1. 乙酰二茂铁粗产物合成

（1）在 50 mL 圆底烧瓶中加入 1 g 二茂铁和 10 mL 乙酸酐,振荡下用滴管慢慢加入 2 mL 85%的磷酸[1]。滴加完毕,用装有无水氯化钙的干燥管塞住瓶口[2],在沸水浴上加热 10 min,并振荡。

（2）将反应液倾入盛有 40 g 碎冰的 400 mL 烧杯中,用 10 mL 冷水刷洗烧瓶,将刷洗液并入烧杯。

（3）边搅拌边分批加入固体碳酸氢钠[3],至溶液呈中性为止(要避免溶液溢出和碳酸氢钠过量)。将中和后的反应液置于冰浴中冷却 15 min,析出橙黄色固体,抽滤。每次用 40 mL 冰水洗涤 2 次,得乙酰二茂铁粗产物,晾干。

2. 粗产物分离纯化

用柱色谱分离纯化乙酰二茂铁,吸附剂用中性氧化铝或硅胶,洗脱剂为 3∶1 石油醚-乙醚混合液。

用 2 mL 乙醚将乙酰二茂铁粗品配成悬浊液,上柱分离[4]。二茂铁呈黄色,乙酰二茂铁呈橙色。根据二茂铁和乙酰二茂铁颜色的不同分别收集。

3. 回收溶剂

将收集到的乙酰二茂铁溶液进行常压蒸馏回收乙醚(水浴控制在 50 ℃以下)。减压蒸馏回收石油醚(至溶液体积约 10 mL),让其自然挥发得到产品。

4. 产物纯度检测

用薄层色谱检测产品纯度,薄层板用 G_{254} 硅胶板,展开剂为 3∶1 石油醚-乙醚混合液,样品用乙醚溶解。

将产物与二茂铁和乙酰二茂铁标准样对照展开比较。

5. 产物表征

乙酰二茂铁的熔点为 84~84.5 ℃。

乙酰二茂铁的红外光谱和核磁共振氢谱见图 5-28 和图 5-29。

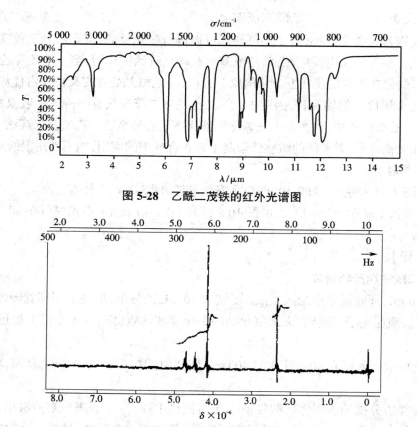

图 5-28　乙酰二茂铁的红外光谱图

图 5-29　乙酰二茂铁的核磁共振氢谱图

【注释】

[1] 滴加磷酸时一定要在振摇下用滴管慢慢加入。

[2] 烧瓶要干燥,反应时应用干燥管,避免空气中的水分子进入烧瓶内。

[3] 用碳酸氢钠中和粗产物时应小心操作,防止因加入过快使产物逸出。

[4] 在装柱和洗脱过程中,始终保持有溶剂覆盖吸附剂。两个色带的洗脱液接收不要交叉。

【思考题】

1. 为什么回收石油醚要用减压蒸馏?

2. 为什么乙酰二茂铁的纯化要用柱色谱法? 可以用重结晶法吗? 它们各有何优缺点?

【学习拓展】

二茂铁又名双环戊二烯基铁,是化学史上的一个重要分子,它标志着有机金属化学新领域的开始。自 1951 年由基利(Kealy)和葆森(Pauson)合成以来,对二茂铁及其衍生物的研究一直方兴未艾。一方面极大地推动了有机金属化合物及其结构理论的发展,是近代化学发展的里程碑。另一方面,随着对二茂铁及其衍生物在燃料添加剂、催化剂、医学、生物、染料、电化学、液晶材料、感光材料、二茂铁磁体等方面的应用研究,极大地推动了无机化学、合成化学、医药化学和材料化学的发展。二茂铁具有典型的芳香化合物性质,但对氧化剂敏感。二茂铁亲电取代反应活性比苯高,在茂环上引入各种取代基可形成丰富多彩的二茂铁衍生物。二茂铁的酰基化衍生物是合成二茂铁衍生物的重要中间体,而乙酰基是其中最重要的基团之一。

5.9 羟醛缩合反应

实验 35 二苄叉丙酮的制备

【实验目的】

(1)掌握羟醛缩合反应制备 α,β-不饱和醛或酮的原理。

(2)学习通过反应物的投料比控制生成产物的种类。

(3)通过实验培养科学思维方法和严谨的实验态度。

【实验原理】

两个具有活泼 α-氢的醛或酮分子在稀酸或稀碱的催化作用下发生缩合反应,生成 β-羟基醛或酮,若提高反应温度,则进一步失水生成 α,β-不饱和醛或酮,这类反应叫羟醛缩合反应。这是合成 α,β-不饱和羰基化合物的重要方法,也是有机合成中增长碳链的重要反应。

羟醛缩合分为自身羟醛缩合和交叉羟醛缩合两种。对于交叉羟醛缩合,如果一个是没有 α-活泼氢的芳醛与另一个有 α-活泼氢的醛或酮发生缩合,得到 α,β-不饱和醛或酮,这种交叉的羟醛缩合称为克莱森-施密特(Claisen-Schmidt)反应。这是合成侧链上含有双官能团芳香族化合物的重要方法,同时也可以用来制备含有多个苯环的脂肪族化合物。

本次实验通过苯甲醛和丙酮交叉羟醛缩合来制备二苄叉丙酮。因反应同时可能生成苄叉丙酮,通过控制反应物的投料比来增加二苄叉丙酮的含量。反应在碱性环境中进行,常用催化剂有碱金属氢氧化物、醇钠或仲胺。本次实验使用氢氧化钠水溶液。

主反应：

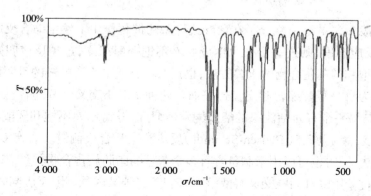

副反应：

$$\underset{}{\text{苯甲醛-CHO}} + CH_3CCH_3 \xrightarrow[-H_2O]{OH^-} \text{苯基-CH=CHCCH}_3$$

【装置与试剂】

装置：见图 2-6(a)简单回流装置。

试剂：苯甲醛 2.6 mL(0.025 mol)，丙酮 0.9 mL(0.012 5 mol)，32 mL 95%乙醇，25 mL 10%氢氧化钠水溶液，0.5 mL 冰醋酸，无水乙醇。

【实验步骤】

1. 二苄叉丙酮粗品的制备

在 100 mL 单口瓶中依次加入 2.6 mL 新蒸馏的苯甲醛、0.9 mL 丙酮、20 mL 95%乙醇和 25 mL 10%氢氧化钠水溶液[1]，摇匀，安装到磁力搅拌器上[2]，室温下搅拌 20 min[3]，抽滤，用水洗涤固体 2 次，抽滤得二苄叉丙酮粗品。

二苄叉丙酮制
备操作流程

2. 纯化处理

取一锥形瓶，加入 0.5 mL 冰醋酸和 12 mL 95%乙醇，混合均匀后倒入二苄叉丙酮粗品中，浸泡洗涤，抽滤，再用水洗涤一次，抽干[4]。

将固体转移到 100 mL 圆底烧瓶中用无水乙醇进行重结晶，并用活性碳脱色[5]，将滤液用冰水冷却，析出淡黄色固体(纯二苄叉丙酮为淡黄色松散的片状晶体)，抽滤，干燥[6]，称重，产量约 2 g。

3. 产物表征

二苄叉丙酮熔点为 110~111 ℃（113 ℃分解）。

二苄叉丙酮的红外光谱和核磁共振氢谱见图 5-30 和图 5-31。

图 5-30 二苄叉丙酮的红外光谱图

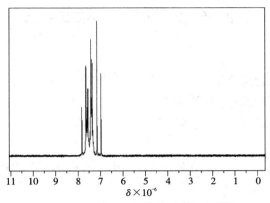

图 5-31　二苄叉丙酮的核磁共振氢谱图

【注释】

[1] 苯甲醛及丙酮的量应准确量取,丙酮一定不能过量。严谨的投料操作是提高产率的重要步骤。

[2] 反应过程中应不时搅拌,使之充分反应。

[3] 反应温度不要太高,温度升高,副产物增多,产率下降。

[4] 抽滤后洗涤、浸泡都可在布氏漏斗上进行(拔去抽气管)。

[5] 重结晶时如果溶液呈棕红色,可加入少量活性炭脱色。

[6] 烘干温度应控制在 50~60 ℃,以防产品熔化或分解。

【思考题】

1. 本实验可能发生的副反应有哪些?

2. 碱的浓度偏高对反应有什么影响?

3. 如何控制原料配比,使之主要生成二苄叉丙酮?

4. 叙述二苄叉丙酮用乙醇重结晶的方法。

5. 如果产物为红棕色,该如何处理?

【学习拓展】

羟醛缩合反应首先由法国人查尔斯·阿道夫·武兹和苏联人亚历山大·波菲里耶维奇·鲍罗丁于 1872 年分别独立发现。羟醛缩合反应是一个重要的有机化学反应,它在有机合成中有着广泛的应用。如:①分子间的羟醛缩合经常被用来合成一些 β-羟基化合物,如丙-1,3-二醇、丁-1,3-二醇和新戊二醇等,可作为进一步生产香料、药物等多聚物或聚对苯二甲酸乙二醇酯(PET)、聚对苯二甲酸丁二酯(PBT)和聚对苯二甲酸丙二醇酯(PTT)等高聚物的单体;② 缩合脱水产物 α,β-不饱和醛,氧化得到羧酸,可广泛用作精细化工生产的原料,如 2-甲基戊-2-烯酸是具有水果香味的食用香料,广泛用于食品加工业和其他日化香精产业;③ α,β-不饱和醛完全氢化时得到饱和伯醇,可用作溶剂或制造洗涤剂、增塑剂等。

实验 36　2-乙基己-2-烯醛的制备

【实验目的】

（1）学习通过羟醛缩合反应制备 α,β-不饱和醛的原理与方法。

（2）巩固回流、减压蒸馏等基本实验操作。

（3）培养热爱化学实验、追求卓越的精神。

【实验原理】

正丁醛在稀碱催化下进行羟醛缩合反应，生成 2-乙基-3-羟基己醛，此化合物随后进一步脱水，生成 2-乙基己-2-烯醛。

反应式：

$$2CH_3CH_2CH_2CHO \xrightarrow{稀NaOH} \overset{OH}{\underset{}{CH_3CH_2CH_2CH}} - \overset{C_2H_5}{\underset{}{CHCHO}} \xrightarrow{-H_2O} CH_3CH_2CH_2CH = \overset{C_2H_5}{\underset{}{CCHO}}$$

【装置与试剂】

装置：见图 2-8（b）搅拌滴加回流装置。

试剂：5%氢氧化钠水溶液（5 mL）、正丁醛 10.6 g（0.15 mol）、无水硫酸钠。

【实验步骤】

1. 粗产物的合成

在装有电动搅拌器[1]、回流冷凝管和滴液漏斗的 50 mL 三口烧瓶中加入 5 mL 5%氢氧化钠水溶液。在充分搅拌下，从滴液漏斗不断滴入 13 mL 正丁醛，约 10 min 滴加完毕。然后在 90 ℃水浴上继续加热搅拌 1 h，使反应完全，此时反应液变为浅黄色或橙色。

2. 分离纯化

将反应物转入分液漏斗中，分去碱液，油层每次用 5 mL 水洗涤 3 次。粗产物转入一干燥的锥形瓶中，加入适量的无水硫酸钠干燥。滤去干燥剂，减压蒸馏，收集压力 1.33~4.0 kPa（10~30 mmHg）时温度 60~70 ℃ 的馏分，该馏分为无色或略带淡黄色的有腥味的液体，产量 6~7 g。

3. 产物表征

纯的 2-乙基己-2-烯醛为无色液体[2]，沸点为 177 ℃（略有分解）。

2-乙基己-2-烯醛的红外光谱和核磁共振氢谱见图 5-32 和图 5-33。

本实验约需 6 h。

【注释】

[1] 搅拌器接口处要注意密封，防止正丁醛挥发（正丁醛的沸点为 75 ℃）。

[2] 2-乙基己-2-烯醛易引起过敏现象，处理产品时勿与皮肤接触。

【思考题】

1. 本实验中，氢氧化钠起什么作用？碱的浓度过高，用量过大有什么不利影响？

2. 试讨论实验过程中产生的 2-乙基-3-羟基己醛后续脱水的驱动力是什么？

3. 写出过量甲醛在碱的作用下分别与乙醛和丙醛反应的最终产物。

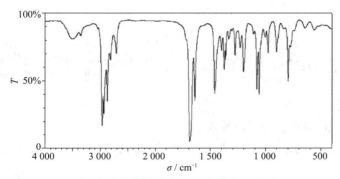

图 5-32　2-乙基己-2-烯醛的红外光谱图

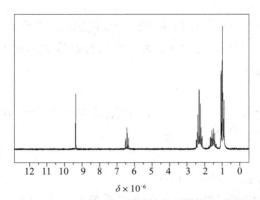

图 5-33　2-乙基己-2-烯醛的核磁共振氢谱图

【学习拓展】

2-乙基己-2-烯醛主要用来制备 2-乙基己-1-醇，2-乙基己-1-醇是合成增塑剂邻苯二甲酸二辛酯的重要原料。2-乙基己-2-烯醛的催化氢化产物为 2-乙基己醛（又称异辛醛），主要用来合成香料和作为异辛酸（又称 2-乙基己酸）的原料。异辛酸是一种重要的有机化工产品,可广泛用于涂料、塑料、制革、医药、木材、化纤、农药等领域。

实验 37　苯亚甲基苯乙酮的制备

【实验目的】

（1）学习通过羟醛缩合反应制备苯亚甲基苯乙酮的原理和方法。

（2）掌握反应温度控制方法,巩固恒压滴液漏斗的使用,巩固重结晶操作。

（3）培养如实记录实验数据的诚信精神。

【实验原理】

羟醛缩合反应是有机化学中形成碳碳键的重要反应之一。它是指具有 α-氢原子的醛或酮在一定条件下形成烯醇负离子,再与另一分子羰基化合物发生加成反应,形成 β-羟基羰基化合物的一类有机化学反应。反应连接了两个羰基化合物（最初反应使用醛）来合成新的 β-羟基酮化合物。

反应式:

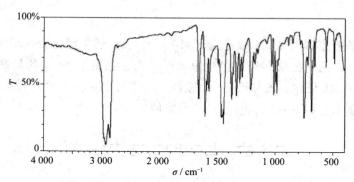

【装置与试剂】

装置:见图 2-8(b)搅拌滴加回流装置。

试剂:苯乙酮 1.3 g(10.8 mmol),苯甲醛(新蒸)1.2 g(11.3 mmol),2.5 mol/L 氢氧化钠水溶液,95%乙醇。

【实验步骤】

1. 粗产物的合成

在 50 mL 的三口瓶中加入 5 mL 2.5 mol/L 氢氧化钠水溶液和 5 mL 95%的乙醇,搅拌并加入 1.3 g 苯乙酮,在 20 ℃下缓慢滴加 1.2 g 苯甲醛[1],控制滴加速度使温度保持在 20~25 ℃ [2],滴加完毕后继续搅拌 45 min。

2. 分离纯化

将反应液在冰浴中冷却,直至出现结晶。待结晶完全后过滤,用少量水洗涤产品至中性。粗品用 95%乙醇重结晶[3,4]。产量约 2.0 g。

3. 产物表征

苯亚甲基苯乙酮的熔点为 55~57 ℃ [5]。

苯亚甲基苯乙酮的红外光谱和核磁共振氢谱见图 5-34 和图 5-35。

图 5-34 苯亚甲基苯乙酮的红外光谱图

【注释】

[1] 苯甲醛必须是新蒸馏过的。

[2] 反应温度一般不高于 30 ℃,不低于 15 ℃,20~25 ℃最适宜。

[3] 由于产物熔点低,重结晶回流时产品可呈熔融状,因此应加溶剂使其呈均相。

[4] 若对本品过敏,皮肤触及时发痒,使用时应注意。

[5] 产物存在 2 种构型。E 构型为淡黄色棱状晶体,熔点为 58 ℃;Z 构型为淡黄色晶体,熔点为 45~46 ℃;合成的混合物为淡黄色斜方或棱形结晶,熔点为 55~57 ℃。

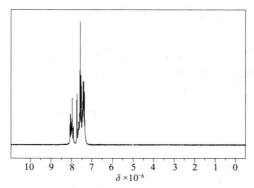

图 5-35　苯亚甲基苯乙酮的核磁共振氢谱图

【思考题】

1. 本反应中是否可将稀碱换成浓碱？为什么？

2. 本实验中可能发生哪些副反应？采取什么措施可尽量避免副产物的生成？

3. 本实验中苯甲醛和苯乙酮的羟醛加成物为什么会立即失水？

4. 本实验后处理过程中,过滤后用少量水洗涤产品的目的是什么？

【学习拓展】

查尔酮类化合物的基本化学结构为苯基苯乙烯基酮或 1,3-二苯基丙烯酮。这是一类存在于药用植物中的天然有机化合物,在自然界中分布广泛,主要存在于甘草、红花等植物中。查尔酮类化合物及其衍生物具有抗糖尿病、抗肿瘤、催眠、抗菌、抗病毒、抗痛风、抗炎等广泛的药理作用。由于其结构多样,其直链结构增加了骨架柔性,能与很多种受体结合。通过简单的结构修饰,就可得到活性提高数百倍的衍生物,再加上其安全、高效、低毒的药理学特性,该衍生物在药物开发方面展示出巨大潜力和独特优势。

5.10　杂环化合物的制备

实验 38　8-羟基喹啉的制备

【实验目的】

(1)学习斯克劳普(Skraup)反应制取 8-羟基喹啉的原理和方法。

(2)掌握回流及水蒸气蒸馏的实验操作方法。

(3)通过实验培养实事求是、严谨治学和勇于创新的精神。

【实验原理】

本实验以邻氨基苯酚、邻硝基苯酚、无水甘油和浓硫酸为原料合成 8-羟基喹啉。浓硫酸的作用是使甘油脱水生成丙烯醛,并使邻氨基苯酚与丙烯醛的加成物脱水成环。邻硝基苯酚为弱氧化剂,能将环化产物 8-羟基-1,2-二氢喹啉氧化为 8-羟基喹啉,邻硝基苯酚本身则还原成邻氨基苯酚,也可参与缩合反应。

反应式：

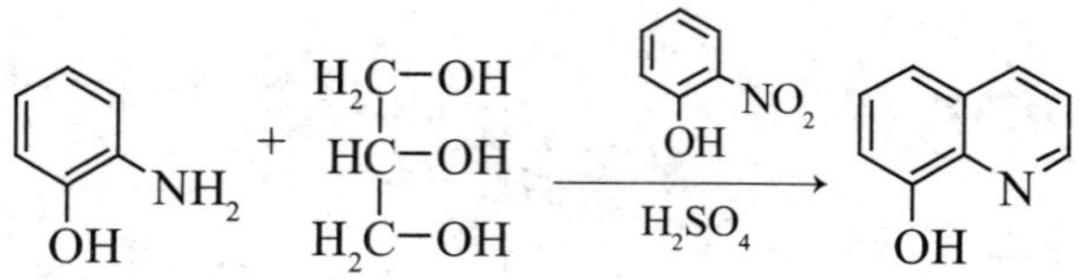

反应机理：

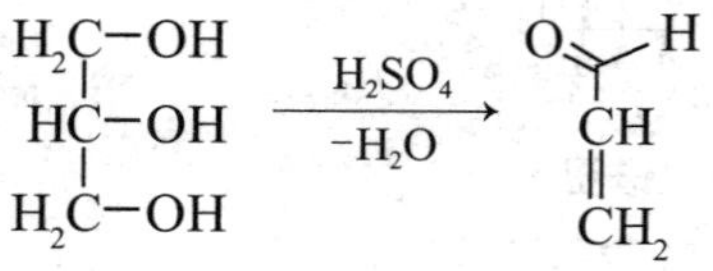

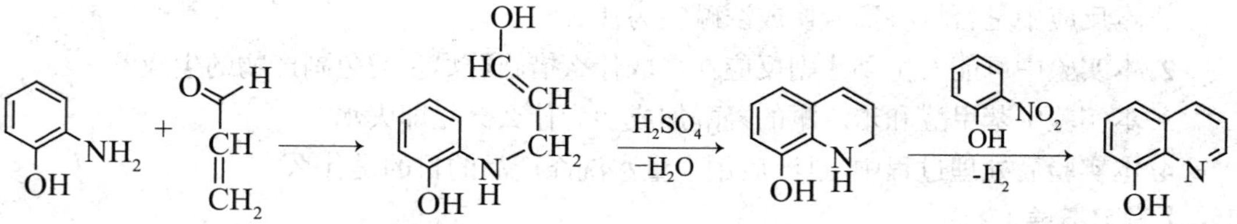

【装置与试剂】

装置：见图 2-6(a)简单回流装置，图 3-3 水蒸气蒸馏装置。

试剂：无水甘油 9.2 g(100 mmol)，邻氨基苯酚 2.8 g(26 mmol)，邻硝基苯酚 1.8 g (13 mmol)，浓硫酸，50%的氢氧化钠水溶液，无水乙醇。

【实验步骤】

1. 粗产物合成

向 100 mL 圆底烧瓶中加入 9.2 g 无水甘油[1]，1.8 g 邻硝基苯酚和 2.8 g 邻氨基苯酚，使之混合均匀。在冷却下缓缓加入 9 mL 浓硫酸，摇匀后安装回流冷凝管，加热。当溶液微沸时，立即移去热源。反应大量放热，体系剧烈沸腾。待反应缓和后继续加热，保持体系微沸 1.5~2 h。

2. 水蒸气蒸馏

稍冷后进行水蒸气蒸馏，除去未作用的邻硝基苯酚。瓶内液体冷却后加入 12 g 50%的氢氧化钠溶液，再小心滴入饱和碳酸钠溶液，使其呈中性[2]。再进行水蒸气蒸馏，蒸出 8-羟基喹啉，收集馏出液 200~250 mL。馏出液充分冷却后，抽滤收集析出物，用少量水洗涤，干燥后得粗产物约 5 g。粗产物用 4∶1(体积比)的乙醇-水混合溶剂重结晶，得 8-羟基喹啉纯品 2~2.5 g，计算产率。取 0.5 g 上述产物进行升华操作，得针状结晶产物。

3. 产物表征

8-羟基喹啉的熔点为 75~76 ℃。

8-羟基喹啉的红外光谱和核磁共振氢谱见图 5-36 和图 5-37。

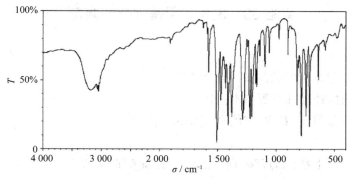

图 5-36　8-羟基喹啉的红外光谱图

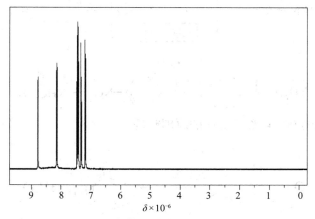

图 5-37　8-羟基喹啉的核磁共振氢谱图

【注释】

[1] 无水甘油的制备。所用甘油的含水量不应超过 0.5%（$d=1.26$），否则 8-羟基喹啉的产量不高。制备方法是将普通甘油在通风橱内置于瓷蒸发皿中加热至 180 ℃，冷至 100 ℃ 左右，放入盛有硫酸的干燥器中备用。

[2] 8-羟基喹啉既溶于酸又溶于碱而生成盐，生成盐后不能被水蒸气蒸馏出来，故必须小心中和，控制 pH 在 7~8。中和恰当时，瓶内析出沉淀最多。

【思考题】

1. 为什么第一次水蒸气蒸馏在酸性下进行，而第二次又要在中性下进行？

2. 为什么第二次水蒸气蒸馏前，一定要很好地控制 pH 范围？碱性过强时有何不利影响？若已发现碱性过强，应如何补救？

【学习拓展】

喹啉及其衍生物可由苯胺或其衍生物与无水甘油、浓硫酸及弱氧化剂等一起加热而制得，此谓 Skraup 反应。8-羟基喹啉是一种重要的医药中间体，是合成克泻痢宁、氯磺喹啉、双碘喹啉和扑喘息敏的原料。8-羟基喹啉也是染料和农药中间体，其硫酸盐和铜盐配合物是优良的杀虫剂、杀菌剂和灭藻剂，广泛用于金属测定和分离，还可用作络合指示剂和色层析试剂。

实验 39 3,5-二甲基吡唑的制备

【实验目的】

（1）学习 3,5-二甲基吡唑的制备原理和方法。

（2）掌握和巩固搅拌和抽滤等基本操作。

（3）通过实验培养敬业、专注、诚信和友善的精神。

【实验原理】

醛、酮能与氨的衍生物（如羟胺、肼、2,4-二硝基苯肼、氨基脲等）作用,分别生成肟、腙、2,4-二硝基苯腙和缩氨脲等。反应通式如下:

$$\begin{array}{c}\diagdown\!\!\!\diagup\!=\!O + H_2N\!-\!Z \longrightarrow \left[\begin{array}{c}\diagup \quad N\!-\!Z \\ \overline{OH} \quad \overset{+}{H}\end{array}\right] \xrightarrow{-H_2O} \diagup\diagdown\!=\!N\!-\!Z\end{array}$$

$$\left(Z=\!-OH, -NH_2, -\underset{H}{N}\!\!-\!\!\text{苯环}, -\underset{H}{N}\!\!-\!\!\text{硝基苯环}NO_2, -NHCNH_2, \cdots\right)$$

3,5-二甲基吡唑的制备可参照上面的原理制备。

反应式:

$$NH_2NH_2\cdot H_2O + \overset{O\quad\quad O}{\diagup\!\diagdown\!\diagup\!\diagdown} \longrightarrow \underset{N}{\overset{NH}{\diagup\!\diagdown}} + 3H_2O$$

【装置与试剂】

装置:见图 2-8(b)搅拌滴加回流装置。

试剂:80%水合肼 6.3 g(0.10 mol),乙酰丙酮 10.0 g(0.10 mol),石油醚(60~90 ℃)。

【实验步骤】

1. 粗产物合成

向 250 mL 三口烧瓶中加入 6.3 g 80%水合肼[1],室温条件下将三口烧瓶置于水浴中[2],用约 1 200 r/min 速度搅拌,缓慢滴加 10.0 g 乙酰丙酮,滴加完毕继续搅拌 30 min 后停止反应,得白色晶体。

2. 分离纯化

抽滤,固体用少量石油醚冲洗,得白色晶体,产率约 94%。

3. 产物表征

3,5-二甲基吡唑的熔点为 106 ℃。

3,5-二甲基吡唑的红外光谱和核磁共振氢谱见图 5-38 和图 5-39。

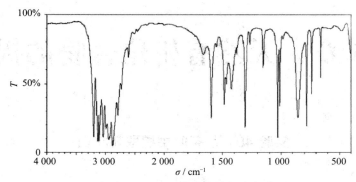

图 5-38　3,5-二甲基吡唑的红外光谱图

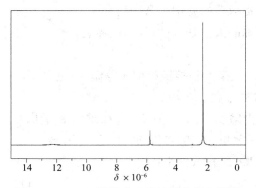

图 5-39　3,5-二甲基吡唑的核磁共振氢谱图

【注释】

[1] 由于水合肼的蒸气对上呼吸道和鼻腔有刺激性,且其具有腐蚀性,可能致癌,故在使用时要在通风橱中进行操作。

[2] 该反应过程释放大量热量,水浴可降低温度。

【思考题】

制备 3,5-二甲基-1-苯基吡唑应选择什么原料?

【学习拓展】

含氮杂环有机物广泛应用于农药及生物医药研究领域,其出色的生物活性被人们关注。吡唑类是有芳香性的五元含氮杂环化合物,因其在解热镇痛、抗肿瘤和抗菌等方面有着良好的性能而引发众多学者的研究。3,5-二甲基吡唑单环化合物作为较简单的吡唑类化合物之一,其结构稳定,已成为合成农药及生物医药的重要中间体。

第6章 天然有机化合物的提取

实验 40 从茶叶中提取咖啡因

【实验目的】

（1）学习从天然产物——茶叶中提取咖啡因的原理和方法。

（2）了解并掌握索氏提取器的使用和升华基本操作。

（3）通过实验树立正确的人生观、价值观和世界观。

【实验原理】

咖啡因具有刺激心脏、兴奋大脑神经和利尿等作用，主要用作中枢神经兴奋药。现代制药工业多用合成方法来制得咖啡因。

茶叶中含有多种生物碱、丹宁酸、茶多酚、纤维素和蛋白质等物质。咖啡因是其中一种生物碱，其在茶叶中含量为 1%~5%，属于杂环化合物嘌呤的衍生物，化学名称为 1,3,7-三甲基-2,6-二氧嘌呤，结构式如下：

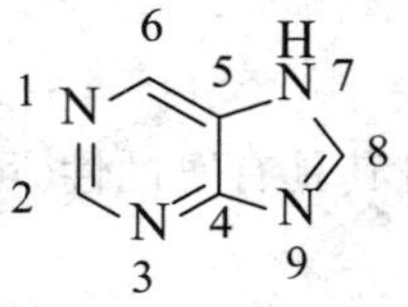

嘌呤 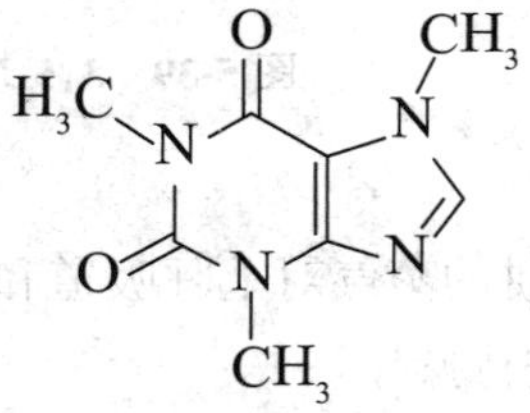　　　　　　　　1,3,7-三甲基-2,6-二氧嘌呤

含结晶水的咖啡因为无色针状结晶体，味苦，能溶于水（2%）、乙醇（2%）及氯仿（12.5%）等，在苯中的溶解度为 1%（热苯为 5%）。100 ℃时即失去结晶水开始升华，120 ℃时升华相当显著，至 178 ℃时升华很快。

从茶叶中提取咖啡因的方法是：利用适当的溶剂（乙醇、氯仿等）在脂肪提取器（又称索氏提取器）中连续抽提，然后蒸去溶剂，即得粗咖啡因。粗咖啡因中还含有其他一些生物碱和杂质，利用升华可进一步提纯。

【装置与试剂】

装置：见图 3-7 索氏提取器，图 3-10（a）常压升华装置。

试剂：茶叶 8 g，95%乙醇 70 mL，生石灰 2~3 g。

【实验步骤】

1. 加料，安装仪器

称取 8 g 茶叶放入索氏提取器的提取筒内[1]。在烧瓶内加入 70 mL 95%乙醇，

索氏提取器
介绍和加料

138

加入几粒沸石,安装索氏提取装置。加热抽提,1 h 后[2],待冷凝液刚好虹吸下去时立即停止加热。

2. 回收溶剂

改换简易蒸馏装置(注意补加沸石)加热蒸馏,回收大部分乙醇[3]。

3. 焙炒

将残液倾入蒸发皿中,加入 2~3 g 生石灰粉[4],在蒸气浴上蒸干,最后将蒸发皿移至石棉网上,加热焙炒并研细,使水分全部除去[5],呈茶色粉末。冷却后擦去沾在蒸发皿边上的粉末,以免升华时污染产物。

提取咖啡因操作流程

4. 升华

取一刺有许多小孔的滤纸[6](孔刺向上)盖在蒸发皿上,在滤纸上罩一支合适的玻璃漏斗,在石棉网上小心加热升华[7]。当纸上出现白色针状结晶时,暂停加热,冷至 100 ℃左右,拿开漏斗和滤纸,将咖啡因用小刀刮下。残渣搅拌后再用较大火继续加热片刻,使升华完全。合并两次升华制得的咖啡因,测定熔点。无水咖啡因的熔点为 234.5 ℃,其红外光谱和核磁共振氢谱见图 6-1 和图 6-2。本实验约需 6 h。

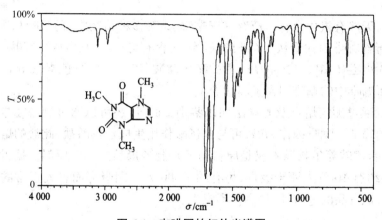

图 6-1　咖啡因的红外光谱图

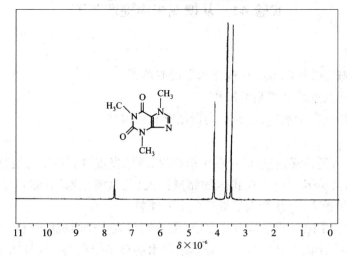

图 6-2　咖啡因的核磁共振氢谱图

【注释】

[1] 提取器下口用少量棉花堵上。棉花要适量,要严防茶叶漏出堵塞虹吸管。

[2] 当提取液颜色很淡时,即可停止提取。

[3] 瓶中乙醇不可蒸得太干,否则残液很黏,转移时损失较大。

[4] 生石灰起吸水和中和作用,可以除去部分杂质。

[5] 如留有少量水分,会在升华开始时带来一些烟雾而污染器皿。焙炒切不能过火。

[6] 滤纸上的孔应尽量大些,以便蒸气上升时顺利通过滤纸,并在滤纸上和漏斗中结晶。

[7] 升华温度一定要控制在固体化合物熔点以下。升华过程中始终都应小火间接加热,温度太高会使滤纸炭化变黑,影响产品的纯度。第二次升华时,火也不能太大,否则会大量冒烟,影响产品的纯度和产量。

【思考题】

1. 简要说明索氏提取器的提取原理。

2. 提取咖啡因时加入生石灰起什么作用?

【学习拓展】

咖啡因作为天然有机化合物广泛存在于咖啡、茶等多种植物中,是茶叶和咖啡豆中的活性成分。茶叶中所含咖啡因的量从 1% 到 5% 不等,还含有可可碱(0.17%)、茶碱(0.013%)、腺嘌呤(0.014%),另外还有 11%~12% 的丹宁酸(又名鞣酸)以及类黄酮色素(0.6%)、纤维素、叶绿素、蛋白质等,而咖啡中的咖啡因含量高达 5%。

咖啡因可以通过测定熔点及光谱法加以鉴别。此外,还可以通过制备咖啡因水杨酸盐衍生物进一步得到确证。咖啡因作为碱,可与水杨酸作用生成水杨酸盐,此盐的熔点为 137 ℃。

像咖啡因、麻黄碱等生物碱不仅是原料药还是制备毒品的主要原料。据世界卫生组织统计,每年全世界约有 10 万人死于吸毒,另有约 1 000 万人因吸毒而丧失正常的智力和工作能力。应当正确认识毒品的危害性,提高拒毒意识。

实验 41　从槐花米中提取芦丁

【实验目的】

(1)学习利用碱提酸沉的方法从槐花米中提取芦丁。

(2)巩固热过滤及重结晶等基本操作。

(3)通过实验树立科学素养,培养社会责任感和家国情怀。

【实验原理】

芦丁(rutin)又名芸香苷,它广泛存在于植物界,现已发现含有芦丁的植物有 70 多种,如烟叶、槐花、荞麦和蒲公英等。芦丁在我国的储量很大,尤以槐花米(含量可达 12%~16%)和荞麦(约含 8%)中含量最高,可作为大量提取芦丁的原料。

芦丁是由槲皮素 3 位上的羟基与芸香糖(葡萄糖与鼠李糖组成的双糖)脱水合成的苷,为浅黄色粉末或极细的针状结晶。含有 3 分子结晶水的芦丁熔点为 174~178 ℃,无水芦丁的熔点为 188 ℃。芦丁难溶于冷水,可溶于热水、甲醇、乙醇、吡啶,不溶于苯、乙醚、氯仿、石油醚、丙酮、乙酸乙酯等溶剂,易溶于碱液而呈黄色,酸化后复析出,可溶于浓硫酸和浓盐酸,呈棕黄色,加水稀释复析出。本实验是利用芦丁易溶于碱性水溶液,溶液经酸化后芦丁又可析出的性质进行提取和精制的。芦丁的结构如下:

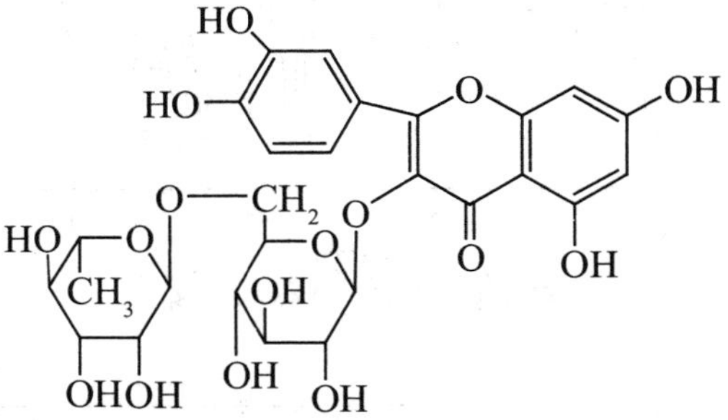

【装置与试剂】

装置:见图 2-18 减压抽滤装置。

试剂:槐花米 15 g,饱和石灰水,15%盐酸。

【实验步骤】

1. 芦丁粗产品的制备

(1)称取 15 g 槐花米在研钵中研成粉状物,将其置于 250 mL 烧杯中,加入 100 mL 饱和石灰水溶液[1],于石棉网上加热至沸腾,并不断搅拌,煮沸 15 min 后,抽滤。

(2)滤渣用 100 mL 饱和石灰水溶液煮沸 1 min,抽滤。合并两次滤液,然后用 15%盐酸(约需 3 mL)中和,调节 pH 值为 3~4[2]。

(3)放置 1~2 h,待沉淀完全后抽滤,沉淀用水洗涤 2~3 次,制得芦丁粗产品。

2. 芦丁粗产品的精制

(1)将制得的粗芦丁置于 250 mL 烧杯中,加水 100 mL,于石棉网上加热至沸腾,不断搅拌并慢慢加入约 30 mL 饱和石灰水溶液,调节溶液的 pH 值为 8~9,待沉淀溶解后趁热过滤[3]。

(2)滤液置于 250 mL 的烧杯中,用 15%盐酸调节溶液的 pH 值为 4~5,冷却静置 30 min,芦丁以浅黄色结晶析出。

(3)抽滤,产品用水洗涤 1~2 次,烘干后称重,计算收率。

3. 产物表征

无水芦丁的熔点为 188 ℃。

芦丁的红外光谱和核磁碳谱见图 6-3 和 6-4。

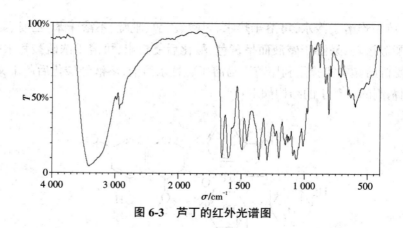

图 6-3　芦丁的红外光谱图

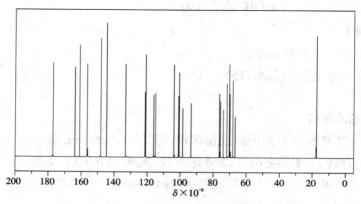

图 6-4　芦丁的核磁碳谱图

【注释】

[1] 芦丁分子中具有酚羟基,显弱酸性,能与碱成盐而增大溶解度。加入饱和石灰水还可以除去槐花米中大量多糖黏液质。

[2] pH 值过低会使芦丁形成不稳定的盐而增加水溶性,降低收率。

[3] 操作要迅速,防止溶液冷却后晶体析出。

【思考题】

1. 为什么可以用碱溶的方法从槐花米中提取芦丁?

2. 在一开始用酸调节 pH 值时,如果加入的盐酸过量, pH 值小于 3~4,请问对实验会产生什么后果? 为什么?

3. 根据这个实验,总结用酸碱调节法提取中药活性成分的适用条件及一般原理。

【学习拓展】

芦丁既可作为治疗药物,又可作为保健品。临床上芦丁主要用于高血压病的辅助治疗和用于防治因芦丁缺乏所致的其他出血症,如防治脑血管出血、高血压、视网膜出血、紫癜、急性出血性肾炎、慢性气管炎、血液渗透压不正常、恢复毛细血管弹性等症,同时还用于预防和治疗糖尿病及合并高脂血症。也正是由于芦丁的这些治疗和预防作用,人们常用富含芦丁的药食两用植物苦荞等作为保健品。以苦荞为主食的四川省某少数民族地区的居民,很少有高血压病患者。在食品工业中芦丁还可作抗氧剂和天然食用黄色素。在化妆品行业,因芦丁对紫外线有较强的吸收作用,常单用或与黄芩苷合用作为防晒霜的主要成分,远比以往使用的一些合成防晒剂好得多,是目前较为理想的一种天然广谱防晒剂。

实验 42 从黄连中提取黄连素

【实验目的】

(1)学习从中草药黄连中提取生物碱的原理和方法。

(2)进一步掌握索氏提取器的使用方法,巩固减压过滤操作。

(3)弘扬中医药传统文化,增强文化自信。

【实验原理】

黄连为多年生草本植物,是我国名产中药药材之一,并且享有"中药抗生素"的美称。

随野生和栽培及产地的不同,黄连中黄连素的含量在 4%~10%。其他如黄柏、伏牛花、白屈菜、南天竹等植物也可作为提取黄连素的原料,但以黄连与黄柏含量最高。黄连素是黄色针状晶体,熔点为 145 ℃,微溶于冷水和乙醇,较易溶于热水和热乙醇中,几乎不溶于乙醚。黄连素存在多种异构体,但自然界多以季铵碱的形式存在,结构式如下。

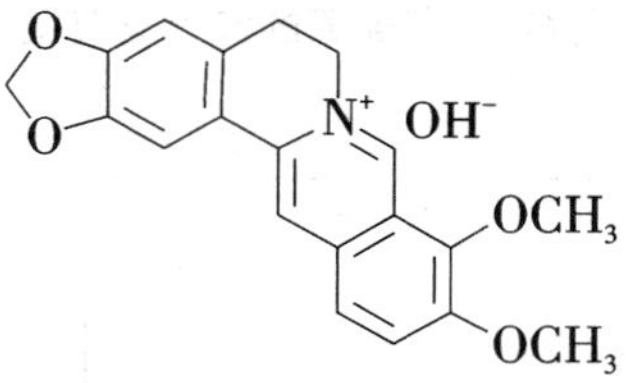

从黄连中提取黄连素往往采用适当的溶剂(如乙醇、水、硫酸等)在索式提取器中连续抽提,然后浓缩,酸化,得到相应的盐。黄连素的盐酸盐、氢碘酸盐、硫酸盐、硝酸盐均难溶于冷水,易溶于热水,故可用水对其进行重结晶,从而达到纯化目的。

【装置与试剂】

装置:见图 3-7 索式提取器,图 2-18 减压抽滤装置。

试剂:黄连 10 g,95%乙醇 100 mL,1%醋酸,浓盐酸,丙酮,石灰乳。

【实验步骤】

1. 黄连素粗产品的制备

(1)称取 10 g 中药黄连研碎磨烂,将其装入索氏提取器的滤纸套筒内,烧瓶内加入 100 mL 95%的乙醇,加热萃取 2~3 h,直至回流液体颜色很淡为止[1]。

(2)用水泵减压蒸馏,回收大部分乙醇,至瓶内残留液体呈棕红色糖浆状[2],停止蒸馏。浓缩液里加入 1%的醋酸(30~40 mL),加热溶解后趁热抽滤,除掉固体杂质,然后向滤液中滴加浓盐酸[3],至溶液混浊为止(约需 10 mL)。

(3)冷却降至室温后即有黄色针状的黄连素盐酸盐析出[4],抽滤,结晶用冰水洗涤两次,再用丙酮洗涤一次,干燥,制得黄连素盐酸盐的粗产品。

143

2. 分离纯化

（1）将粗产品加入 100 mL 烧杯中,加热水至刚好溶解,煮沸,用石灰乳调节 pH 值在 8.5~9.8[5],冷却滤除杂质。

（2）滤液继续冷却至室温以下,即有黄色晶体析出,抽滤,滤渣用少量冷水洗涤两次,得到纯净的黄连素晶体。干燥后称重,计算收率。

3. 产物表征

黄连素是黄色针状晶体,熔点为 145 ℃。

黄连素的红外光谱和核磁共振氢谱见图 6-5 和图 6-6。

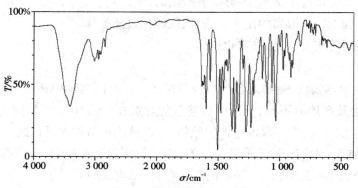

图 6-5　黄连素的红外光谱图

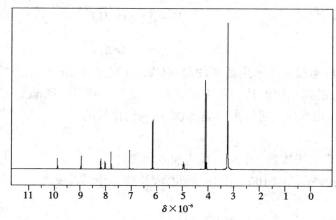

图 6-6　黄连素的核磁共振氢谱图

【注释】

[1] 黄连素的提取回流要充分。

[2] 不可蒸干。

[3] 滴加浓盐酸前不溶物要去除干净,否则影响产品的纯度。

[4] 最好用冰水浴冷却。

[5] 用精密试纸认真比对。

【思考题】

1. 影响黄连素提取产率的因素有哪些？列举进一步提高产率的方法。

2. 黄连素是哪种生物碱类化合物？实验中可根据什么原理来提取黄连中的黄连素？

3. 为何要用石灰乳来调节溶液的 pH？用强碱(如氢氧化钠)是否可行？为什么？

【学习拓展】

黄连为清热类的药物,味极苦,性寒,具有清热燥湿、泻火解毒的功效。黄连素抗菌力很强,对急性结膜炎、口疮、急性细菌性痢疾、急性肠胃炎等均有很好的疗效,在临床中也有较多的应用。早期凭借着显著的抗微生物作用,黄连素在印度和中国的传统医学中用于治疗细菌性腹泻、肠寄生虫、沙眼等疾病已有至少 3 000 年的历史。

中医药在我国有着数千年的历史,具有完整的理论体系、独特的诊疗方法、显著的临床疗效以及完善的医疗保健体系,是我国最具自主知识产权的产业。对新型冠状病毒肺炎的治疗,中医能从更基础的问题做起,从患者的身体免疫状态调整做起,以提高身体抵抗疾病的能力。同时对一些重症危重症病人,经过中医药治疗可以减轻临床症状,缩短病程,减少并发症的发生。

实验 43　银杏叶中黄酮类有效成分的提取

【实验目的】

(1)学习从银杏叶中提取黄酮的原理和方法。

(2)了解大孔吸附树脂的特征和在生化分离中的应用。

(3)培养学生良好的环保意识和习惯。

【实验原理】

银杏叶中含有多种成分,包括总黄酮苷类、萜类、烃基酚类、多烯醇类以及生物碱、糖、淀粉、蛋白质和无机盐。上述成分很多性质相近,分离纯化十分困难,国内外均采取从银杏叶中分离出总黄酮苷和总萜内酯等有效成分的方法。提取黄酮类化合物的方法主要包括水浸取法、有机溶剂浸提法、超声波提取法、超临界流体萃取法、微波提取法和酶提取法等。

大孔吸附树脂属于高分子聚合物树脂,在水溶液中吸附力较强,而在有机溶液中吸附力极小,用它提取分离中药水溶液的有效成分特别有效,主要用于分离纯化中药皂苷类、生物碱类、黄酮类、多肽类、糖类等水溶性成分或极性化合物。大孔吸附树脂具有吸附选择性高、再生简单以及稳定性好的优点,可采用水、有机溶剂、酸碱溶液对被吸附物质进行洗脱,使用方便。

【装置与试剂】

装置:见图 3-7 索式提取器,图 3-15 柱色谱装置。

试剂:银杏叶粉末 25 g,60%的乙醇 130 mL,D101 大孔吸附树脂,无水乙醇。

【实验步骤】

1. 黄酮类粗产物的提取

(1)称取干燥的银杏叶粉末 25 g 放入索式提取器的滤纸筒内[1],圆底烧瓶中加入 130 mL

60%的乙醇，连续提取 2~3 h，直至银杏叶颜色变浅，停止提取。

（2）将装置改为蒸馏装置，蒸去大部分溶剂[2]，得到棕黑色银杏叶粗提取物。

2. 粗产物的精制

（1）将 D101 大孔吸附树脂预处理并充分吸涨后进行装柱[3]，并在柱顶加少量石英砂。将样品溶液从柱的上端以较快速度加入，待样品完全上柱后，用无水乙醇进行洗脱[4]，并在下端收集洗脱液，直至黄酮全部流出。

（2）将洗脱下来的样品进行浓缩、干燥，得到精制的黄酮提取物，称重。

【注释】

[1] 索式提取器中的滤纸筒应紧贴内壁并低于虹吸管。装银杏叶粉末时严防漏出，以免堵塞虹吸管。

[2] 回收乙醇时不可蒸得太干，否则不易转移，增大损失量。

[3] 在装柱时必须防止气泡、分层及液面在树脂表面以下的现象发生。

[4] 一直保持流速缓慢以增强吸附性，并注意勿使树脂表面干燥。

【思考题】

1. 不同时期的银杏叶中黄酮含量是否一致？

2. 查阅资料，了解黄酮类化合物的药用功能。

3. 本实验中溶剂提取法有什么优点和缺点？

4. 大孔树脂柱层析的分离原理是什么？常用的树脂有哪些类型？各自的使用范围如何？

【学习拓展】

银杏叶又名飞蛾叶，来源于银杏科植物银杏（Ginkgo biloba L.）的干燥叶，多皱折易破碎，完整者呈扇形，喜生于向阳、湿润肥沃的土壤及沙壤土中。我国拥有丰富的银杏资源，占世界总量的 75%左右。此外，世界上仅有我国天目山、神农架和大别山等地尚存少量纯野生银杏。银杏叶性平、味甘苦，可活淤血、通经络、敛肺气、平喘咳、止带浊、降血脂。近年来，银杏叶在制药、食品保健、饮料和化妆品等领域受到青睐。银杏叶相关的食物、保健酒、保健茶、化妆品等也逐渐成为开发和研制的热点。银杏叶食品主要是与银杏叶面粉相关的面包、挂面、饼干等。银杏叶食品不仅风味独特，还对中老年群体起到降压降脂、改善动脉硬化和血液循环的食疗作用。银杏叶复合饮料有降三高（高血压、高血糖、高血脂）的作用，尤其适合中老年人饮用。银杏叶相关的化妆品受到爱美人士的喜欢，相关产品涉及美容护肤、生发护发、减肥等领域。

第7章 综合实验与现代有机合成

实验 44 己内酰胺的制备

【实验目的】

（1）学习贝克曼（Beckmann）重排反应制备酰胺的方法和原理。

（2）掌握和巩固低温、干燥、减压蒸馏、沸点测定等基本操作。

（3）通过实验树立科学素养、环保意识和社会责任感。

【实验原理】

酮与羟胺作用生成肟，肟在酸性催化剂（如五氧化二磷、硫酸等）作用下发生重排生成酰胺，这个反应称为 Beckmann 重排。

Beckmann 重排是合成酰胺的一种方法，在有机合成上有一定的应用价值。如环己酮肟发生 Beckmann 重排生成己内酰胺，己内酰胺开环聚合可得到聚己内酰胺树脂，即尼龙-6，它是一种性能优良的高分子材料。

反应式：

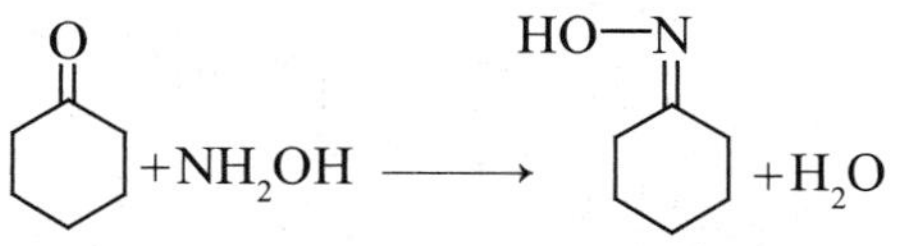

重排机理：

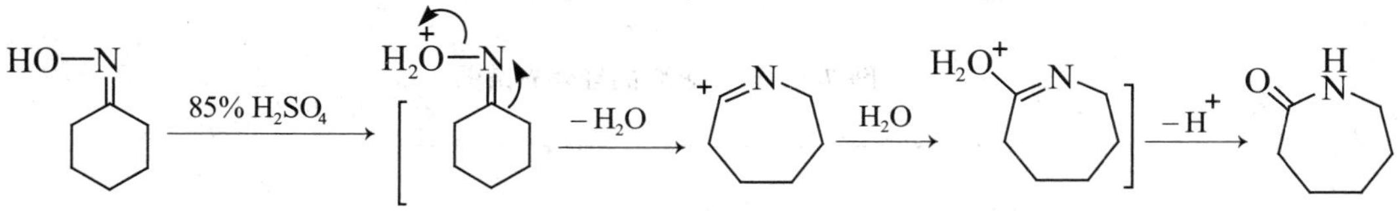

【装置与试剂】

装置：见图 2-8（b）搅拌滴加回流装置，图 3-2 减压蒸馏装置。

试剂：环己酮 7.5 g（0.07 mol），盐酸羟胺 7 g（0.1 mol），醋酸钠 10 g，水 30 mL，浓硫酸 10 mL，20%氨水 30 mL，硫酸镁 1 g。

【实验步骤】

1. 环己酮肟的制备

（1）在 250 mL 的锥形瓶中加入 7 g 盐酸羟胺和 10 g 结晶状醋酸钠，加入 30 mL 水使之完全溶解。加热到 35~40 ℃，分批加入 7.5 g 环己酮，边加边振荡，即有固体析出。加完后，塞住瓶口，剧烈振荡 2~3 min，环己酮肟呈白色粉状结晶析出[1]。

（2）冷却，抽滤，用少量水洗涤。

（3）干燥后称重，计算产率。

（4）环己酮肟熔点为 80~90 ℃。

2. 环己酮肟重排制备己内酰胺

（1）在 500 mL 的烧杯中[2]加入 5 g 环己酮肟和 10 mL 85%的硫酸，混合均匀。在烧杯中放一支 200 ℃温度计，用电热套小火加热烧杯，当有气泡产生时，温度约 120 ℃，立即移去电热套，此时反应剧烈放热，温度迅速升高到 160 ℃，反应在几秒内完成。

（2）稍冷后，将此溶液倒入 250 mL 三口瓶中，安装机械搅拌器、温度计和滴液漏斗。用冰水冷却至 0~5 ℃，边搅拌边小心滴入 30 mL 氨水[3]，控制反应温度在 12~20 ℃，以免己内酰胺在温度较高下水解，直至溶液使石蕊试纸呈蓝色为止。

（3）粗产物倒入分液漏斗中，分出水层，油层转移至锥形瓶中，用 1 g 无水硫酸镁干燥。再转移至 25 mL 克氏烧瓶中，用油泵进行减压蒸馏，收集在温度 140~144 ℃/压力 14 mmHg 时的馏分。馏出物在接收瓶中固化为无色结晶。

3. 产物表征

己内酰胺熔点为 60~70 ℃。

己内酰胺的红外光谱和核磁共振氢谱见图 7-1 和图 7-2。

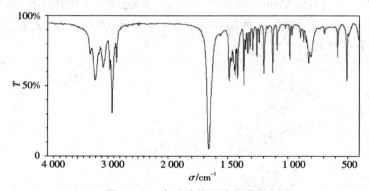

图 7-1　己内酰胺的红外光谱图

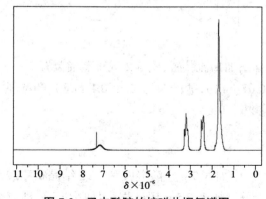

图 7-2　己内酰胺的核磁共振氢谱图

【注释】

[1] 若此时环己酮肟呈白色小球状,则表示反应还未完全,应继续振荡。

[2] 由于 Beckmann 重排反应很剧烈,应用大烧杯以利于散热,缓和反应。

[3] 用氨水中和时,需缓慢滴加,防止温度升高太快,影响收率。

【思考题】

1. 为什么环己酮肟制备时要加入醋酸钠?

2. 为什么环己酮肟 Beckmann 重排制备己内酰胺时要加入 20%氨水中和?

【学习拓展】

己内酰胺又名卡普隆,呈白色鳞片状固体,具有吸湿性,有毒,对皮肤有腐蚀作用。主要用于生产聚酰胺,并进一步加工成尼龙-6 纤维、尼龙-6 工程塑料、尼龙-6 薄膜。尼龙-6 纤维可加工成民用丝和工业丝。工业丝主要用来制作轮胎帘子布、电缆、安全带、降落伞、帆布、绝缘材料、运输带等,民用丝可用于制作纺织品如地毯、服装、毛毯、无纺布以及箱包、绳等。尼龙-6 工程塑料广泛用于汽车、船舶、工业机械、电子电器元件等领域。尼龙-6 薄膜主要用于加工食品的保鲜膜等。

实验 45　安息香的辅酶催化合成

【实验目的】

(1)学习安息香缩合反应的原理和应用。

(2)掌握和巩固回流操作和重结晶技术。

(3)通过实验培养科研创新精神,增强安全环保意识。

【实验原理】

安息香缩合反应一般采用氰化钠(钾)作催化剂,两分子的苯甲醛发生分子间缩合反应,生成二苯羟乙酮(Benxoin 安息香),称为安息香缩合。取代芳香醛(如甲基苯甲醛、对甲氧基苯甲醛和呋喃甲醛等)也可发生类似的缩合。由于催化剂氰化物是剧毒品,对人体危害较大,使用极为不便,操作困难。20 世纪 70 年代,开始采用具有生物活性的辅酶维生素 B_1(简记为 VB_1)代替氰化物催化安息香缩合反应,反应条件温和,无毒且产率高。

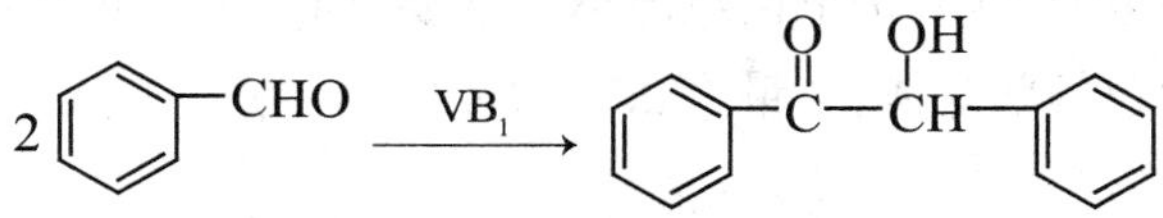

VB_1 又叫硫胺素,它是一种生物辅酶,在生化过程中主要是对 α-酮酸的脱羧和生成偶姻(α-羟基酮)等酶促反应发挥辅酶的作用。VB_1 常以其盐酸盐的形式出现,结构如下:

VB_1 分子中噻唑环上的氢有较大的酸性,在碱的作用下易失去氢形成碳负离子,进攻苯甲

149

醛的羰基,使羰基形成烯醇式结构,从而催化安息香缩合反应。反应机理如下:

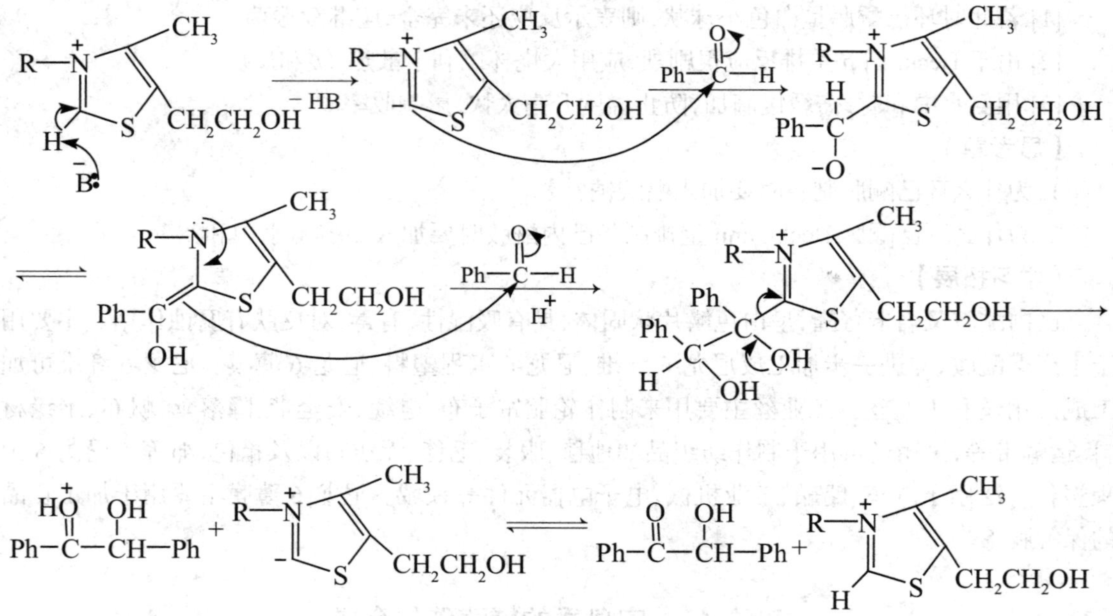

【装置与试剂】

装置:见图 2-6(a)简单回流装置。

试剂:维生素 B_1 1.2 g,苯甲醛(新蒸)5.8 g(5.6 mL, 0.055 mol)[1],95%乙醇,10%氢氧化钠溶液,精密试纸(pH = 8.9~10)。

【实验步骤】

1. 粗产物合成

在 50 mL 圆底烧瓶中加入 1.2 g VB_1、3 mL 水和 8 mL 95%乙醇,混匀。在冰水冷却下,逐滴加入 2 mL 10%氢氧化钠溶液,再加入 5.8 g 苯甲醛,摇匀,用 10%氢氧化钠溶液调节 pH 值在 9.4~9.6[2],溶液的颜色逐渐呈淡黄色。除去冰水浴,加入几粒沸石,装上回流冷凝管,小火加热微沸 1.5 h。

安息香制备
操作流程

2. 分离纯化

反应混合物冷至室温后,再用冰水冷却[3],析出白色晶体。抽滤,用少量冰水洗涤。粗产品用 95%乙醇重结晶[4]。烘干得到白色针状晶体,产量为 2.2~2.6 g。

3. 产物表征

安息香熔点为 137 ℃。

安息香的红外光谱和核磁共振氢谱见图 7-3 和图 7-4。

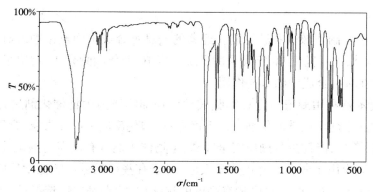

图 7-3　安息香的红外光谱图

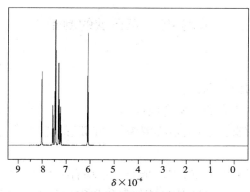

图 7-4　安息香的核磁共振氢谱图

【注释】

[1] 苯甲醛中不能含有苯甲酸,使用前最好经 5%碳酸氢钠溶液洗涤,再减压蒸馏,并避光保存。

[2] VB$_1$ 易吸水,在酸性条件下稳定,在水溶液中易被空气氧化失效,光及 Cu、Fe、Mn 等金属离子均可加速氧化;在氢氧化钠溶液中噻唑环易开环失效。因此,反应前 VB$_1$ 溶液和氢氧化钠溶液必须用冰水冷透。

[3] 如果冷却太快,产物易呈油状析出,此时可重新加热溶解,再慢慢冷却,重新结晶。

[4] 安息香在沸腾的 95%乙醇中的溶解度为每 100 mL 溶解 12~14 g。

【思考题】

1. 为什么加入苯甲醛后,反应混合物的 pH 值要保持在 9.4~9.6? 溶液 pH 值过低有什么不利影响?

2. 苯甲醛为何要新蒸? 如没有使用新蒸的苯甲醛对实验有何影响?

安息香可用于配制止咳药和感冒药。经典的安息香合成采用氰化钠或氰化钾为催化剂，产率高,但毒性很大。20世纪70年代采用了维生素 B_1 催化辅酶合成,解决了环境污染问题,展现了生物催化在有机合成中的重要作用。

生物催化技术是利用酶或微生物细胞或动植物细胞作为生物催化剂进行催化反应的技术。酶作为生物催化剂比化学催化剂有以下优点:酶催化反应一般在常温、常压和近于中性条件下进行,所以投资少,能耗少且操作安全性高;生物催化剂具有极高的催化效率和反应速度;生物催化剂几乎能应用于所有的有机化学反应,对于有些很难进行的化学反应也能应用。生物催化剂不仅催化效率高,而且对底物有高度的选择性,特别是立体选择性,可催化外消旋混合物直接转化成单一对映异构体。因此,生物催化剂尤其适于合成有手性的化合物。

实验 46   正己酸的制备

【实验目的】

（1）了解制备正己酸的原理和方法。

（2）掌握无水操作和多步骤的有机合成操作。

（3）树立使用危险品的安全意识,培养解决复杂问题的能力。

【实验原理】

乙酰乙酸乙酯（"三乙"）和丙二酸二乙酯分子中均有一个"活泼"的甲亚基,甲亚基上的氢原子可以被烷基化和酰基化,生成烷基和酰基取代的衍生物。这些衍生物在不同条件下发生水解,可得到羧酸、酮、二酮等化合物。因此"三乙"和丙二酸二乙酯在有机合成中应用很广。

本实验用丙二酸二乙酯合成正己酸,经过以下反应完成。

（1）醇钠的制备。

$$2CH_3CH_2OH + 2Na \longrightarrow 2CH_3CH_2ONa + H_2\uparrow$$

（2）酸碱反应,制备亲核试剂丙二酸二乙酯钠盐。

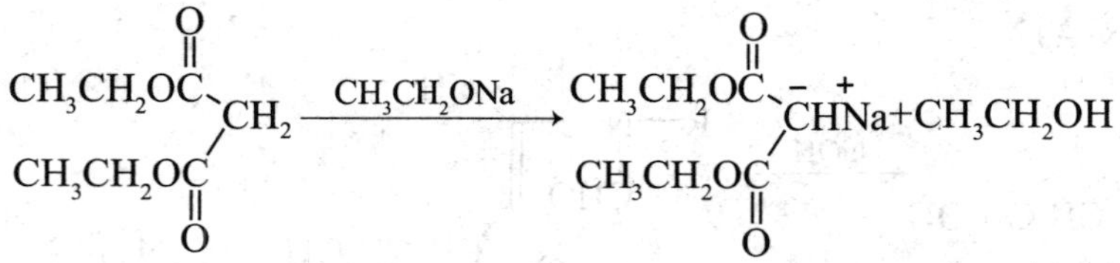

（3）烃基化反应,制备正丁基丙二酸酯。

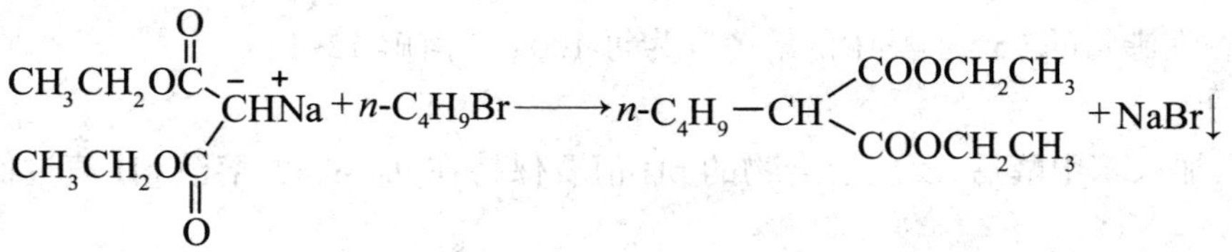

（4）皂化反应,生成正丁基丙二酸钠盐。

$$n\text{-}C_4H_9-CH\begin{matrix}COOCH_2CH_3\\COOCH_2CH_3\end{matrix}+2NaOH\longrightarrow n\text{-}C_4H_9-CH\begin{matrix}COONa\\COONa\end{matrix}+2CH_3CH_2OH$$

（5）酸化反应,生成正丁基丙二酸。

$$n\text{-}C_4H_9-CH\begin{matrix}COONa\\COONa\end{matrix}+2HCl\longrightarrow n\text{-}C_4H_9-CH\begin{matrix}COOH\\COOH\end{matrix}+2NaCl$$

（6）脱羧反应,生成正己酸。

$$n\text{-}C_4H_9-CH\begin{matrix}COOH\\COOH\end{matrix}\xrightarrow{\triangle}n\text{-}C_4H_9-CH_2COOH+CO_2\uparrow$$

【装置与试剂】

装置:见图 2-8(b)搅拌滴加回流装置,图 2-10(a)常压蒸馏装置。

试剂:金属钠 2.3 g(0.1 mol),绝对乙醇 40 mL,丙二酸二乙酯 15 mL(0.1 mol),正溴丁烷 11 mL(0.1 mol),苯 15 mL,氢氧化钠 15 g,乙醚 75 mL,浓 HCl,氯化钙,无水硫酸钠,无水硫酸镁。

【实验步骤】

1. 正丁基丙二酸酯的制备

在干燥的 250 mL 三口瓶中安装机械搅拌器、冷凝管、滴液漏斗,在冷凝管上口安装一个氯化钙干燥管[1]。在三口瓶中加入 2.3 g 钠条,由滴液漏斗逐渐加入 40 mL 绝对乙醇[2],电热套加热,保持体系沸腾。待金属钠全部反应完后,开始搅拌,并从滴液漏斗中缓缓加入 15 mL 丙二酸二乙酯,滴加完成,加热微沸 5 min,即得丙二酸二乙酯钠盐溶液。再缓慢滴入 11 mL 正溴丁烷,加入几粒沸石,微沸回流 15 min[3]。冷却后,加入 100 mL 水,转移到分液漏斗中,充分振荡后,分出上面的酯层。水溶液用 15 mL 苯萃取,合并酯层与苯萃取液。用无水硫酸钠干燥后转移到烧瓶中[4],安装蒸馏装置,先蒸出苯,再升高温度,收集 215~240 ℃的馏分。产量约 15 g。

纯正丁基丙二酸二乙酯的沸点为 235~240 ℃。

2. 正丁基丙二酸酯的水解

在 250 mL 三口瓶中加入 15 g 氢氧化钠和 15 mL 水,安装滴液漏斗和冷凝管。加热溶解氢氧化钠。滴加 15 g 正丁基丙二酸二乙酯,充分搅拌,反应迅速发生,生成正丁基丙二酸钠的白色固体沉淀。待全部滴完后,继续搅拌,微沸回流 0.5 h,使水解反应完全。

向瓶内加 50 mL 水,加热几分钟,即得正丁基丙二酸钠盐溶液,冷却后,用浓盐酸酸化,直到使石蕊试纸变红为止。转移至分液漏斗中,每次用 25 mL 乙醚萃取,共萃取 3 次,合并乙醚萃取液,用无水硫酸镁干燥。

将干燥好的液体转移到烧瓶中,安装蒸馏装置,小火加热蒸馏除去乙醚,浓缩液转移到 100 mL 烧瓶中,进行脱羧反应。

3. 正丁基丙二酸脱羧制正己酸

安装空气冷凝管并斜置于石棉网上加热,使冷凝管向上,很快有二氧化碳气体逸出。在 180 ℃下保持 10 min,使脱羧反应完全。改为蒸馏装置进行蒸馏,收集 196~206 ℃馏分。产量为 5~6 g。

4. 产物表征

正己酸红外光谱和核磁共振氢谱见图 7-5 和图 7-6。

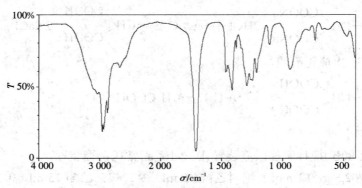

图 7-5　正己酸的红外光谱图

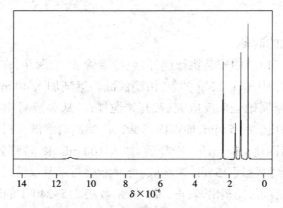

图 7-6　正己酸的核磁共振氢谱图

【注释】

[1] 所有仪器均需预先干燥,否则残余水分将与金属钠反应。

[2] 本实验应用绝对乙醇,因为若有极少量的水,将与前面生成的乙醇钠反应,得到氢氧化钠。而氢氧化钠碱性比醇钠弱,不能夺取丙二酸二乙酯的 α-H,将不能与正溴丁烷反应。

[3] 在回流过程中生成溴化钠沉淀,会出现剧烈的暴沸现象。

[4] 由于产物沸点很高,在它前面就能将水蒸出,故可以不用无水硫酸钠干燥。将分出的酯和苯的萃取液直接转入烧瓶进行蒸馏。

【思考题】

1. 苯基丙二酸二乙酯能通过丙二酸酯的钠盐和溴苯制备吗? 为什么?

2. 分析在制备正己酸过程中各步反应的主要副反应是什么?

【学习拓展】

正己酸又名羊油酸,常温常压下为无色或浅黄色的油状液体,可燃,有类似干奶酪气味。

它微溶于水,可溶于乙醇和乙醚等有机溶剂。正己酸在食品、医药和化学工业中用途广泛。例如由正己酸和乙醇合成的正己酸乙酯是勾兑酒类的香精之一,与甘油合成的三己酸甘油酯是人造奶油和牛奶加工过程中的主要食品添加剂。檀香木油和己酸生成的酯具有持久的香味,用于香料和香水的生产。此外正己酸还是合成避孕药、癣药、抗癌药己雷琐辛等的主要原料。正己酸作为表面活性剂生产中的添加剂,可使产品均匀,且澄清、透明。

实验 47 香豆素的合成

【实验目的】

（1）掌握珀金反应原理及其实验方法。

（2）巩固水蒸气蒸馏、重结晶等操作技术。

（3）通过经典实验,培养理论联系实际、科学思维和安全实验意识。

【实验原理】

香豆素（coumarin）学名邻羟基桂酸内酯,又称香豆内酯,分子式为 $C_9H_6O_2$,相对分子质量

146.15,其结构式为 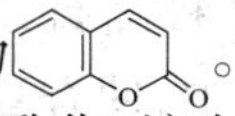 。香豆素是一种具有黑香豆浓重香味及巧克力气味的白色晶体或结晶粉末,味苦,能升华;熔点为 68~70 ℃;沸点为 297~299 ℃;不溶于冷水,溶于热水、乙醇、乙醚和氯仿。

香豆素是一种重要的香料,常用作定香剂,用于配制紫罗兰、薰衣草、兰花等香精,也用作饮料、食品、香烟、橡胶制品、塑料制品等的增香剂,在电镀工业中用作光亮剂。

香豆素存在于许多植物中,天然黑香豆中含有香豆素 1.5% 以上。工业上利用珀金反应（Perkin Reaction）原理来制备香豆素。芳香醛与脂肪酸酐在碱性催化剂作用下进行缩合,生成 α,β-不饱和芳香酸的反应,称为珀金反应。香豆素是以水杨醛和醋酸酐作原料,在弱碱（如醋酸钠、叔胺等）催化下经珀金反应、酸化及环化脱水而制得:

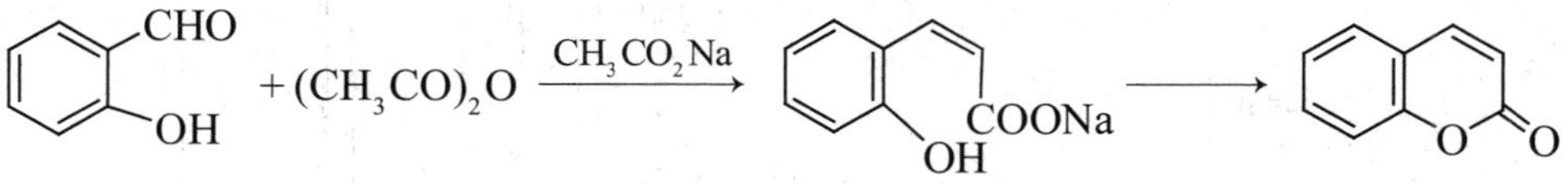

反应中生成少量反式邻羟基肉桂酸,不能进行内酯环化,生成邻乙酰氧基肉桂酸副产物,结构式为:

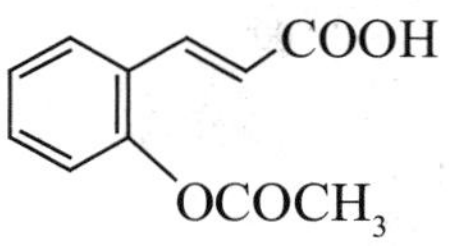

【装置与试剂】

装置:见图 2-6（b）带干燥管的回流装置,图 3-3 水蒸气蒸馏装置。

试剂:水杨醛 2.1 g（1.9 mL,0.017 mol）,醋酸酐 5.4 g（5 mL,0.052 mol）,三乙胺 1.5 g（2 mL,0.015 mol）或无水醋酸钠 1.5 g（0.018 mol）,无水氯化钙,碳酸氢钠,1% 的 $FeCl_3$ 溶液,活性炭。

【实验步骤】

1. 香豆素粗品制备

在 50 mL 单口烧瓶中依次加入 1.9 mL 水杨醛、2 mL 三乙胺和 5 mL 醋酸酐[1]，投入 2 粒沸石。安装回流冷凝管，冷凝管上安装氯化钙干燥管，将混合物加热回流 2 h[2]。

回流结束后，将反应混合物趁热转入盛有 20 mL 水的 250 mL 三口烧瓶中，用少量热水冲洗反应瓶，以使反应物全部转入三口烧瓶中。安装水蒸气蒸馏装置，进行水蒸气蒸馏，蒸除未反应完全的水杨醛。蒸馏至馏出液为清亮时，再蒸馏一段时间，间或取出馏出液试样，滴几滴 1% 的 $FeCl_3$ 溶液检验[3]，直到无显色反应，蒸馏即到终点。

水蒸气蒸馏结束后，待蒸馏烧瓶中的剩余物稍稍冷却再倒入烧杯中，在搅拌下慢慢加入碳酸氢钠粉末，直到溶液呈弱碱性（pH = 8）。将烧杯置入冰浴中使晶体析出。如果无结晶析出，可投入一粒香豆素晶种或用玻璃棒在烧瓶壁上摩擦以诱使结晶析出。抽滤[4]，用少量冰水洗涤，即得香豆素粗产品。

2. 香豆素粗品纯化

香豆素粗品可用水重结晶，其方法是用 1 g 粗品加 200 mL 水，煮沸溶解。稍冷，加入半匙活性炭[5]，再煮沸 3 min，趁热过滤。将滤液转至烧杯中，投入 1~2 粒沸石，加热煮沸直到溶液体积剩下约 80 mL 为止。待溶液冷至近室温后，将烧杯置入冰浴中，使香豆素晶体充分析出，抽滤，收集固体产品，干燥，称重。

香豆素粗品也可用 1∶1 的乙醇水溶液进行重结晶。

3. 产物表征

香豆素熔点为 68~70 ℃。

香豆素的红外光谱和核磁共振氢谱见图 7-7 和图 7-8。

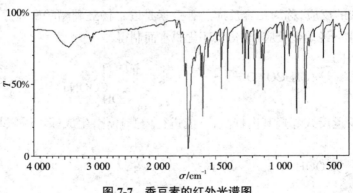

图 7-7　香豆素的红外光谱图

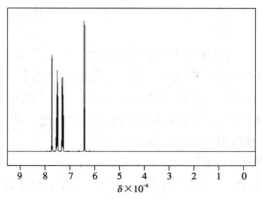

图 7-8　香豆素的核磁共振氢谱图

【注释】

[1] 三乙胺有毒,小心量取,或改用无水醋酸钠。量取醋酸酐时也应细心,若溅到皮肤上,应用大量水冲洗。

[2] 回流时所用的玻璃仪器需干燥,热源可以是 170 ℃左右的油浴,也可使用电热套,加热的程度使冷凝管内上升蒸气的高度不超过冷凝管的 1/3 为宜。

[3] 酚类化合物可以与 $FeCl_3$ 溶液形成显色配合物,水杨醛与 $FeCl_3$ 溶液形成紫色络合物。

[4] 滤液中含有副产物邻乙酰氧基肉桂酸可用 20%盐酸酸化,经过滤收集沉淀物,沉淀物可用水-乙醇混合溶剂重结晶,即得邻乙酰氧基肉桂酸,熔点为 153~154 ℃。

[5] 活性炭的加入量视溶液中有色杂质的多少而定,一般为 0.1~0.5 g,若无有色杂质,可不加。

【思考题】

1. 实验中三乙胺起什么作用? 可否用其他化合物替代? 试举例说明。

2. 本实验有何副反应发生? 如何分离所生成的副产物?

3. 水蒸气蒸馏过程是依据什么原理来确定蒸馏终点的?

【学习拓展】

香豆素具有广泛的生理活性。作用如下:①具有植物生长调节作用,低浓度的香豆素可以刺激植物发芽和生长,高浓度的香豆素可抑制发芽和生长。②光敏作用,外涂或内服呋喃香豆素经日光照射会引起皮肤色素沉着,可治疗白斑病。③抗菌、抗病毒作用。④抗凝血作用,双香豆素的类似物已作为临床上的抗凝血药用于防治血栓的形成。⑤平滑肌松弛作用,许多香豆素物质有血管扩张作用。

实验 48　2,4-二氯苯氧乙酸的制备

【实验目的】

(1)了解 2,4-二氯苯氧乙酸的制备方法。

(2)掌握芳环卤代反应及威廉姆逊(Williamson)醚合成法。

（3）通过实验了解农药的利与弊,树立职业道德和社会责任感。

【实验原理】

植物生长调节剂是指在任何条件下都能影响植物生长和发育的一类化合物,包括机体内产生的天然化合物和来自外界的一些天然产物。人类已经合成了一些与生长调节剂功能相似的化合物,如 2,4-二氯苯氧乙酸(简称 2,4-D)就是一种有效的除草剂;吲哚乙酸为植物激素,能促使植物生长;2-二乙氨基乙基-4-甲基苯基醚能改变植物的生理过程,促使植物果实中胡萝卜素增加。本次实验将合成除草剂 2,4-二氯苯氧乙酸。

苯氧乙酸可作为防腐剂,一般由苯酚钠和氯乙酸通过 Williamson 醚合成法制备。通过对它氯化,可得到对氯苯氧乙酸和 2,4-二氯苯氧乙酸。前者又称防落素,能减少农作物落花落果。后者又名除莠剂,可选择性地除掉杂草,二者都是植物生长调节剂。

芳环的卤代反应是芳环重要的亲电取代反应,一般是在氯化铁催化下与氯气反应。本实验通过浓盐酸加过氧化氢和用次氯酸钠在酸性介质中的两种方法氯化,避免了直接使用氯气带来的危险和不便,反应过程如下:

第一步是制备酚醚,即 Williamson 合成法。这是一个亲核取代反应,在碱性条件下易于进行。

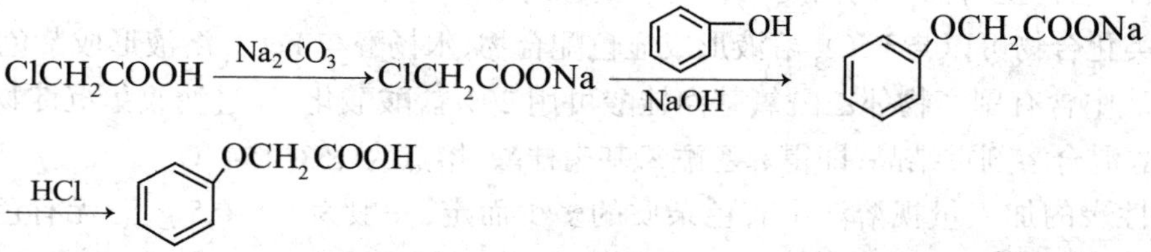

第二步是苯环上的氯代反应,即用 $FeCl_3$ 作催化剂,浓盐酸与双氧水作用生成氯气作为氯化剂,引入第一个氯。

$$2HCl+H_2O_2 \longrightarrow Cl_2+2H_2O$$

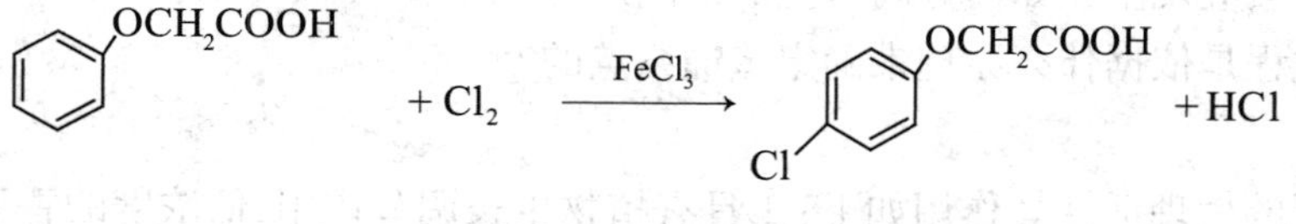

第三步也是苯环的氯代反应,即次氯酸钠在酸性介质中产生 Cl 和 Cl_2O 作为氯化剂,引入第二个氯。

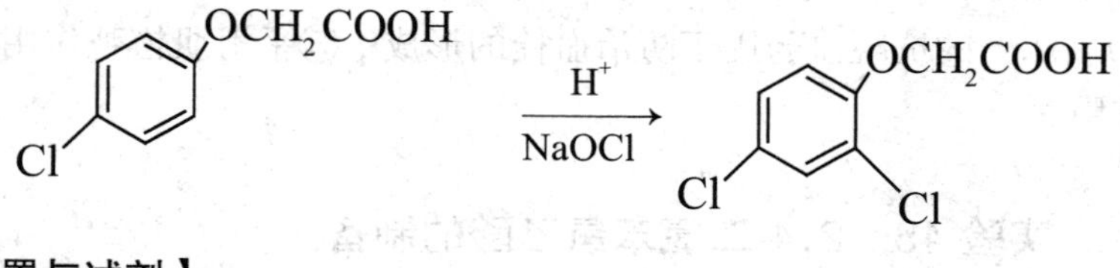

【装置与试剂】

装置:见图 2-8(b)搅拌滴加回流装置。

试剂:氯乙酸 3.8 g(0.04 mol),苯酚 2.5 g(0.027 mol),饱和碳酸钠溶液,35%氢氧化钠溶液,冰醋酸,三氯化铁,浓盐酸,30%过氧化氢,次氯酸钠,乙醇,乙醚,四氯化碳。

【实验步骤】

1. 苯氧乙酸的制备

将 100 mL 三口瓶安装到搅拌器上,再安装回流冷凝管和滴液漏斗,加入 3.8 g 氯乙酸[1]和 5 mL 水。开动搅拌器,慢慢滴加饱和碳酸氢钠溶液[2](约需 7 mL),至溶液 pH 值为 7~8。然后加入 2.5 g 苯酚,再慢慢滴加 35% 的氢氧化钠溶液,至反应混合物 pH 值为 12。将反应物在沸水浴中加热约 0.5 h。反应过程中 pH 值会下降,应补加氢氧化钠溶液,保持 pH 值为 12。在沸水浴上再继续加热 15 min。反应完毕后,移走热源,趁热将反应液转入锥形瓶中,边搅拌边用浓盐酸酸化至 pH 值为 3~4。在冰浴中冷却,析出固体。待结晶完全后,抽滤,粗产物用冰水洗涤 2~3 次。在 60~65 ℃下干燥,产量为 3.5~4 g,测熔点。粗产物可直接用于对氯苯氧乙酸的制备。

纯苯氧乙酸的熔点为 98~99 ℃。

2. 对氯苯氧乙酸的制备

在装有搅拌器、回流冷凝管和滴液漏斗的 100 mL 三口瓶中加入 3 g(0.02 mol)上述制备的苯氧乙酸和 10 mL 冰醋酸。将三口瓶置于水浴加热,同时开始搅拌。待水浴温度上升至 55 ℃时,加入少许(约 20 mg)三氯化铁和 10 mL 浓盐酸[3]。当水浴温度升至 60~70 ℃时,在 10 min 内慢慢滴加 3 mL 过氧化氢(30%),滴加完毕后保持此温度再反应 20 min。升高温度,使瓶内固体全溶,慢慢冷却,析出结晶。抽滤,粗产物用水洗涤 3 次。粗品用 1∶3 乙醇-水重结晶,干燥后产量约 3 g。

纯对氯苯氧乙酸的熔点为 158~159 ℃。

3. 2,4-二氯苯氧乙酸的制备

在 250 mL 锥形瓶中加入 2 g(0.013 2 mol)干燥的对氯苯氧乙酸和 24 mL 冰醋酸,搅拌使固体溶解。将锥形瓶置于冰浴中冷却,在摇荡下分批加入 40 mL 5% 的次氯酸钠溶液[4]。然后将锥形瓶从冰浴中取出,待反应物升至室温后再保持 5 min。此时反应液颜色变深。向锥形瓶中加入 80 mL 水,并用 6 mol/L 的盐酸酸化至刚果红试纸变蓝。反应物每次用 25 mL 乙醚萃取 3 次。合并醚萃取液,在分液漏斗中用 25 mL 水洗涤后,再用 25 mL 10% 的碳酸钠溶液萃取产物(小心!有二氧化碳气体逸出)。将碱性萃取液移至烧杯中,加入 40 mL 水,用浓盐酸酸化至刚果红试纸变蓝,抽滤析出的晶体并用冷水洗涤 2~3 次,干燥后产量约 1.5 g,粗品用四氯化碳重结晶。

2,4-二氯苯氧乙酸的熔点为 134~136 ℃。

4. 2,4-二氯苯氧乙酸产品纯度测定

1)0.1 mol/L NaOH 标准溶液的标定

用减量法准确称取 0.4~0.6 g 邻苯二甲酸氢钾基准物质 2 份,分别加入到 2 个 250 mL 锥形瓶中,再各加入 40~50 mL 水使之溶解(必要时可加热),加入 2 或 3 滴酚酞指示剂,用 0.1 mol/L NaOH 标准溶液滴定至呈微红色,保持 0.5 min 内不褪色,即为终点。计算每次标定的 NaOH 溶液的浓度和平均浓度。

2)产品纯度的测定

准确称取产品 0.45~0.50 g 2 份,用 20~30 mL1:1 乙醇-水溶液溶解,加入 2 或 3 滴酚酞指示剂,用标准 NaOH 溶液滴定至呈微红色,保持 0.5 min 内不褪色,即为终点。平行测定 2 次,计算每次所测样品中 2,4-二氯苯氧乙酸的百分含量和平均百分含量。

也可以用高效液相色谱来分析纯度。2,4-二氯苯氧乙酸的红外光谱和核磁共振氢谱见图 7-9 和图 7-10。

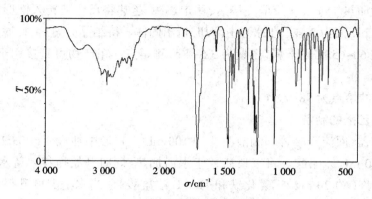

图 7-9 2,4-二氯苯氧乙酸的红外光谱图

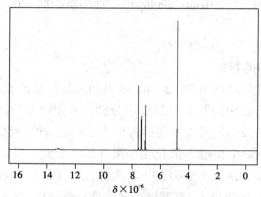

图 7-10 2,4-二氯苯氧乙酸的核磁共振氢谱图

【注释】

[1] 氯乙酸具有强腐蚀性和刺激性,防止吸入或皮肤接触。

[2] 为防止氯乙酸水解,先用饱和碳酸钠溶液使之成盐,并且加碱的速度要慢。

[3] 开始滴加时,可能有沉淀产生,不断搅拌后又会溶解,盐酸不能过量太多,否则会生成盐而溶于水。若未见沉淀生成,可再补加 2~3 mL 浓盐酸。

[4] 若次氯酸钠过量,会使产量降低。

【思考题】

1. 芳环上的卤代反应有哪些方法?本实验所用方法有什么优缺点?

2. 什么是 Williamson 醚合成法?对原料有什么要求?

3. 本实验各步反应调节 pH 值的目的是什么？

【学习拓展】

植物生长调节剂是一类与植物激素具有相似生理和生物学效应的物质，是对植物生长发育有调节作用的有机化合物。在农业生产上使用它，可以有效调节作物的生长过程，达到稳产增产、改善品质、增强作物抗逆性等目的。

现已发现具有调控植物生长和发育功能的物质有胺鲜酯（DA-6）、氯吡脲、复硝酚钠、生长素、赤霉素、乙烯、细胞分裂素、脱落酸、油菜素内酯、水杨酸、茉莉酸、多效唑和多胺等，而作为植物生长调节剂被应用在农业生产中主要是前 9 大类。规范使用植物生长调节剂对人体健康一般不会产生危害。如果不按规范使用，可能会使作物过快生长，或者使生长受到抑制，甚至死亡，对农产品的品质会有一定影响，并且对人体健康产生危害。

实验 49　双环[2.2.1]庚-2-烯-5,6-二酸酐的合成

【实验目的】

（1）掌握狄尔斯-阿尔德（Diels-Alder）反应合成六元环状化合物的原理和方法。

（2）进一步掌握重结晶、抽滤、熔点测定等基本操作。

（3）向诺贝尔化学奖家学习，培养科学素养和科研创新精神。

【实验原理】

Diels-Alder 反应又名双烯合成，是 1928 年由德国化学家奥托·狄尔斯（Otto Paul Hermann Diels）和他的学生库尔特·阿尔德（Kurt Alder）发现的，他们因此获得 1950 年的诺贝尔化学奖。Diels-Alder 反应是合成六元环状化合物的重要方法，是共轭双烯（称为双烯体）对含活化双键或三键（称为亲双烯体）分子的 1,4-加成反应，即包含一个 4π 电子体系对 2π 电子体系的加成，因此，该反应也称[4+2]环加成反应。

改变共轭双烯与亲双烯体的结构，可以得到多种类型的化合物。本实验是环戊-1,3-二烯与顺丁烯二酸酐的 Diels-Alder 反应。

【装置与试剂】

装置：见图 2-18 减压抽滤装置。

试剂：顺丁烯二酸酐（马来酸酐）2 g（0.02 mol），环戊二烯 2 mL（1.6 g，0.024 mol），乙酸乙酯 7 mL，石油醚 7 mL（b.p. 60~90 ℃）。

【实验步骤】

1. 双环[2.2.1]庚-2-烯-5,6-二酸酐的制备

（1）将 2 g 顺丁烯二酸酐和 7 mL 乙酸乙酯加入到 50 mL 干燥的锥形瓶中[1]，用水浴温热，使固体物质全部溶解。然后加入 7 mL 石油醚（b.p. 60~90 ℃），混合均匀，冷却至室温后再放

入冰水浴中冷却（这时可能会析出少量沉淀，并不会影响反应），再加入 2 mL（1.6 g）新蒸的环戊二烯[2]。

（2）将反应液在冰水浴中不断摇动，直到有白色固体析出。用水浴加热使析出的固体全部溶解，然后再让其缓慢地冷却，得到双环[2.2.1]庚-2-烯-5,6-二酸酐的白色针状结晶[3]。

（3）减压抽滤，干燥后称重，测其熔点[4]。

2. 产物表征

双环[2.2.1]庚-2-烯-5,6-二酸酐的熔点为 160 ℃。

双环[2.2.1]庚-2-烯-5,6-二酸酐的红外光谱和核磁共振氢谱见图 7-11 和图 7-12。

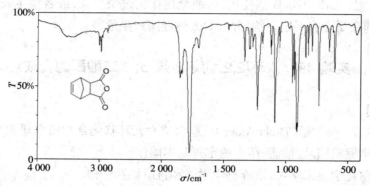

图 7-11　双环[2.2.1]庚-2-烯-5,6-二酸酐的红外光谱图

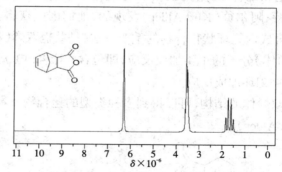

图 7-12　双环[2.2.1]庚-2-烯-5,6-二酸酐的核磁共振氢谱图

【注释】

[1] 顺丁烯二酸酐及其加成产物都易水解成相应二元羧酸，故所用全部仪器、试剂均需干燥，并注意防止水或水蒸气进入反应系统。

[2] 环戊二烯在室温下容易二聚生成双环戊二烯。商品出售的环戊二烯均为二聚体，将二聚体加热到 170 ℃以上即可得到环戊二烯，具体方法如下。

在装有 30 cm 长的刺形分馏柱的圆底烧瓶中加入环戊二烯，慢慢进行分馏。热裂反应开始要慢，二聚体转变为单体蒸出，沸程 40~42 ℃。控制分馏柱顶端温度计的温度不超过 45 ℃，接收容器要用冰水浴冷却。如蒸出的环戊二烯由于接收容器中的湿气而呈浑浊，可以加入无水氯化钙干燥。蒸出的环戊二烯应尽快使用,如需短期存放,可密封放置在冰箱中。

[3] 马来酸酐、环戊二烯和产物双环[2.2.1]庚-2-烯-5,6-二酸酐都有刺激性,实验中应注意防护。

[4] 抽滤分出的固体产物要在真空干燥器内进一步干燥,因为产物在空气中吸收水分发生部分水解,同时对熔点的测定也造成困难。

【思考题】

1. Diels-Alder 反应属于哪一种反应机理? 有何特点?

2. 为什么需要新蒸的环戊二烯进行反应?

3. 为什么环戊二烯容易二聚合?

【学习拓展】

自从 1928 年 Diels 和 Alder 报道环戊二烯与顺丁烯二酸酐的环加成反应,双烯合成反应(Diels-Alder 反应)一直引起有机化学家们的广泛关注。这个反应为合成六元环化合物提供了一条简单的途径,不仅产率高,而且反应的立体专一性和定位选择性强,成为有机合成中十分重要的反应。

实验 50　聚丙烯酰胺的制备

【实验目的】

(1)掌握溶液聚合的基本原理、特点和方法。

(2)学习如何正确选择聚合反应溶剂。

(3)掌握聚丙烯酰胺的实验室制备技术。

(4)体会有机合成的一般过程,锻炼谨慎缜密的科研思维。

【实验原理】

丙烯酰胺(acrylamide)简称 AM,分子式为 $CH_2=CHCONH_2$,呈白色晶体,相对分子质量为 71.08,20 ℃时的密度为 1.22 g/cm³,熔点为 84.5 ℃,溶于水、三氯甲烷、甲醇、乙醇、丙酮等极性溶剂。丙烯酰胺的双键具有较高的反应活性,在自由基存在下很容易聚合成高分子量的聚丙烯酰胺。

溶液聚合是将单体溶解于溶剂中进行的聚合反应。生成的聚合物能溶解于溶剂中的溶液聚合称为均相聚合;反之,聚合物从溶剂中沉淀析出的溶液聚合称为沉淀聚合。自由基聚合、离子聚合和缩聚反应均可采用溶液聚合的方法。进行溶液聚合时,由于溶剂并非完全是惰性的,对反应可能产生各种影响,选择溶剂时要注意其对引发剂分解、对链转移作用、对聚合物溶解性的影响。因此,溶剂的选择一般要注意以下几点:

(1)溶剂对引发剂的诱导分解作用小,以提高引发剂的引发效率;

(2)溶剂的链转移常数应较低,以便获得较高相对分子质量的聚合物;

(3)尽量使用聚合物的良溶剂,以便控制聚合反应;

(4)溶剂最好无毒性,以尽可能减少对环境的污染。

丙烯酰胺为水溶性单体，聚丙烯酰胺也溶于水，以水作溶剂，具有价廉、无毒、链转移常数小等优点，因此丙烯酰胺水溶液聚合是合成聚丙烯酰胺一种最常用的方法。

本实验是采用丙烯酰胺在过硫酸铵的引发下合成聚丙烯酰胺，反应简式如下：

$$nCH_2=CH \longrightarrow +CH_2-CH+_n$$
$$O=C-NH_2 \qquad\qquad O=C-NH_2$$

【装置与试剂】

装置：见图 2-8（c）搅拌滴加回流测温装置，图 2-18 减压抽滤装置。

试剂：丙烯酰胺 10 g（0.14 mol），过硫酸铵 0.05 g，无水乙醇。

【实验步骤】

聚丙烯酰胺的合成过程如下。

（1）在 250 mL 四口烧瓶中安装机械搅拌器、恒压滴液漏斗和球形冷凝管，最后装导气管。将 10 g 丙烯酰胺（0.14 mol）和 90 mL 蒸馏水加入到反应瓶中[1]，开动搅拌器，打开氮气通气阀[2]，通氮气 3~5 min，尽可能排除烧瓶中的氧气[3]。

（2）反应瓶置于 30 ℃ 水浴中加热，使单体充分溶解。将 0.05 g 过硫酸铵溶解于 10 mL 蒸馏水中[4]，然后将其滴加到反应烧瓶中，逐步升温到 90 ℃，反应 2~3 h 后冷却至室温。

（3）在 500 mL 烧杯中加入 150 mL 乙醇，边搅拌边缓缓加入上述反应液，聚合物沉淀析出。静置片刻，加入少量乙醇，观察是否有沉淀出现。如果有，再加入乙醇，使聚合物完全沉淀，过滤，用少量乙醇洗涤聚合物。

（4）将聚合物置于 30 ℃ 真空干燥箱中干燥至恒重，称重并计算产率。

【注释】

[1] 丙烯酰胺有毒，使用时应避免直接接触，勿使其沾上皮肤，如有直接接触，应立即用大量清水冲洗干净。

[2] 反应过程中不宜将氮气开得太大，液封处有气泡冒出即可。

[3] 氧气是本实验的阻聚剂，会降低引发剂的效率，所以应尽量减少氧气混入。

[4] 引发剂一定要以水溶液形式加入，避免发生爆聚现象。

【思考题】

1. 如何选择溶液聚合反应的溶剂？

2. 在反应过程中溶液的黏度是否会发生变化？为什么？

3. 影响产物分子量大小的因素有哪些？

4. 应采取什么措施提高聚合物的分子量？

【学习拓展】

聚丙烯酰胺（polyacrylamide）简称 PAM，是线型高分子聚合物，相对分子质量在 300 万~3 000 万，产品外观为白色粉末或颗粒，液态为无色黏稠胶体状，易溶于水，几乎不溶于有机溶剂。应用时宜在常温下溶解，温度超过 150 ℃ 时易分解。聚丙烯酰胺属非危险品，可应用于造纸过程中作助留剂、补强剂；水处理中作助凝剂、絮凝剂、污泥脱水剂；石油钻采中作降水剂、驱油剂;还广泛用于增稠、胶体稳定、减阻、黏结、成膜、生物医学材料等方面。聚丙烯酰胺是非离子型聚合物,溶液与电解质有较好的相溶性。聚丙烯酰胺的酰胺基团也有较高的反应活性,可以通过化学反应形成阴离子型聚合物、阳离子型聚合物或两性离子型聚合物,是油气田化学处理剂中重要的聚合物。通过改性形成的各种以聚丙烯酰胺为主链的聚合物处理剂广泛用于石油勘探开发和提高采收率中。

实验 51　微波辐射合成肉桂酸

【实验目的】

（1）掌握微波加热技术的原理和实验操作方法。

（2）了解微波辐射条件下合成肉桂酸的原理和方法。

（3）掌握水蒸气蒸馏的原理和操作,巩固重结晶提纯固体有机化合物的方法。

（4）树立绿色化学实验理念。

【实验原理】

肉桂酸又名 β-苯丙烯酸、3-苯基丙烯酸,化学式为 $C_9H_8O_2$,相对分子质量为 148.16,有顺式和反式两种异构体,通常以反式形式存在,为白色或淡黄色微细针状结晶性粉末,具有树脂和蜂蜜的香味;熔点为 133 ℃（反式）,沸点为 300 ℃;溶于热水、乙醇、甲醇、乙醚、丙酮、氯仿、冰醋酸、苯和大多数非挥发性油类,难溶于冰水,受热时脱去羧基而成苯乙烯。天然肉桂酸以游离态或化合态的形式存在于苏合香脂、桂皮油、秘鲁香脂油、罗勒油等中。

芳香醛和酸酐在碱性催化剂存在下可发生类似羟醛缩合的反应,生成 α,β-不饱和芳香酸,这个反应称为普尔金（Perkin）反应。催化剂通常是相应酸酐的羧酸钾或钠盐,有时也可用碳酸钾或叔胺代替。典型的例子是肉桂酸的制备。

本实验在微波炉辅助下进行合成与提纯。将装有反应原料的反应瓶置于微波炉中,安装反应装置。反应开始后,反应物和溶剂吸收微波能量后快速升温,反应迅速进行。

【装置与试剂】

装置:见图 3-3 水蒸气蒸馏装置,图 2-18 减压抽滤装置。

试剂:无水碳酸钾 7 g,苯甲醛（新蒸）5 mL（5.3 g, 0.05 mol）,乙酸酐（新蒸）14 mL（15 g, 0.014 5 mol）,10% 氢氧化钠 40 mL,浓盐酸 20 mL,活性炭。

【实验步骤】

1. 肉桂酸的制备

（1）在 100 mL 圆底烧瓶中加入 7 g 研细的无水碳酸钾和 5 mL 新蒸馏的苯甲醛[1],再加入 14 mL 新蒸馏的乙酸酐[2],振荡使其混合均匀。装上回流装置,将微波火力调至低档,在微波炉中回流 15 min。

（2）冷却反应混合物,加入 40 mL 水浸泡几分钟,并用玻璃棒捣碎瓶中固体,在微波炉中进行简单的水蒸气蒸馏,至无油珠蒸出为止。

（3）烧瓶冷却后将残液倒入 250 mL 烧杯中,加入 40 mL 10%氢氧化钠溶液,使生成的肉桂酸形成钠盐而溶解。再加入 90 mL 水,加热煮沸后加入少量的活性炭脱色,趁热过滤。待滤液冷却到室温时,边搅拌边加入 20 mL 浓盐酸和 20 mL 水的混合液进行酸化,使之呈酸性。

（4）冷却结晶,抽滤,晶体用少量冰水洗涤。干燥后称重,粗产物约 4 g。可用 3∶1 的乙醇和水混合液进行重结晶提纯。

2. 产物表征

肉桂酸(反式)熔点为 133 ℃。

肉桂酸的红外光谱和核磁共振氢谱见图 5-12 和图 7-13。

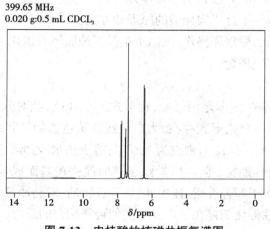

图 7-13 肉桂酸的核磁共振氢谱图

【注释】

[1] 提纯苯甲醛,需先用碳酸钠溶液洗去苯甲酸,再用无水硫酸镁干燥后蒸馏。

[2] 提纯乙酸酐,在乙酸酐中加入五氧化二磷,回流 20 min,再进行蒸馏。

【思考题】

1. 为什么在肉桂酸制备实验中要用新蒸馏过的苯甲醛?

2. 在肉桂酸的制备实验中,水蒸气蒸馏除去什么? 可否不用通水蒸气而采用直接加热蒸馏?

3. 如果与苯甲醛缩合的酸酐在 α-碳原子上只有一个氢原子,那么将得到什么样的产物?

【学习拓展】

微波指频率为 $3 \times 10^2 \sim 3 \times 10^5$ MHz,即波长在 1~1000 mm 的电磁波。微波很早就被人们认识并应用于军事通信领域,20 世纪 40 年代后逐渐应用于工业、农业、医疗、科研等各种领域。随后的几十年微波技术广泛应用于化学的各个分支领域中。1986 年 Lauventian 大学化学教授格迪(Gedye)及其同事发现在微波中进行的 4-氰基酚盐与苯甲基氯的反应要比传统加热回流快 240 倍,这引起了人们对微波加速有机合成反应的关注。运用微波技术进行有机合成反应时,反应速度比传统的加热方法快数十倍甚至上千倍,且操作简便,产率高,产品易纯化,安全卫生,降低了能耗,减少了污染,绿色清洁,对环境友好。因此将微波技术引入到有机合成中,更贴近绿色化学的要求,是有机化学实验绿色化的一个重要手段。

实验 52　偶氮苯的光化学异构化

【实验目的】
（1）学习偶氮苯的制备及光学异构的原理。
（2）掌握薄层色谱分离异构体的方法。
（3）树立实事求是、团结协作的作风和正确的挫折观。

【实验原理】
1. 偶氮苯的制备
实验室制备偶氮苯大多采用重氮偶合法,其制备过程包括两种反应,即重氮反应和偶合反应。此外,还有氧化偶合法、硝基苯还原法和取代肼氧化法。而一些对称的偶氮化合物一般是通过相应硝基化合物的还原来制备。在中性或碱性介质中,金属锌、镁可以将芳香硝基化合物还原为偶氮化合物,反应式如下:

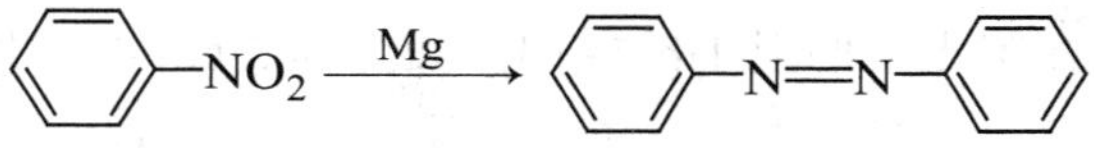

使用锌粉或镁粉还原硝基苯制备偶氮苯时,要注意控制锌粉或镁粉的用量和反应时间。因为过量的还原剂和长时间的反应会将偶氮苯进一步还原,生成氢化偶氮苯。实际反应中,即使控制还原剂用量,也会有一部分产物被继续还原成氢化偶氮苯。硝基还原法合成产物所需的时间短,产量高,但是也极易发生副反应,常用的还原剂中含有金属离子,生成的金属氧化物对环境会造成污染。

2. 偶氮苯的光化异构化和薄层分离
光化学反应是一种十分重要的化学反应,在自然界中也普遍存在,如光合作用、萤火虫发光等。光不仅可以引起多种奇妙的化学反应,还可以使某些化合物发生结构上的变化。偶氮苯有顺、反两种异构体,通常制得的是较为稳定的反式异构体。反式偶氮苯在光的照射下能吸收紫外光形成活化分子。活化分子失去过量的能量回到顺式或反式基态,得到顺式和反式异构体。

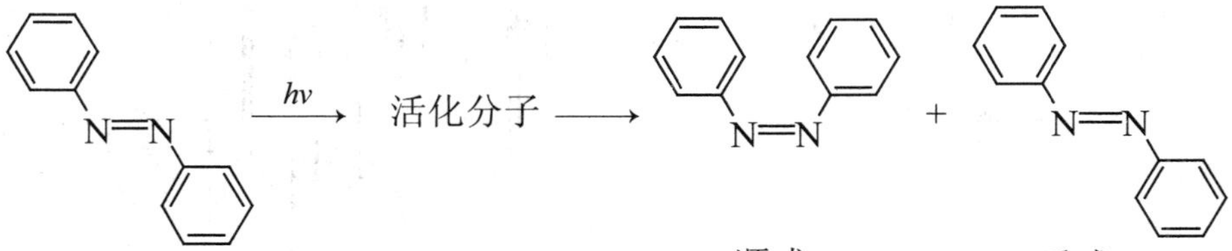

顺式　　　　反式

生成的混合物的组成与所使用的光的波长有关。当用波长为 365 nm 的紫外光照射偶氮苯的苯溶液时,生成物中 90% 以上为热力学不稳定的顺式异构体;在日光照射下,则顺式异构体仅稍多于反式异构体。反式偶氮苯的偶极矩为 0,顺式偶氮苯的偶极矩为 3.0 D。利用顺反异构体极性的差异,可借薄层色谱把它们分离开,分别测定它们的 R_f 值。

【装置与试剂】

装置:见图 2-6(a)简单回流装置。

试剂:硝基苯 3.1 g(2.6 mL,0.025 mol),镁屑 3 g(0.12 mol),无水甲醇 55 mL,碘,95%乙醇,丙酮,乙酸,环己烷。

【实验步骤】

1. 偶氮苯的制备

在装有回流冷凝管的圆底烧瓶中依次加入 1.5 g 镁屑、1 粒碘、55 mL 无水甲醇和 3.1 g(2.6 mL)硝基苯,反应立即开始,并因放热而沸腾。若反应过于激烈,可用冰水冷却。待大部分镁反应后,冷却,再加入 1.5 g 镁屑。待大部分镁作用后,在 70~80 ℃的热水浴中加热回流 30 min。停止加热,将反应液倒入 100 mL 冰水中,用乙酸中和至中性或弱酸性,冰水浴冷却使橙色晶体析出完全,减压过滤,少量冷水洗涤晶体,得偶氮苯的粗产品。粗产品用 95%乙醇重结晶,得橙红色针状结晶,干燥称量。

2. 光化异构化

取 0.1 g 偶氮苯溶于 5 mL 左右的苯中,将溶液分成 2 份分别装于 2 支试管中,其中一支试管用黑纸包好放在阴暗处,另一支则放在阳光下照射 1 h,或用波长为 365 nm 的紫外光照射 0.5 h。

3. 异构体的分离——薄层色谱法

取一块硅胶 G 薄层板,在离板一端 1 cm 高处分别点上光化异构后的偶氮苯样品和未经光照的样品,两点间距约 1 cm。样品点干燥后,将其放入棕色或用黑色包裹的展开缸中避光展开,展开剂为环己烷与丙酮混合溶剂(体积比为 4∶1)[1]。展开结束后,取出薄层板,记下展开剂前沿。晾干后观察 2 个样品的分离点,判断分离点是顺式或反式,计算各点 R_f 值,并进行分析和讨论。

本实验约需 5 h。

4. 产物表征

偶氮苯的红外光谱和核磁共振氢谱见图 7-14 和图 7-15。

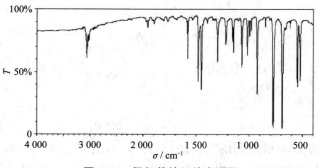

图 7-14 偶氮苯的红外光谱图

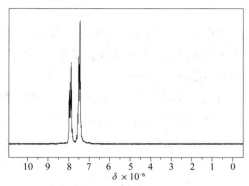

图 7-15　偶氮苯的核磁共振氢谱图

【注释】

[1] 也可用 1,2-二氯乙烷作展开剂。

【思考题】

1. 请列举出几种有机化学中常见的还原反应,常见的还原剂有哪些?

2. 本实验还原过程中为什么要控制还原剂的用量和反应时间?

3. 光化学反应的实质是什么? 总结学习过的光化学反应类型。

4. 为什么在一定的操作条件下可利用 R_f 值来鉴定化合物?

【学习拓展】

偶氮苯及其衍生物在工业生产中占有重要地位。含有生色团的偶氮苯衍生物是重要的染料和指示剂。偶氮苯作为染料,其品种最多,色谱最全,色调鲜艳,应用最广泛,因此偶氮苯染料是最大宗和最重要的一类染料。近年来,偶氮苯及其衍生物除了作为染色剂使用外,更多的是被用作一种功能性材料去研究。由于其优越的光响应特性,偶氮苯及其衍生物已经在合成智能聚合物、液晶材料、分子开关、储能材料、信息存储、光刻、光可降解多孔材料、制动器等领域有着广泛的应用。

实验 53　3-羟基己酸乙酯的超声制备

【实验目的】

(1)了解 3-羟基己酸乙酯的合成原理和方法。

(2)掌握超声波辐射法合成 3-羟基己酸乙酯的实验操作技术。

(3)培养敢于怀疑和批判的科学探究精神。

【实验原理】

20 世纪 80 年代超声波辐射在有机化学合成中的应用研究迅速发展,超声波作为一种新的能量形式用于有机化学反应,已被广泛用于取代、氧化、还原、缩合、水解等反应,几乎涉及有机反应的各个领域。研究认为,超声波催化促进有机化学反应,是由于液体反应物在超声波作用下产生无数微小空腔,空腔内产生瞬时的高温高压而使反应速率加快,而且空腔内外压力悬殊,致使空腔迅速塌陷、破裂,产生极大的冲击力,起到激烈搅拌的作用,使反应物充分接触,从而提高反应效率。

与传统的合成方法相比,超声波辐射具有反应条件温和、反应时间短、产率高等特点,超声波能加速均相反应,也能加速非均相反应,特别是对金属参与下的异相反应影响更为显著。

雷福尔马茨基(Reformatsky)反应是在锌的存在下, α-卤代酸酯与醛酮反应生成 β-羟基酸酯或 a,β-不饱和酸酯,它是由 Reformatsky 等于 1887 年首先发现的。传统 Reformatsky 反应的收率只有 61%~69%。若使用超声波辐射反应混合物,一般 0.5 h 内就能完成,收率有时几乎是定量的。本实验采用丁醛和溴乙酸乙酯在超声波辐射下进行 Reformatsky 反应。

$$CH_3CH_2CH_2CHO + BrCH_2COOEt \xrightarrow[\text{超声波辐射}]{Zn,I_2} CH_3CH_2CH_2-\overset{\overset{\displaystyle OH}{|}}{C}HCH_2COOEt$$

【装置与试剂】

装置:见图 2-17(c)超声波仪器,图 3-2 减压蒸馏装置。

试剂:溴乙酸乙酯 15 g(90 mmol),正丁醛 5.4 g(75 mmol),锌粉 8.5 g(130 mmol),1,4-二氧六环 25 mL,碘 0.5 g(约 2 mmol),乙醚,碘化钾,无水氯化钙。

【实验步骤】

1. 粗产物的合成

在干燥的 250 mL 圆底烧瓶中加入 25 mL 1,4-二氧六环,5.4 g 正丁醛,15 g 溴乙酸乙酯和 8.5 g 锌粉,通氮气保护。将反应浸没在超声波发生器[1]里。慢慢加入碘,直到开始放热为止[2],约需碘 0.5 g。反应进程用 ¹HNMR 监测,直到醛基质子(三连峰,δ 9.8)消失。

2. 分离纯化

边搅拌边将反应混合物慢慢地倾入乙醚-冰浆中,并且加入 1 g 碘化钾将有机层中的碘除去。用乙醚萃取 2 次(200 mL×2),合并萃取液,用无水氯化钙干燥。常压蒸去溶剂。减压蒸馏得 3-羟基己酸乙酯,称重,计算收率。

3. 产物表征

3-羟基己酸乙酯沸点为 241.7 ℃。

3-羟基己酸乙酯的红外光谱见图 7-16。

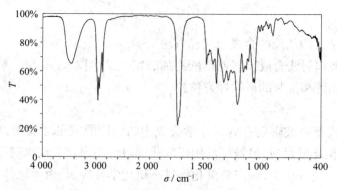

图 7-16 3-羟基己酸乙酯的红外光谱图

[1] 实验前要了解超声波清洗器的操作方法和应注意的安全事项。

[2] 关闭超声波清洗器后,才能用温度计测试清洗槽内的水温。

【思考题】

1. 超声波辐射法合成 3-羟基己酸乙酯与其他方法相比有何优点?

2. 超声波催化促进有机化学反应的原理是什么?

【学习拓展】

早在 20 世纪 20 年代,美国普林斯顿大学化学实验室研究人员就曾发现超声波(ultrasound wave,简称 US)有加速化学反应的作用,但并未引起他们的重视。直到 20 世纪 80 年代中期,由于功率超声设备的普及与应用,超声波在化学中的应用研究迅速发展,并形成了一个专门的学科——声化学。实验表明,有机合成反应中应用超声波技术可以提高收率,缩短反应时间,增强反应的选择性,以及具有操作简便,反应时间短等特点。近年来,超声波在有机合成应用中的研究不断扩大,引起了人们极大的关注。

实验 54　Suzuki 法合成 4-氯联苯

【实验目的】

(1)了解并掌握利用铃木-宫浦(Suzuki-Miyaura)偶联法合成 4-氯联苯的原理和方法。

(2)掌握无水无氧的实验操作技术,巩固萃取、减压抽滤和减压蒸馏等基本操作。

(3)树立实事求是、团结协作的作风和正确的挫折观。

【实验原理】

1979 年日本化学家 Suzuki 与 Miyaura 首次报道的偶联反应是目前应用最广泛的合成方法之一,它以卤化物和有机硼化物作为原料,以过渡金属钯为催化剂。有机硼化物不仅具有转移金属活性,而且与其他主族金属有机试剂相比具有化学性质稳定、安全、低毒、合成方法多样的特点。Suzuki-Miyaura 偶联反应具有反应条件温和、转化高效、底物普适性广等突出优势,是合成化学研究者构建碳碳键的优先选择,而且它已被广泛应用在工业合成领域中。

$$R-X+Y_2B-R' \xrightarrow[\text{base}]{\text{Pd cat.}} R-R'$$

Suzuki-Miyaura 偶联反应的催化循环一般分为三个基本的步骤:①氧化加成;②转移金属化;③还原消除。

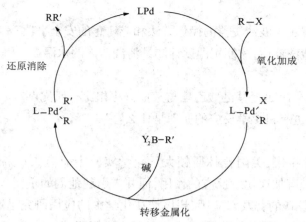

4-氯联苯的合成可以采用上述原理,具体反应如下。

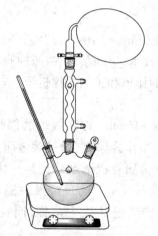

【装置与试剂】

装置:如图 7-17 所示。

图 7-17　氮气保护回流测温装置

试剂:Pd(PPh$_3$)$_4$ 0.35 g(0.3 mmol),苯硼酸 1.34 g(11 mmol),对氯溴苯 1.91 g(10 mmol),苯 20 mL,乙醇 5 mL,2.0 mol/L Na$_2$CO$_3$ 10 mL,30% H$_2$O$_2$,乙醚,饱和氯化钠溶液,无水硫酸钠。

【实验步骤】

1. 粗产物的合成

在 50 mL 置有搅拌磁子的三口瓶中加入 0.35 g Pd(PPh$_3$)$_4$、1.91 g 对氯溴苯、20 mL 苯、10 mL 2 mol/L Na$_2$CO$_3$ 水溶液,在氮气保护下将 1.34 g 苯硼酸溶于 5 mL 乙醇[1],随后将该溶液加入反应瓶中。反应混合物搅拌回流 6 h 后接近完毕。冷至室温后加入 0.5 mL 30% H$_2$O$_2$,室温搅拌 1 h。

2. 分离纯化

反应液用乙醚萃取 3 次（30 mL×3），合并有机相并用饱和氯化钠溶液 30 mL 洗涤一次。有机相用无水硫酸钠干燥。过滤并旋蒸除去溶剂，残余物减压蒸馏得 4-氯联苯，称重约 1.4 g，产率约 74%。

3. 产物表征

纯 4-氯联苯的熔点为 77 ℃，沸点为 156 ℃（15 mmHg）。

4-氯联苯的红外光谱和核磁共振氢谱见图 7-18 和图 7-19。

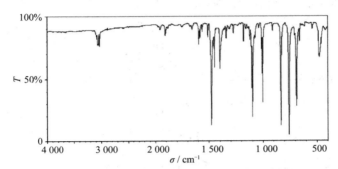

图 7-18　4-氯联苯的红外光谱图

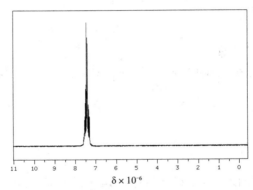

图 7-19　4-氯联苯的核磁共振氢谱图

【注释】

[1] 反应液应脱气 3 次并进行氮气保护，苯硼酸的乙醇溶液也应进行氮气置换。

【思考题】

1. 为什么反应结束时向反应液中加入 0.5 mL 30%H_2O_2 并室温搅拌 1 h？

【学习拓展】

"钯催化交叉偶联"合成方法就像有机合成化学家手中的面包和黄油，为化学家提供了一种更为精确和有效的工具。除 Suzuki 偶联反应外，钯催化交叉偶联反应还有赫克（Heck）反应、根岸（Negishi）偶联反应。运用这些反应，很多过去难于合成甚至无法合成的物质已经被轻而易举地创造出来，且该方法也已经被广泛应用于制药、电子工业和先进材料等领域的科学研究与工业生产中。也正因其在有机合成领域中的卓越成果，该方法的发现者共同获得 2010

年的诺贝尔化学奖。

实验 55　扑热息痛的合成

【实验目的】

（1）了解对乙酰氨基苯酚的制备原理和方法。

（2）熟练掌握回流、抽滤等实验操作技术。

（3）培养实事求是、追求科学的精神。

【实验原理】

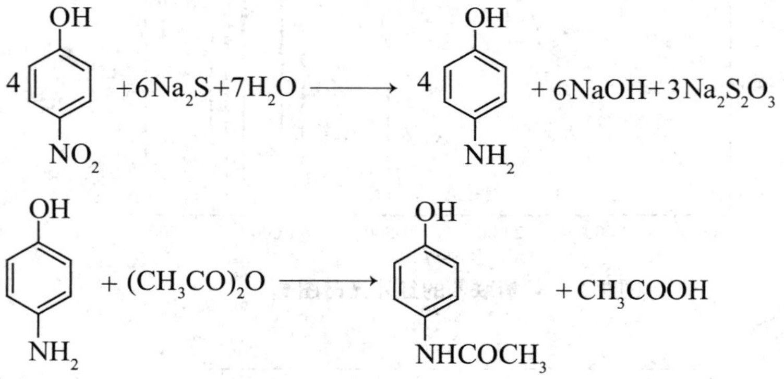

$$4\ \text{(对硝基苯酚)} + 6Na_2S + 7H_2O \longrightarrow 4\ \text{(对氨基苯酚)} + 6NaOH + 3Na_2S_2O_3$$

$$\text{(对氨基苯酚)} + (CH_3CO)_2O \longrightarrow \text{(扑热息痛)} + CH_3COOH$$

【装置与试剂】

装置：见图 2-6（a）回流装置。

试剂：对硝基苯酚 5 g（36 mmol），硫化钠 14 g（179 mmol），水，饱和碳酸氢钠溶液，乙酸酐 3 g（29 mmol）。

【实验步骤】

1. 对氨基苯酚的制备

1）粗产物的合成

在 50 mL 圆底烧瓶中加入 5 g 对硝基苯酚、14 g 无水硫化钠[1]及 10 mL 水，摇匀混合后，装上一球形冷凝管。在油浴中慢慢加热，并随时加以摇动。当油浴温度达到 120~140 ℃时，反应即开始，暂时中止加热。待反应减弱后，继续在油浴（140 ℃）上回流 2 h，间断振摇，使反应物混合均匀。

2）分离纯化

冷却片刻，加 2.5 mL 水稀释，趁热用小漏斗过滤，用水洗涤。将滤液倾入 110 mL 饱和的碳酸氢钠溶液中，即有对氨基苯酚析出。放置过夜，抽滤。用少量水洗涤，然后用水重结晶，真空温热干燥，得对氨基苯酚约 2.95 g，于真空干燥器中保存待用。测熔点，纯对氨基苯酚的熔点为 188~190 ℃。

2. 扑热息痛的制备

1）粗产物的合成

在 50 mL 圆底烧瓶中加入 2.2 g 对氨基苯酚，再加入 3 倍量的水，使对氨基苯酚悬浮于水中。然后加入 3 g（2.8 mL）乙酸酐（对氨基苯酚∶乙酸酐=1∶1.5,物质的量比）。装上冷凝管,边搅拌边用水浴加热回流混合物,10 min 后对氨基苯酚全部溶解。

2）分离纯化

将反应物冷却,析出晶体,抽滤,用少许冰水洗涤。产品用水重结晶,产量约 2.2 g。

3. 产物表征

对乙酰氨基苯酚的熔点为 169~172 ℃[2]。

对乙酰氨基苯酚的红外光谱和核磁共振氢谱见图 7-20 和图 7-21。

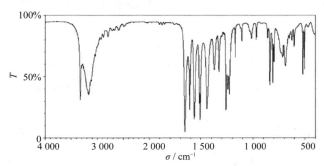

图 7-20　对乙酰氨基苯酚的红外光谱图

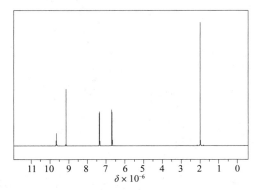

图 7-21　对乙酰氨基苯酚的核磁共振氢谱图

【注释】

[1] 也可用其他还原剂（如保险粉（$Na_2S_2O_4$））进行还原,可获得同样的效果,产物色泽更浅。

[2] 若产物的熔点不能令人满意,可能是由于微量的二乙酰基化合物所致。将产物溶于冷的稀碱液中,振摇片刻,然后加酸中和,使之沉淀,过滤干燥即可。

【思考题】

1. 铁粉还原或催化加氢还原对硝基苯酚也是制取对氨基苯酚的传统方法,该方法与本实验方法比较,其优缺点如何?

2. 若制备扑热息痛 20 g,计算需要对硝基苯酚原料的用量。

【学习拓展】

扑热息痛商品名称有百服宁、必理通、泰诺、醋氨酚等,国际非专有药名为 Paracetamol。它是最常用的非抗炎解热镇痛药,解热作用与阿司匹林相似,镇痛作用较弱,无抗炎抗风湿作用,是乙酰苯胺类药物中最好的品种。它特别适于不能应用羧酸类药物的患者。用于治疗感冒、牙痛等症。对乙酰氨基酚也是有机合成中间体,过氧化氢的稳定剂,是照相用化学药品。

第8章　有机化合物的性质实验

实验56　烯烃和炔烃的性质实验

【实验目的】

（1）加深理解烯烃、炔烃的化学性质，学习和掌握鉴别不同烯烃、炔烃的方法和原理。

（2）通过实验培养科学研究的兴趣，增强社会责任感。

【实验原理】

1. 烯烃的化学性质

烯烃的化学性质很活泼，可以发生亲电加成、自由基加成、催化加氢、氧化、聚合等反应。此外，由于双键的影响，与双键直接相连的碳原子上的氢（α-H）还可发生卤代反应。

2. 乙炔的制备

CaC_2（电石）与水作用可制备乙炔。

3. 炔烃的性质

炔烃与溴的 CCl_4 溶液在室温下发生反应生成溴代物，使溴的红棕色褪去。炔烃的亲电加成比烯烃困难。与烯烃不同的是端炔烃具有微弱酸性。端炔烃可与硝酸银的氨溶液反应，生成白色炔化银沉淀；与亚铜氨溶液反应，生成红棕色的炔化亚铜沉淀。这两个反应可用来鉴别端炔烃。

【试剂】

石油醚，环己烯，CaC_2，1%溴的 CCl_4 溶液，0.1%高锰酸钾溶液，10%硫酸，5%硝酸银溶液，10%氢氧化钠溶液，2%氨水，氯化亚铜，饱和硫酸铜溶液。

【实验方法】

1. 烯烃的性质

（1）溴的 CCl_4 溶液实验：在试管中加入 2~3 滴环己烯和 0.5 mL 1%溴的 CCl_4 溶液，振荡，观察现象。

（2）高锰酸钾氧化实验：在试管中加入 2~3 滴环己烯、0.5 mL 0.1%高锰酸钾溶液和 1 滴 10%硫酸，振荡，观察现象。

2. 乙炔的制备

在 250 mL 干燥的蒸馏烧瓶中加入 10 g CaC_2，装上一个盛有 50 mL 饱和氯化钠溶液的恒压滴液漏斗，蒸馏烧瓶的侧管连接盛有饱和硫酸铜溶液的洗气瓶[1]。小心地打开恒压滴液漏斗活塞，使饱和氯化钠溶液慢慢滴入烧瓶中，便有乙炔生成。注意控制乙炔生成的速度。待空气排尽后，收集乙炔气体于试管中，进行性质实验。

3. 炔烃的性质

（1）溴的 CCl_4 溶液试验：将乙炔气体通入盛有 1 mL 1%溴的 CCl_4 溶液试管中，观察现象，写出反应式。

（2）高锰酸钾氧化试验：将乙炔气体通入盛有 1 mL 0.1%高锰酸钾溶液和 0.5 mL 10%硫酸的试管中，观察现象，写出反应式。

（3）乙炔银的生成：取 0.5 mL 5%硝酸银溶液，加入 2 滴 10%氢氧化钠溶液，再滴加 2%氨水，边滴加边摇荡，直到生成的沉淀恰好溶解，得到澄清的硝酸银氨溶液[2]。通入乙炔气体，观察现象。

（4）乙炔亚铜的生成：将乙炔气体通入氯化亚铜氨溶液中[3]，观察现象。

本实验约需 3 h。

【注释】

[1] CaC_2 中常含有 CaS、Ca_3P_2 等杂质，这些杂质与 H_2O 作用，产生 H_2S、PH_3 等气体，使乙炔具有恶臭气味。产生的 H_2S 能分别与 $AgNO_3$、$CuCl$ 生成黑色的 Ag_2S 沉淀和棕黑色的 Cu_2S 沉淀，影响实验结果，可用饱和硫酸铜溶液除去这些杂质。

[2] 银氨溶液久置后会析出爆炸性黑色沉淀物 Ag_3N，应当使用时配制。

$$AgNO_3+NaOH+2NH_4OH \longrightarrow [Ag(NH_3)_2]OH+NaNO_3+2H_2O$$

[3] 氯化亚铜氨溶液的配制：取 1 g 氯化亚铜加入试管中，再往试管里加 10 mL 水，边摇动试管边滴加 20%氨水至澄清。放入铜丝，备用。炔化银和炔化亚铜在干燥时有爆炸性，要及时加酸处理。

【思考题】

1. 写出环己烯分别与溴的 CCl_4 溶液、酸性高锰酸钾溶液作用的反应式。

2. 由块状 CaC_2 制取乙炔时，所得乙炔可能含有哪些杂质？实验中是如何除去这些杂质的？

【学习拓展】

乙烯是石化工业的基础原料，被誉为"石化工业之母"，是衡量一个国家石油化工发展水平的重要标志之一。其产品占石化产品的 70%以上，主要用于生产下游衍生物高密度聚乙烯（HDPE）、低密度聚乙烯（LDPE）、线性低密度聚乙烯（LLDPE）、聚氯乙烯（PVC）、环氧乙烷/乙二醇（EO/EG）、二氯乙烷、苯乙烯、乙醇以及醋酸乙烯等多种化工产品。截至 2018 年，世界乙烯总产能约 1.78 亿吨，主导工艺为蒸气裂解和石脑油催化裂解。

实验 57　芳烃的性质实验

【实验目的】

（1）验证芳烃的化学性质，掌握芳烃亲电取代反应的实验条件。

（2）加深对芳香性化学反应和芳香烃化学反应的理解。

（3）通过实验树立对化学品及化学反应的安全防护意识。

【实验原理】

1. 苯环的卤代反应

在三卤化铁催化下,苯与卤素反应生成卤代苯和卤化氢,该反应是制备卤代苯的重要方法。反应时常加入少量铁粉代替三卤化铁,因为苯可由铁与卤素反应生成卤代苯和卤化氢。

2. 苯环侧链的反应

对于侧链含有 α-H 的芳烃,侧链可被高锰酸钾、重铬酸钾、稀硝酸等氧化剂氧化。不论侧链的长短都被氧化为羧基。如果与苯环相连的碳原子 α-碳上没有氢原子,该侧链不能被氧化。

含有侧链的芳烃可发生侧链的卤代反应,卤代主要发生在 α-碳原子上。

【试剂】

硫酸,苯,环己烯,甲苯,1%溴的 CCl_4 溶液,0.1%高锰酸钾溶液,10%硫酸。

【实验方法】

1. 苯环的卤代反应实验

(1)苯环溴代反应。在干燥试管里加入 2 mL 苯[1]、5 滴 1%溴的 CCl_4 溶液,振荡试管,水浴加热使其微沸。将湿润的蓝色石蕊试纸置于试管口,观察有何变化。另取干燥试管,同上加入苯和溴的 CCl_4 溶液,并加入少量新铁屑,同法操作,观察石蕊试纸颜色的变化。

(2)磺化反应[2]。在两支试管中分别加入 1.5 mL 苯、甲苯,再各加入 3 mL 浓硫酸,振荡混匀,观察有无分层现象。将试管置于 70 ℃水浴中加热,随时振荡,观察有无分层现象。将上述溶液慢慢倒入盛水的小烧杯中,再观察有无分层现象,为什么?

2. 苯环侧链反应实验

(1)高锰酸钾氧化。在两支试管中分别加入 0.5 mL 甲苯、二甲苯,再各加入 0.5 mL 0.1%高锰酸钾溶液和 0.5 mL 10%硫酸,充分振荡,观察颜色变化。若无变化,可将试管置于 70 ℃水浴中加热后再观察。观察高锰酸钾溶液的紫色是否褪去。

(2)苯侧链的溴代。在两支试管中分别加入 0.5 mL 甲苯、二甲苯,再分别加入 5 滴 1%溴的 CCl_4 溶液,振荡试管,用黑纸或黑色塑料袋包住整支试管,试管口放置湿润的蓝色石蕊试纸,避光反应约 5 min 后,观察现象。去掉遮光物,光照下反应数分钟,再观察现象,并作出解释。

本实验约需 4 h。

【注释】

[1] 苯在使用前最好用无水氯化钙干燥。

[2] 苯、甲苯都能进行磺化反应,苯磺化反应较难进行,甲苯与浓硫酸在常温下即能进行。生成的产物磺酸与硫酸一样为强酸,且易溶于水。

【思考题】

1. 说明苯和甲苯磺化的条件有何不同。

2. 乙苯在光照或高温下加溴和在铁粉存在下加溴,分别主要生成什么产物?

3. 用化学方法区别甲苯、环己烯、环己烷。

芳烃多以石脑油为原料,当前国内外典型的生产技术有催化重整、裂解汽油加氢、轻烃芳构化、甲苯/苯歧化与烷基转移、二甲苯异构化、煤(甲醇)制芳烃等。芳烃最新研究的生产方法有合成气制芳烃、CO_2 制芳烃、甲烷芳构化制芳烃。结合我国"贫油富煤"的能源储备特点,通过煤经甲醇制芳烃技术来部分替代石油资源,已成为我国增产芳烃的重要方式。我国芳烃产业已进入快速发展阶段,随着国内芳烃产能建设的不断推进,预计到 2025 年芳烃的对外依存度将开始下降,国内芳烃产品的供需格局也将趋于平衡。

实验 58　卤代烃的性质实验

【实验目的】

(1)掌握卤代烃的亲电取代反应机理,理解卤代烃的结构与反应活性之间的关系。

(2)利用硝酸银乙醇溶液反应对卤代烃进行鉴别。

(3)树立环境保护意识。

【实验原理】

亲核取代反应是卤代烃的主要化学性质之一。在卤代烃的亲核取代反应中,由于底物的组成和结构不同,以及反应条件的差异和亲核试剂的强弱等因素,使其反应历程有单分子亲核取代反应(S_N1)和双分子亲核取代反应(S_N2)。由于反应历程不同,各类卤代烃的化学活性也不同。

在单分子亲核取代反应中,各类卤代烃的化学活性次序是:烯丙型、叔卤代烃 > 仲卤代烃 > 伯卤代烃 > 乙烯型的卤代烃。

在双分子亲核取代反应中,各种卤代烃的化学活性次序是:伯卤代烃 > 仲卤代烃 > 叔卤代烃。

当烃基结构相同时,不同的卤素其活性不同,活性顺序为 RI > RBr > RCl > RF。

【试剂】

1-氯丁烷,1-溴丁烷,1-碘丁烷,2-氯丁烷,叔丁基氯,氯苯,苄氯,1-溴丁烷,1-碘丁烷,1%硝酸银乙醇溶液,15%碘化钠丙酮溶液。

【实验方法】

1. 卤代烃与硝酸银乙醇溶液的反应

取 5 支干燥洁净的试管,分别加 3 滴 1-氯丁烷、2-氯丁烷、叔丁基氯、氯苯和苄氯。然后,在每支试管里各加 1 mL 1%硝酸银乙醇溶液[1]。边加边摇动试管,注意每支试管里是否有沉淀出现,记录沉淀出现的时间。大约 10 min 后把没有出现沉淀的试管放入水浴中,加热至微沸。注意观察这些试管里有没有沉淀出现,并记录沉淀出现的时间。如何解释本实验所发生的现象?

取 3 支干燥的试管,分别加入 1 mL 饱和硝酸银的乙醇溶液,然后分别加入 2~3 滴 1-氯丁烷、1-溴丁烷和 1-碘丁烷。如前操作,并观察沉淀生成的速度,记录活性顺序[2]。

2.卤代烃与碘化钠丙酮溶液反应

取 5 支干燥洁净的试管,分别加 3 滴 1-氯丁烷、2-氯丁烷、叔丁基氯、氯苯和苄氯。然后,在每支试管中各加 1 mL 15% 碘化钠丙酮溶液,边加边摇动试管,同时注意观察每支试管里的变化,记录沉淀产生的时间。大约 10 min 后把没有出现沉淀的试管放在 50 ℃ 水浴里加热。加热 6 min 后取出试管并冷却到室温。从加热到冷却都要注意观察试管里的变化,并记录沉淀产生的时间。

【注释】

[1] 室温下硝酸银在无水乙醇中的溶解度为 2.1 g/100 mL,由于卤代烃能溶于乙醇而不溶于水,因此用乙醇作溶剂能使反应处于均相,有利于反应的进行。

[2] 由于碳卤键的可极化性顺序为 C—I > C—Br > C—Cl,因此当卤原子不同时,卤代烃的取代反应活性顺序为 RI > RBr > RCl。

【思考题】

1. 根据实验结果解释,与硝酸银的乙醇溶液作用时,卤原子相同而烃基结构不同的卤代烷活泼性是 3° > 2° > 1°。本实验用硝酸银的水溶液可以吗?

2. 为什么卤原子不同时发生取代反应的活性总是 RI > RBr > RCl?

【学习拓展】

卤代烃具有化学性质稳定、密度大、沸点低、黏度小、不溶或微溶于水等特点,被广泛用作灭火剂(如四氯化碳)、冷冻剂(如氟里昂)、杀虫剂(如六六六)以及高分子工业的原料。然而,很多卤代烃物质对人体都有急性或慢性、直接或间接的致病作用,有的积累在人体组织内部,会改变细胞 DNA 结构,使人体组织产生癌变、畸变或突变。饮用水卤代烃污染主要包括两类:饮用水源有机污染和饮用水氯化消毒工艺。饮用水源有机污染主要是工业废水及城市污水的排放和下渗、污水灌溉和农药化肥的使用等。饮用水常用消毒方法有氯化消毒、二氧化氯消毒、紫外线消毒和臭氧消毒等,其中氯化消毒因价格低廉、操作简单、广谱杀菌等优点,是我国自来水厂普遍采用的消毒方式,然而这种方法在消毒过程中会生成二氯甲烷、三氯甲烷等氯化物,造成饮用水卤代烃污染。我国加大研究力度,探索出多种饮用水卤代烃去除技术,使我国饮用水卤代烃污染得到有效改善。

实验 59 醇和酚的性质实验

【实验目的】

(1)加深对醇、酚化学性质的认识,比较醇、酚化学性质上的差异。

(2)学习掌握醇、酚的主要鉴别方法和原理。

(3)培养利用化学知识解决实际问题的能力。

【实验原理】

1.醇、酚的酸性

醇具有弱酸性,与 Na 缓慢反应生成醇钠和氢气,实验室常利用该反应销毁残余的金属钠。醇与 Na 反应活性顺序是:甲醇 > 伯醇 > 仲醇 > 叔醇。酚能与 NaOH 反应生成酚钠,并溶解于 NaOH 溶液里,但不溶于 $NaHCO_3$ 溶液。利用醇、酚与 NaOH 和 $NaHCO_3$ 反应性的不同,可鉴别分离酚和醇。

2. 醇、酚的氧化反应

伯醇和仲醇易被重铬酸钾、高锰酸钾或铬酸等氧化剂氧化。伯醇被氧化为羧酸,仲醇被氧化为酮,叔醇一般难被氧化。酚易被氧化为醌等氧化物,氧化物的颜色随着氧化程度的深化而逐渐加深,由无色到粉红色、红色以至深褐色。

3. 醇与卢卡斯(Lucas)试剂的反应

醇可以与卢卡斯试剂(浓盐酸和无水氯化锌溶液)发生反应,生成氯代烃。六个碳以下的醇可溶于卢卡斯试剂,而反应后生成的氯代烃不溶于卢卡斯试剂,借此可以鉴别六个碳以下的叔、仲、伯醇。

叔醇		反应很快,立即浑浊
仲醇	$\xrightarrow{\text{Lucas试剂}}$	反应较快,几分钟浑浊
伯醇		反应很慢,长时间不浑浊

4. 酚的显色反应

大多数的酚能与三氯化铁溶液发生显色反应。不同的酚与三氯化铁反应呈现不同的颜色。苯酚、间苯二酚、1,3,5-苯三酚与三氯化铁溶液作用显紫色;甲基苯酚呈蓝色;邻苯二酚、对苯二酚呈绿色;1,2,3-苯三酚呈红色;α-萘酚为紫色沉淀;β-萘酚则为绿色沉淀。此显色反应常用以鉴别酚类的存在。

5. 邻位多元醇和氢氧化铜反应

邻位多元醇可以和氢氧化铜反应生成蓝色螯合物。此反应可用来区别一元醇和邻位多元醇。

甘油铜（蓝色，可溶于水）

6. 苯酚与溴水的反应

苯酚与溴水在常温下可反应生成 2,4,6-三溴苯酚的白色沉淀。此反应可用作苯酚的鉴别和定量测定。

【试剂】

无水乙醇,苯甲醇,正丁醇,仲丁醇,叔丁醇,乙二醇,丙三醇,苯酚,对苯二酚,1%三氧化铁溶液,0.5% $KMnO_4$ 溶液,5% $NaHCO_3$ 溶液,5% NaOH 溶液,Lucas 试剂,5%硫酸酮溶液,饱和溴水。

【实验方法】

1. 醇和酚的酸性实验

（1）醇和酚的酸性指示剂实验。在 3 支试管中均加入 1 mL 蒸馏水、1 滴酚酞指示剂和 1 滴 5%氢氧化钠溶液，此时溶液均呈红色。再在 3 支试管中分别逐滴加入乙醇、苯酚饱和水溶液和冰乙酸，观察溶液颜色的变化，由此可得出什么结论？

（2）酚与碱的作用。在试管中加入 3~4 mL 蒸馏水和适量苯酚晶体，得到苯酚和水浑浊液。将此浑浊液一分为二，分别置于 2 支试管中。在第一支试管中逐滴加入 5%氢氧化钠溶液，边加边振荡，溶液会变清亮，接着再滴加 4 mol/L 盐酸，溶液重新变浑浊，试述变化的原因。在另一支试管中，逐滴加入 5%碳酸氢钠溶液，观察溶液是否变澄清。写出有关的反应式。

2. 醇和酚的氧化反应

在 4 支试管中均加入 0.5 mL 1%高锰酸钾溶液、1 滴浓硫酸，摇匀，再分别加入 5~6 滴乙醇、异丙醇、叔丁醇、苯酚饱和水溶液，充分振荡，观察溶液颜色的变化。若无变化，在水浴上温热几分钟，再作观察。

3. Lucas 试剂反应[1]

取 3 支干燥试管，分别加入 0.5 mL 的正丁醇、仲丁醇、叔丁醇，然后各加入 2 mL Lucas 试剂[2]，用棉花团塞住试管口，摇荡后静置，观察有何变化。然后在水浴中温热数分钟，观察有何变化。

4. 酚的显色反应[3]

取 3 支试管各加入 3 mL 蒸馏水，分别滴加 5 滴苯酚、对苯二酚和间苯二酚的饱和水溶液，混合后再分别加入 3~4 滴 1%三氯化铁水溶液，观察颜色变化。

5. 多元醇与氢氧化铜反应

在 3 支试管中均加入 0.5 mL 5%硫酸铜溶液、3 mL 5%氢氧化钠溶液，再分别加入 5 滴乙醇、乙二醇、丙三醇，边加边振荡，观察有何变化。

6. 苯酚的溴代

在试管中加入 2 滴苯酚饱和水溶液、2 mL 蒸馏水，混合均匀，然后逐滴加入饱和溴水，观察变化[4]，并说明原因。

本实验约需 4 h。

【注释】

[1] 甲醇、乙醇反应后生成挥发性气体，难以看到混浊和分层。

[2] 卢卡斯试剂的配制：将无水氯化锌在蒸发皿中加热熔融，稍冷后在干燥器中冷至室温，取出捣碎，称取 44 g 溶于 30 mL 浓盐酸中，溶解时有大量气体和热量放出，冷却后贮于试剂瓶中，塞紧瓶塞，备用。

[3] 一般烯醇类化合物都能与三氯化铁发生显色反应。邻羟基苯甲酸有此显色反应，但间、对羟基苯甲酸均无此反应，大多数硝基酚类也与三氯化铁不产生颜色反应。

[4] 苯酚与溴水作用生成微溶于水的 2,4,6-三溴苯酚白色沉淀。若溴水过量，该物质会继续和溴水反应，生成浅黄色的 2,4,4,6-四溴环己二烯酮沉淀，故本实验中要控制好溴水的

用量。

【思考题】

1. 试述利用卢卡斯试剂反应鉴别伯、仲、叔醇的应用范围及原因。

2. 向苯酚溶液中滴加饱和溴水,生成白色沉淀。能否往饱和溴水中滴加苯酚溶液?为什么?

【学习拓展】

乙醇汽油是用 90% 的普通汽油与 10% 的燃料乙醇调和而成。在汽油中加入适量乙醇作为汽车燃料,不仅可以节省石油资源,减少汽车尾气对空气的污染,还可促进农业的生产。随着中国经济的快速发展,国家对防治污染的态度也更加坚决,节能减排成为人们日益关注的话题。2019 年联合国秘书长古特雷斯表示对抗气候变化需要全球共同努力,更好地处理汽车尾气排放问题在这一时期显得尤为重要。我国针对此问题作出多方面的应对,如:不断提升车用汽油的排放要求,大力推广新能源汽车与车用乙醇汽油的使用,同时制定了 GB 18351—2017《车用乙醇汽油(E10)》等一系列标准,全国各大炼化企业也纷纷响应将车用乙醇汽油作为新型燃料的升级换代产品。

实验 60　醛和酮的性质实验

【实验目的】

(1)验证醛和酮的化学性质,掌握鉴别醛和酮的主要方法。

(2)通过实验培养科学素养,增强社会责任感。

【实验原理】

1. 醛和酮与羰基试剂反应

醛和酮与氨的衍生物反应生成的产物一般为黄色固体,容易结晶且有一定的熔点,因此常用醛、酮与氨的衍生物反应生成黄色沉淀来鉴别。2,4-二硝基苯肼与醛、酮加成反应的现象非常明显,常用来检验羰基,称为羰基试剂。

2. 醛和酮与饱和亚硫酸氢钠的反应

大多数醛、脂肪族甲基酮及 8 个碳以下的脂环酮都能与饱和亚硫酸氢钠溶液发生加成反应,生成 α-羟基磺酸钠。该产物溶于水,但难溶于饱和的亚硫酸氢钠溶液,形成白色沉淀析出。该反应是可逆的,生成的 α-羟基磺酸钠与稀酸或稀碱溶液共热时,分解为原来的醛或酮。利用这一反应可鉴别和提纯醛和酮。

3. 碘仿反应

在碱催化下,甲基醛或酮与卤素反应,甲基上的 3 个 α-氢原子都会被卤素取代,反应生成的三卤代产物在碱作用下分解生成卤仿和相应的羧酸盐。如果参与反应的卤素为碘,则会反应生成碘仿的黄色沉淀,可以利用这一现象鉴别 α-甲基酮。碘的氢氧化钠溶液具有一定的氧化性,可以将 α-甲基醇氧化成相应的酮。因此, α-甲基醇在碱性条件下也能与碘发生碘仿反应。

4. 托伦(Tollens)试剂和费林(Fehling)试剂氧化反应

醛类化合物的氧化反应活性高,可以被 Tollens 试剂(碱性银氨溶液)氧化,生成羧酸盐和金属银的沉淀,酮和碳碳双键不被 Tollens 试剂氧化。

醛还可以被碱性氢氧化铜溶液(用酒石酸盐络合)——Fehling 试剂氧化,生成相应的羧酸盐和红色的氧化亚铜沉淀。Fehling 试剂不能氧化芳香醛、酮和碳碳双键,只能氧化脂肪醛,借此可鉴别脂肪醛。

5. 希夫(Schiff)试剂的反应

醛与 Schiff 试剂结合成紫红色的化合物。加入无机酸后,除甲醛外,其他醛与 Schiff 试剂反应生成的紫红色化合物在酸性条件下发生分解褪色。酮类化合物不与 Schiff 试剂发生反应。该反应可用来鉴别醛和酮。

【试剂】

乙醇,异丙醇,甲醛,乙醛,苯甲醛,丁醛,丙酮,戊-3-酮,苯乙酮,环己酮,2,4-二硝基苯肼,本尼迪特(Benedict)试剂,Tollens 试剂,Schiff 试剂,饱和亚硫酸氢钠,10%碳酸钠溶液,10%盐酸,10%氢氧化钠溶液,碘-碘化钾溶液,5%硝酸银溶液,浓氨水,浓硫酸。

【实验方法】

1. 羰基试剂实验

取 5 支试管,各加入 2 mL 2,4-二硝基苯肼试剂[1],然后分别加入 5 滴乙醛、丙酮、苯甲醛、苯乙酮、环己酮,微微振荡,静置片刻,观察生成晶体的颜色。将沉淀用乙醇-水混合溶液重结晶,测定所得黄色晶体的熔点,并与表 8-1 所列数据进行对比。

表 8-1 醛酮苯腙的熔点/℃

化合物	乙醛	丙酮	苯甲醛	苯乙酮	环己酮
2,4-二硝基苯腙	168	126	237	238	162

2. 饱和亚硫酸氢钠实验

在 6 支干燥的试管中各加入 1 mL 新配制的饱和亚硫酸氢钠溶液,再分别逐滴加入 10 滴丁醛、苯甲醛、丙酮、戊-3-酮、苯乙酮和环己酮。边滴加边用力振摇试管,将试管置于冰水浴中冷却,并用玻璃棒摩擦试管内壁,注意观察有无晶体析出。对于有晶体析出的试管,慢慢倾出上层清液,保留底部晶体。将其分成 2 组,一组加入 3 mL 10%碳酸钠溶液,另一组加入 3 mL 10%盐酸,混匀后置于低于 50 ℃的水浴中加热,观察有何现象发生。

3. 碘仿实验[2]

在 6 支试管中分别加入 1 mL 水,再分别加入 5 滴乙醛、丁醛、丙酮、环己酮、乙醇、异丙醇,再各加入 1 mL 10%NaOH 溶液。然后边振荡边滴加碘-碘化钾溶液,直到溶液呈浅黄色为止。观察有无黄色碘仿晶体析出。将无沉淀生成或生成乳浊液的试管置于 60 ℃温水浴中加热几分钟,再观察现象。

4. Tollens 试剂实验

在一支洁净的试管[3]中加入 10 mL 5%硝酸银溶液,逐滴加入浓氨水,边滴边摇晃,至生成的沉淀恰好溶解,此即 Tollens 试剂。将 Tollens 试剂均匀倒入 5 支试管中,再分别滴加 3 滴甲醛、乙醛、苯甲醛、丙酮、苯乙酮,混合均匀,静置,观察。若无变化,可将试管置于 50~60 ℃水浴中温热,注意观察银镜的生成。实验完毕,试管内壁的银镜用硝酸溶解回收。

5. Benedict 试剂实验[4]

在 3 支试管中各加入 3 mL Benedict 试剂,再分别加入 4 滴乙醛、苯甲醛、丙酮,用力混匀。将试管置于沸水浴中加热,10~15 min 后观察反应现象[5]。

6. Schiff 试剂实验[6]

在 5 支试管中各加入 1 mL 新配制的 Schiff 试剂,再分别加入 3 滴甲醛、乙醛、丙酮、环己酮、苯乙酮,振荡后静置数分钟,观察溶液颜色的变化。在有颜色变化的试管中逐滴加入浓硫酸,边加边振荡,观察颜色是否褪去。

7. 未知物的鉴别

现有甲醛、乙醛、苯甲醛、丙酮和戊-3-酮 5 瓶无标签试剂,试根据醛、酮的化学性质,设计合适的鉴别方案。

本实验约需 4 h。

【注释】

[1] 2,4-二硝基苯肼试剂的配制:用 10 mL 浓硫酸溶解 1 g 2,4-二硝基苯肼,所得溶液缓慢倒入 25 mL 95%乙醇中,用蒸馏水稀释至 30 mL,如有沉淀,应过滤后使用。该试剂与醛和酮发生缩合反应,析出的结晶一般为黄色、橙色或橙红色。

[2] 在配制碘仿实验中的碘试剂时,将 2 g 碘化钾溶于 8 mL 蒸馏水中,然后加入 1 g 研细的碘粉,搅拌使其全溶,呈深红色。实验中若碱过量,会使生成的碘仿分解,而看不到沉淀析出。

[3] 银镜反应成功的关键就是试管要洁净。试管要用硝酸、水、10%热氢氧化钠溶液洗涤,再用自来水、蒸馏水冲洗干净。

[4] Benedict 试剂是改良的 Fehling 试剂,其稳定性更高,该试剂更多用于还原性糖的鉴别。配制方法:将 4.3 g 五水硫酸铜溶于 25 mL 热水,待冷却后用水稀释至 40 mL。另将 43 g 柠檬酸钠及 25 g 无水碳酸钠溶于 150 mL 水中,加热溶解,待溶液冷却后,加到上面所配的硫酸铜溶液中,加水稀释至 250 mL,若溶液不澄清可过滤至澄清。

[5] Benedict 试剂氧化脂肪醛,生成氧化亚铜沉淀。该沉淀的颜色主要取决于沉淀颗粒的大小,红色、黄色、黄绿色都应为阳性反应,其中红色沉淀的颗粒直径最大,并非化学成分有差异。

[6] Schiff 试剂又称品红亚硫酸试剂。配制时,把 0.2 g 碱性品红研细,溶于含 2 mL 浓盐酸的 200 mL 蒸馏水中,再加入 2 g 亚硫酸氢钠固体,搅拌,静置,直到红色褪去。该试剂与醛反应,生成紫红色产物,甲醛的产物遇酸不褪色,其他醛的产物遇酸褪色,酮一般不与 Schiff 试剂发生反应。

【思考题】

1. 要想成功做好银镜反应,应注意哪些问题?

2. 除乙醛和甲基酮外,什么结构的化合物也能发生碘仿反应? 为什么?

3. 简述 Benedict 试剂和 Fehling 试剂组成上的差异及二者的应用。

【学习拓展】

沃尔夫-凯惜纳-黄鸣龙还原反应(Wolff-Kishner-Huang Reduction)是一种将醛或酮类化合物在碱性条件下与肼作用,使羰基还原为甲亚基的反应。Wolff-Kishner 反应需在封管、高压釜等密闭条件下进行,不仅操作不方便,反应过程中还会产生 N_2。若体系压力过大,则存在安全隐患。1946 年,中国化学家黄鸣龙对这一过程进行了改进,羰基化合物与 NH_2NH_2 缩合后形成相应的腙中间体,随后蒸馏除去生成的水与剩余的 NH_2NH_2,此时不再需要大量的溶剂,体系规模也可进一步缩小。由于体系中大部分的水已除去,反应可进一步升温至约 200 ℃,反应时间大幅度缩短(3~4 h),产率也得到进一步提高。

实验 61 羧酸及其衍生物的性质实验

【实验目的】

（1）验证羧酸及其衍生物的化学性质,加深理解羧酸衍生物反应活性的差异。

（2）通过实验锻炼认真观察和科学分析问题的能力。

【实验原理】

1. 羧酸酸性

羧酸具有弱酸性,一元羧酸 pK_a 一般在 4.7~5。羧酸可溶于 NaOH,也溶于 $NaHCO_3$;酚能溶于 NaOH,但不溶于 $NaHCO_3$;醇既不溶于 NaOH,也不溶于 $NaHCO_3$。利用它们酸性的不同,可对醇、酚、酸进行鉴别和分离。

2. 脱羧反应

一元脂肪羧酸难于发生脱羧反应,但当 α-碳原子上连有吸电子基团时,在加热条件下能发生脱羧反应。

3. 甲酸和乙二酸的氧化

一般情况下,羧酸对氧化剂不敏感。一些具有特殊结构的羧酸,如甲酸和乙二酸可被氧化剂氧化。在甲酸分子中,既含有羧基又含有醛基,这使得甲酸既有一般羧酸的性质,又有类似醛的还原性,能还原 Tollens 试剂生成金属银的沉淀,也能还原 Fehling 试剂生成红色氧化亚铜沉淀,也可以被一般氧化剂氧化。

乙二酸俗称草酸,草酸的酸性比甲酸和其他二元羧酸强,这是一个羧基对另一个羧基拉电子作用的结果。草酸加热至 150 ℃以上,分解脱羧生成甲酸和二氧化碳。

草酸可以被高锰酸钾定量氧化生成二氧化碳和水。在分析化学中,常利用该氧化还原反应来标定高锰酸钾的浓度。

4. 酯的鉴定

酯可以通过羟肟酸铁实验进行鉴别。酯与羟胺作用形成羟肟酸,再与三氯化铁在弱酸性溶液中络合形成洋红色的可溶性羟肟酸铁。

$$\underset{\substack{\|\\ O}}{R-C}-OR' + NH_2OH \longrightarrow \underset{\substack{\|\\ O}}{R-C}-NHOH + R'OH$$

羟肟酸

$$3\underset{\substack{\|\\ O}}{R-C}-NHOH + FeCl_3 \longrightarrow \left[\begin{array}{c} R\\ \substack{\|\\ O}\\ N\\ \substack{|\\ H} \end{array} \underset{O}{\overset{O}{\diagdown}} Fe\right]_3 + 3HCl$$

羟肟酸铁(洋红色)

所有羧酸酯(包括内酯和聚酯)根据其结构特征,均可显示不同深度的洋红色。酰氯和酸酐也可产生正性实验。除甲酸可显红色外,其他羧酸均为负性实验。大多数酰胺也可产生正性实验,但腈类化合物大多为负性结果。

【试剂】

甲酸,乙酸,草酸,乙酸乙酯,乙酰酐,盐酸,生石灰,苯甲酸乙酯,0.5%高锰酸钾溶液,氢氧化钠,饱和碳酸钠溶液,3 mol/L 硫酸溶液,苯甲酸,无水乙醇,乙酸,浓硫酸,5%硝酸银溶液,浓氨水,5%三氯化铁溶液,0.5 mol/L 盐酸羟胺的乙醇溶液。

【实验方法】

1. 羧酸的性质实验

(1)酸性实验。在 3 支试管中分别加入 5 滴甲酸、5 滴乙酸和 0.2 g 草酸,再各加入 1 mL 蒸馏水,振摇使其溶解。然后用玻璃棒分别蘸取少许酸液,在刚果红试纸[1]上画线。比较试纸颜色的变化和颜色的深浅,比较 3 种酸的酸性强弱。

(2)成盐反应。取 0.2 g 苯甲酸晶体,加入 1 mL 水,振摇后观察溶解情况。然后滴加几滴 20%氢氧化钠溶液,振摇后观察有什么变化。再滴加几滴 6 mol/L 盐酸,振摇后再观察现象。

(3)脱羧反应。在 3 支带导管的试管中分别加入 1 mL 甲酸、1 mL 乙酸和 1 g 草酸,导管的末端分别伸入 3 支盛有 1~2 mL 石灰水的试管中,加热。当有连续气泡发生时观察现象。

(4)成酯反应。在干燥试管中加入 1 mL 无水乙醇和 1 mL 乙酸,并滴加 1 滴浓硫酸。摇匀后放入 70~80 ℃水浴中,加热 10 min。放置冷却后,再滴加约 3 mL 饱和碳酸钠溶液来中和反应液,至出现明显分层并可闻到特殊香味。

(5)氧化反应。在 3 支试管中分别放置 1 mL 甲酸、1 mL 乙酸以及由 0.2 g 草酸和 1 mL 水配成的溶液,然后各加入 1 mL 3 mol/L 硫酸和 2 mL 0.5%高锰酸钾溶液,加热至沸腾,观察现象,比较反应速率。

(6)甲酸的还原性。准备 3 支洁净试管,在第一支试管中加入 1 mL 20%氢氧化钠溶液[2],再滴加 5~6 滴甲酸溶液并摇匀。在第二支试管中加入 1 mL 5%硝酸银溶液,逐滴加入浓氨水,边滴边摇晃,至生成的沉淀恰好溶解。将上述两种溶液倒入第三支试管,若产生沉淀,则补加几滴氨水,直至形成无色透明溶液。然后将试管放入 90~95 ℃水浴中,加热 10 min,观察银镜的析出。

2. 羧酸衍生物的性质实验

（1）乙酸酐的水解。在试管中加入 1 mL 水,并滴加 3 滴乙酸酐,由于它不溶于水,以珠粒状沉于管底。再略微加热试管,这时乙酸酐的珠粒消失,并嗅到刺激性气味。说明乙酸酐受热发生水解,生成了乙酸。

（2）酯的水解。在 3 支试管中各加入 1 mL 乙酸乙酯和 1 mL 水。然后在第一支试管中再加入 0.5 mL 3 mol/L 硫酸,在第二支试管中再加入 0.5 mL 20%氢氧化钠溶液,将 3 支试管同时放入 70~80 ℃的水浴中,一边振摇,一边观察,比较酯层消失的快慢情况。

（3）乙酸酐的醇解。在干燥的试管中加入 1 mL 无水乙醇和 1 mL 乙酸酐,混匀后再加 1~3 滴浓硫酸。振摇后在小火上微沸。放置冷却,慢慢加入约 3 mL 饱和碳酸钠溶液中和,析出酯层,并可闻到特殊香味。

（4）羟肟酸铁实验[3]。取 2 支试管各加入 1 mL 0.5 mol/L 盐酸羟胺的乙醇溶液、0.2 mL 6 mol/L 氢氧化钠溶液,并分别滴入 2 滴乙酸乙酯和苯甲酸乙酯。加热试管使溶液沸腾。稍冷后加入 2 mL 1 mol/L 盐酸,如果溶液浑浊,滴入少量乙醇使其澄清,然后加入 1 滴 5%三氯化铁溶液。如果产生的颜色很快褪去,继续滴加三氯化铁溶液直至溶液颜色不变为止,深洋红色为正性实验。

本实验约需 4 h。

【注释】

[1] 刚果红试纸与弱酸作用呈棕黑色,与中强酸作用呈蓝黑色,与强酸作用呈稳定的蓝色。

[2] 甲酸的酸性较强,如果直接加到弱碱性的银氨溶液中,银氨离子将被破坏,析不出银镜,故需用碱液中和甲酸。

[3] 实验前,应确定待试样品中有无与三氯化铁起颜色反应的官能团。将 1 滴液体未知物或几粒固体未知物晶体溶于 1 mL 95%乙醇,加入 1 mL 1 mol/L 的盐酸及 1 滴 5%三氯化铁溶液,溶液应为黄色。如有橙、红、蓝、紫等颜色出现,不能进行羟肟酸铁实验。

【思考题】

1. 为什么在乙酸及其酸酐与乙醇的反应中加入饱和碳酸钠溶液后,乙酸乙酯才分层浮在液面上?

2. 为什么酯化反应中要加浓硫酸?为什么碱性介质能加速酯的水解反应?

3. 甲酸具有还原性,能发生银镜反应,其他羧酸是否也有此性质?为什么?

【学习拓展】

羧酸衍生物在日常生活中有着非常广泛的应用,尤其是在高分子材料领域。比如,日常生活中经常用到的可降解塑料袋就是基于酯键的一类可降解聚合物,它是含有羧基和羟基官能团的单体经缩聚反应（酯化反应）得到的,比如聚乳酸高分子材料就是常见的可降解生物材料,可用于手术缝合线,因为聚乳酸降解后得到的小分子是乳酸,乳酸是人的生理过程中一种代谢中间产物,对身体的毒性很小。酰胺类聚合物的单体形式与聚酯类似,该类聚合物在日常生活中更为常见,如尼龙66、尼龙-6等高分子材料具有非常优越的物理化学性能和可加工性能,在汽车、服装等领域有着广泛的应用。

实验 62　胺的性质实验

【实验目的】

（1）加深理解胺的化学性质,掌握利用化学反应区分伯、仲、叔胺的方法和原理。

（2）了解胺类物质的用途,增强环保意识和法治观念。

【实验原理】

1. 胺的碱性

胺分子中的氮原子上有未共用电子对,在化学反应中可以提供电子,使得胺具有碱性和亲核性。碱性顺序是:脂肪胺 > 氨 > 苯胺。脂肪胺的碱性顺序为:仲胺 > 伯胺 > 叔胺。由于胺类化合物具有碱性,可以与酸作用形成铵盐。

2. 兴斯堡(Hinsberg)反应

伯胺、仲胺、叔胺与对甲苯磺酰氯发生反应时,有不同的反应结果。伯胺反应生成的一取代对甲苯磺酰胺有酸性氢,能溶于氢氧化钠溶液中;而仲胺反应所生成的二取代磺酰胺无酸性氢,因而不溶于氢氧化钠溶液。叔胺在此条件下不反应,因为叔胺氮上无氢可被取代。

$$\underset{\text{对甲苯磺酰氯}}{CH_3-\!\!\!\bigcirc\!\!\!-SO_2Cl}+\underset{\text{伯胺}}{RNH_2}\longrightarrow\underset{\text{不溶}}{CH_3-\!\!\!\bigcirc\!\!\!-SO_2NHR}\xrightarrow[HCl]{NaOH}\underset{\text{可溶性盐}}{CH_3-\!\!\!\bigcirc\!\!\!-SO_2\overset{-}{N}R\ Na^+}$$

$$\underset{\text{对甲苯磺酰氯}}{CH_3-\!\!\!\bigcirc\!\!\!-SO_2Cl}+\underset{\text{仲胺}}{R_2NH}\longrightarrow\underset{\text{不溶}}{CH_3-\!\!\!\bigcirc\!\!\!-SO_2NR_2}\xrightarrow{NaOH}\text{不溶, 沉淀保持}$$

3. 亚硝酸反应

亚硝酸实验可用来区别伯胺和仲胺,也可用来鉴别脂肪族伯胺和芳香族伯胺。在实验条件下,脂肪族伯胺与亚硝酸作用生成相应的醇,并放出氮气;芳香族伯胺与亚硝酸在低温下生成相对稳定的重氮盐,重氮盐可与 β-萘酚发生偶联,生成橙红色的染料,这是芳香伯胺所独有的反应;仲胺与亚硝酸作用生成黄色油状或固体的亚硝基化合物。

【试剂】

甲胺,苯胺,N-甲基苯胺,丁胺,N,N-二甲基苯胺,浓盐酸,苯磺酰氯,氢氧化钠溶液,5% HCl 溶液,30%硫酸溶液,亚硝酸钠,β-萘酚。

【实验方法】

1. 碱性实验

取 2 支试管各加入 1.5 mL 水,再分别滴加 3~4 滴甲胺盐酸盐、苯胺,观察是否溶解。如冷水热水均不溶,可逐渐加入 10%硫酸使其溶解,再逐渐滴加 10%氢氧化钠溶液,观察现象。

2. Hinsberg 实验

取 3 支试管分别加入 3~4 滴苯胺、N-甲基苯胺、N,N-二甲基苯胺[1]，再加入 3 mL 2.5 mol/L NaOH 溶液及 4~5 滴苯磺酰氯。塞住试管口剧烈振荡，并在水浴中加热 1~2 min[2]。观察反应现象。若溶液呈均相，再用 5% HCl 酸化至酸性后出现沉淀，为苯胺（伯胺）；若溶液中析出油状物或沉淀，再用 5% HCl 酸化后亦不溶解，为 N-甲基苯胺（仲胺）；若溶液中有油状物，加盐酸酸化后溶解，为 N,N-二甲基苯胺（叔胺）。

3. 亚硝酸实验[3]

在 3 支大试管中分别加入 3 滴苯胺、N-甲基苯胺、丁胺和 2 mL 30%硫酸溶液，混匀后在冰盐浴中冷却至 5 ℃以下。另取 2 支试管，分别加入 6 mL 10%亚硝酸钠水溶液和 2 mL 10%氢氧化钠溶液，并在氢氧化钠溶液中加入 0.1 g β-萘酚，混匀后也置于冰盐浴中冷却。

将冷却后的亚硝酸钠溶液摇荡后平均加入到 3 支装有胺溶液的试管中，并观察现象。在 5 ℃或低于 5 ℃时有大量气泡冒出，表明为脂肪族伯胺，形成黄色油状液或固体通常为仲胺。在 5 ℃时无气泡或仅有极少气泡冒出，取出一半溶液，让温度升至室温或在水浴中温热，注意有无气泡（氮气）冒出。向剩下的另一半溶液中滴加 β-萘酚碱溶液，振荡后如有红色偶氮染料沉淀析出，表明为芳香族伯胺。

【注释】

[1] 当芳香叔胺溶于反应介质时，特别是使用过量试剂和加热的情况下，可发生复杂的次级反应，生成深色的染料。由于上述原因，进行 Hinsberg 实验时必须使用试剂级的胺，以免混入杂质。

[2] 苯磺酰氯水解不完全时，可与叔胺混在一起，沉于试管底部，酸化时，叔胺虽已溶解，而苯磺酰氯仍以油状物存在，往往会得出错误的结论。为此在酸化之前，应在水浴上加热，使苯磺酰氯水解完全，此时叔胺全部浮在溶液上面，下部无油状物。

[3] 亚硝基化合物通常有致癌作用，操作时应避免与皮肤接触。

【学习拓展】

多巴胺（Dopamine，简称 DA）系统名称为 2-（3,4-二羟基苯基）乙胺，是白色或类白色有光泽的结晶，无臭，味微苦。多巴胺在人的脑和肾脏中合成，是一种重要的神经递质。这种传导物质主要负责大脑的情欲、感觉，传递兴奋及开心的信息。当人们积极做某事时，脑中会非常活跃地分泌出大量多巴胺。多巴胺不足或失调则会令人失去控制肌肉的能力，或导致注意力无法集中，严重时会导致手脚不自主地颤动，乃至罹患帕金森症。极端情形如亨丁顿舞蹈症是多巴胺分泌过多而导致的疾病，患者的四肢和躯干会不由自主地抽动，造成日常行动不便，疾病发展到晚期，病人的生活将无法自理，失去行动能力，甚至无法进食。

吸毒会破坏大脑的多巴胺分泌系统，人吸毒后对毒品的依赖会越来越强，最终堕入难以自拔的巨大痛苦之中。珍爱生命，远离毒品。

附录

附录1　常用有机溶剂的纯化方法

1. 丙酮

结构式：CH_3COCH_3，英文名：acetone

纯丙酮沸点为 56.2 ℃，$n_D^{20} = 1.358\ 8$，$d_4^{20} = 0.789\ 9$。

普通丙酮含有少量水及甲醇、乙醛等还原性杂质。精制方法为：在 100 mL 丙酮中加入 2.5 g 高锰酸钾回流，以除去还原性杂质。若高锰酸钾紫色很快消失，应再补加少量高锰酸钾继续回流，直至紫色不再消失为止，蒸出丙酮。用无水碳酸钾或无水硫酸钙干燥，过滤，蒸馏，收集 55~56.5 ℃馏分。

2. 苯

结构式：⬡，英文名：Benzene

纯苯沸点为 80.1 ℃，$n_D^{20} = 1.501\ 1$，$d_4^{20} = 0.878\ 65$。

普通苯含有少量水（约 0.02%）及噻吩（约 0.15%）。制备无水苯，可用无水氯化钙干燥过夜，过滤后加入钠丝干燥。无噻吩苯可根据噻吩比苯容易磺化的性质进行纯化。在分液漏斗中，加入与苯等体积的 1%浓硫酸，室温下一起振摇，静置混合物，弃去底层的酸液，再加入新的浓硫酸，重复上述操作，直到酸层呈现无色或淡黄色，且检验无噻吩为止。苯层依次用水、1%碳酸钠溶液、水洗涤，再用无水氯化钙干燥，蒸馏，收集 80 ℃馏分备用。若要高度干燥的苯，可加入钠丝或加入钠片干燥。

噻吩的检验：取 5 滴苯于试管中，加入 5 滴浓硫酸及 1~2 滴 1%靛红（浓硫酸溶液），振摇片刻，如呈墨绿色或蓝色，表示有噻吩存在。

3. 二硫化碳

结构式：CS_2，英文名：Carbon disulfide

纯二硫化碳沸点为 46.25 ℃，$n_D^{20} = 1.631\ 89$，$d_4^{20} = 1.266\ 1$。

一般有机合成实验中对二硫化碳要求不高，可在普通二硫化碳中加入少量研碎的无水氯化钙，干燥后滤去干燥剂，然后在水浴中蒸馏收集。若要制得较纯的二硫化碳，则需将试剂级的二硫化碳用 0.5%高锰酸钾水溶液洗涤 3 次，除去硫化氢，再用汞不断振荡除去硫，最后用 2.5%硫酸汞溶液洗涤，除去所有恶臭（剩余的硫化氢），再经氯化钙干燥，蒸馏收集。其纯化过程的反应式如下：

$$3H_2S + 2KMnO_4 \longrightarrow 2MnO_2 + 3S + 2H_2O + 2KOH$$

$$Hg + S \longrightarrow HgS$$

$$HgSO_4 + H_2S \longrightarrow HgS + H_2SO_4$$

4. 四氯化碳

结构式：CCl_4，英文名：Carbon tetrachloride

纯四氯化碳沸点为 76.8 ℃，$n_D^{20} = 1.460\ 3$，$d_4^{20} = 1.595$。

四氯化碳含 4%二硫化碳，含微量乙醇。纯化时，可将 1 000 mL 四氯化碳与 60 g 氢氧化钾溶于 60 mL 水和 100 mL 乙醇的溶液，在 50~60 ℃下振摇 30 min，然后水洗，再将此四氯化碳按上述方法重复操作一次（氢氧化钾的用量减半），最后将四氯化碳用氯化钙干燥，过滤，蒸馏收集 76.7 ℃馏分。不能用金属钠干燥，因有爆炸危险。

5. 1,2–二氯乙烷

结构式：$ClCH_2CH_2Cl$，英文名：1,2-Dichloroethane

纯 1,2-二氯乙烷沸点为 83.4 ℃，$n_D^{20} = 1.444\ 8$，$d_4^{20} = 1.253\ 1$。

一般纯化可依次用浓硫酸、水、稀碱溶液和水洗涤，用无水氯化钙干燥或五氧化二磷分馏即可。

6. 二氯甲烷

结构式：CH_2Cl_2，英文名：Dichloromethane

纯二氯甲烷沸点为 39.7 ℃，$n_D^{20} = 1.424\ 1$，$d_4^{20} = 1.316\ 7$。

纯化时，依次用浓度为 5%的氢氧化钠溶液或碳酸钠溶液洗 1 次，再用水洗 2 次，用无水氯化钙干燥 24 h，最后蒸馏，在有 3Å 分子筛的棕色瓶中避光储存。

7. N,N–二甲基甲酰胺

结构式：$HCON(CH_3)_2$，英文名：N,N-Dimethyl formamide（DMF）

纯 N,N-二甲基甲酰胺沸点为 153.0 ℃，$n_D^{20} = 1.430\ 5$，$d_4^{20} = 0.948\ 7$。

N,N-二甲基甲酰胺主要杂质是胺、氨、甲醛和水。该化合物在常压蒸馏时有些分解，产生二甲胺和一氧化碳，有酸或碱存在时分解加快。精制方法：可用硫酸镁、硫酸钙、氧化钡或 4Å 分子筛干燥，然后减压蒸馏收集 76 ℃ /4.79 kPa（36 mmHg）馏分。含水较多时，可加入 10%（体积）的苯，常压蒸去水和苯后，用无水硫酸镁或氧化钡干燥，再进行减压蒸馏。精制后的 N,N-二甲基甲酰胺有吸湿性，最好放入分子筛后密封避光贮存。

8. 二甲亚砜

结构式：CH_3SOCH_3，英文名：Dimethyl sulfoxide（DMSO）

纯二甲亚砜熔点为 18.5 ℃，沸点为 189 ℃，$n_D^{20} = 1.477\ 0$，$d_4^{20} = 1.110\ 0$。

二甲亚砜是高极性的非质子溶剂，一般含水量约 1%。另外还含有微量的二甲硫醚及二甲砜。常压加热至沸腾可部分分解。要制备无水二甲亚砜，可用氧化钙、氢化钙、氧化钡或无水硫酸钡来搅拌干燥 4~8 h，再减压蒸馏收集温度 64~65 ℃时压力 533 Pa（4 mmHg）的馏分。蒸馏时温度不高于 90 ℃，否则会发生歧化反应，生成二甲砜和二甲硫醚。二甲亚砜具有吸湿性，应放入分子筛贮存备用。

9. 1,4–二氧六环

结构式：O◯O，英文名：1,4-Dioxane

纯 1,4-二氧六环熔点为 12 ℃，沸点为 101.5 ℃，$n_D^{20} = 1.442\,4$，$d_4^{20} = 1.033\,6$。

二氧六环能与水任意混合，常含有少量二乙醇缩醛与水，久贮的二氧六环可能含有过氧化物，可加入氯化亚锡回流除去。二氧六环的纯化方法为：在 200 mL 二氧六环中加入 10 mL 浓盐酸，回流 6~10 h，在回流过程中，慢慢通入氮气以除去生成的乙醛，冷却后，加入固体氢氧化钾，直到不能再溶解为止，分去水层，再用固体氢氧化钾干燥 24 h，然后过滤，在金属钠存在下加热回流 8~12 h，最后在金属钠存在下蒸馏，加入钠丝密封保存。精制过的二氧六环应当避免与空气接触。

10. 乙醇

结构式：CH_3CH_2OH，英文名：Ethanol

纯乙醇沸点为 78.5 ℃，$n_D^{20} = 1.361\,1$，$d_4^{20} = 0.789\,3$。

工业乙醇含量为 95.5%，含水 4%~5%，乙醇与水形成共沸物，不能用一般分馏法去水。实验室常用生石灰为脱水剂，乙醇中的水与生石灰作用生成氢氧化钙，可去除水分，蒸馏后可得含量约 99.5%的无水乙醇。如需绝对无水乙醇，可用金属钠或金属镁将无水乙醇进一步处理，得到纯度超过 99.95%的绝对乙醇。

无水乙醇（含量 99.5%）的制备：在 500 mL 圆底烧瓶中加入 95%乙醇 200 mL 和生石灰 50 g 放置过夜。然后在水浴上回流 3 h，再将乙醇蒸出，得到含量约 99.5%的无水乙醇。另外可利用苯、水和乙醇形成低共沸混合物的性质，将苯加入乙醇中，进行分馏，在 64.9 ℃时蒸出苯、水、乙醇的三元恒沸混合物，多余的苯在 68.3 ℃与乙醇形成二元恒沸混合物被蒸出，最后蒸出乙醇。工业多采用此法。

用金属镁制备绝对乙醇（含量 99.95%）：在 250 mL 的圆底烧瓶中加入 0.6 g 干燥洁净的镁条和几小粒碘，加入 10 mL 99.5%的乙醇，装上回流冷凝管。在冷凝管上端加一只氯化钙干燥管，在水浴上加热，注意观察在碘周围的镁的反应。碘的棕色减褪，镁周围变浑浊，并伴随着氢气的放出，至碘粒完全消失（如不起反应，可再补加数小粒碘）。然后继续加热，待镁条完全溶解后加入 100 mL 99.5%的乙醇和几粒沸石，继续加热回流 1 h，改为蒸馏装置蒸出乙醇，所得乙醇纯度可超过 99.95%。反应方程式为：

$$(C_2H_5O)_2Mg + 2H_2O \longrightarrow 2C_2H_5OH + Mg(OH)_2$$

用金属钠制备绝对乙醇：在 500 mL 99.5%乙醇中，加入 3.5 g 金属钠，安装回流冷凝管和干燥管，加热回流 30 min 后，再加入 14 g 邻苯二甲酸二乙酯或 13 g 草酸二乙酯，回流 2~3 h，然后进行蒸馏。金属钠虽能与乙醇中的水作用，产生氢气和氢氧化钠，但所生成的氢氧化钠又与乙醇发生平衡反应，因此单独使用金属钠不能完全除去乙醇中的水，应加入过量的高沸点酯，如邻苯二甲酸二乙酯与生成的氢氧化钠作用，抑制上述反应，从而达到进一步脱水的目的。由于乙醇有很强的吸湿性，仪器必须烘干，并尽量快速操作，以防吸收空气中的水分。反应方程式为：

$$2Na + 2C_2H_5OH \longrightarrow 2C_2H_5ONa + H_2$$

$$C_2H_5ONa + H_2O \longrightarrow C_2H_5OH + NaOH$$

$$\text{(benzene-1,2-dicarboxylic acid diethyl ester)} \quad +2NaOH \longrightarrow \quad \text{(benzene-1,2-dicarboxylic acid disodium salt)} \quad +2C_2H_5OH$$

(邻苯二甲酸二乙酯: COOC₂H₅/COOC₂H₅ 苯环 +2NaOH → 邻苯二甲酸二钠: COONa/COONa 苯环 +2C₂H₅OH)

11.乙酸乙酯

结构式：$CH_3COOC_2H_5$，英文名：Ethyl acetate

纯乙酸乙酯沸点为 77.1 ℃，$n_D^{20} = 1.372\,3$，$d_4^{20} = 0.990\,3$。

一般化学纯乙酸乙酯含量为 98%，另含有少量水、乙醇和乙酸。精制时，取 100 mL 98%乙酸乙酯，加入 9 mL 乙酸酐回流 4 h，除去乙醇及水等杂质，然后蒸馏，蒸馏液中加 2~3 g 无水碳酸钾，干燥后再重蒸，可得 99.7%左右的纯度。也可先用与乙酸乙酯等体积的 5%碳酸钠溶液洗涤，再用饱和氯化钙溶液洗涤，然后加无水碳酸钾干燥，蒸馏。如进一步提高纯度，可在 99.7%的酯中加入少许五氧化二磷，振摇数分钟，过滤，在隔湿条件下蒸馏。

12.乙醚

结构式：$(CH_3CH_2)_2O$，英文名：Ethyl ether

纯乙醚沸点为 34.51 ℃，$n_D^{20} = 1.352\,6$，$d_4^{20} = 0.713\,78$。

在 250 mL 圆底烧瓶中放置 100 mL 除去过氧化物的普通乙醚和几粒沸石，装上回流冷凝管。冷凝管上端通过一带有侧槽的软木塞，插入盛有 10 mL 浓硫酸的滴液漏斗。通入冷凝水，将浓硫酸慢慢滴入乙醚中。由于脱水发热，乙醚会自行沸腾。加完后摇动反应瓶。待乙醚停止沸腾后，拆下回流冷凝管，改成蒸馏装置回收乙醚。在收集乙醚的接引管支管上连一个氯化钙干燥管，干燥管连接橡皮管把乙醚蒸气导入水槽。在蒸馏瓶中补加沸石后，用事先准备好的热水浴加热蒸馏，蒸馏速度不宜太快，以免乙醚蒸气来不及冷凝而逸散室内。收集乙醚，待蒸馏速度显著变慢时，可停止蒸馏。将瓶内所剩残液倒入指定的回收瓶中，切不可将水加入残液中(飞溅)。将收集的乙醚倒入干燥的锥形瓶中，将钠块迅速切成极薄的钠片加入，然后用带有氯化钙干燥管的软木塞塞住，或在木塞中插入末端拉成毛细管的玻璃管，这样可防止潮气侵入，并可使产生的气体逸出，放置 2 h 以上，使乙醚中残留的少量水和乙醇转化成氢氧化钠和乙醇钠。若不再有气泡逸出，同时钠的表面较好，则可储存备用。若放置后，金属钠表面已全部发生作用，则须重新加入少量钠片直至无气泡发生。这种无水乙醚可符合一般无水要求。另外也可用无水氯化钙浸泡几天后用金属钠干燥，以除去少量的水和乙醇。

13.正己烷

结构式：$CH_3(CH_2)_4CH_3$，英文名：n-Hexane

纯正己烷沸点为 68.7 ℃，$n_D^{20} = 1.374\,8$，$d_4^{20} = 0.659\,3$。

正己烷常含有一定量的苯和其他烃类。纯化时，加入少量的发烟硫酸进行振摇，分出酸，再加发烟硫酸振摇。如此反复，直至酸的颜色呈淡黄色。依次再用浓硫酸、水、2%氢氧化钠溶液洗涤，再用水洗涤，用氢氧化钾干燥后蒸馏。

14.甲醇

结构式：CH_3OH，英文名：Methanol

纯甲醇沸点为 64.95 ℃，$n_D^{20} = 1.328\,8$，$d_4^{20} = 0.791\,4$。

工业甲醇含水量在 0.5%~1%，含醛酮（以丙酮计）约 0.1%。由于甲醇和水不形成共沸混合物，因此可用高效精馏柱将少量水除去。精制甲醇中含水 0.1%和丙酮 0.02%，一般已可应用。若需含水量低于 0.1%的甲醇，可用 3 Å 分子筛干燥，也可用镁处理（见绝对乙醇的制备）。若要除去含有的羰基化合物的甲醇，可在 500 mL 甲醇中加入 25 mL 糠醛和 60 mL 10%NaOH 溶液，回流 6~12 h，即可分馏出无丙酮的甲醇，丙酮与糠醛生成树脂状物留在瓶内。

15.甲苯

结构式：⬡—CH₃，英文名：methylbenzene，Toluene

纯甲苯沸点为 110.6 ℃，$n_D^{20} = 1.449\ 69$，$d_4^{20} = 0.866\ 9$。

甲苯中含甲基噻吩，处理方法与苯相同。因为甲苯比苯更易磺化，用浓硫酸洗涤时温度应控制在 30 ℃ 以下。

16.石油醚

英文名：Petroleum ether

石油醚是石油的低沸点馏分，为低级烷烃的混合物。按沸程不同，分为 30~60 ℃、60~90 ℃、90~120 ℃ 类。主要成分为戊烷、己烷、庚烷。此外含有少量不饱和烃、芳烃等杂质。精制方法：在分液漏斗中加入石油醚及其体积 1/10 的浓硫酸一起振摇，除去大部分不饱和烃，然后用 1%硫酸配成的高锰酸钾饱和溶液洗涤，直到水层中紫色消失为止，再经水洗，用无水氯化钙干燥后蒸馏。

17.吡啶

结构式：⬡N，英文名：Pyridine

纯吡啶沸点为 115.5 ℃，$n_D^{20} = 1.509\ 5$，$d_4^{20} = 0.981\ 9$。

工业吡啶中除含水和胺杂质外，还有甲基吡啶或二甲基吡啶。实验室精制时，可加粒状氢氧化钾或氢氧化钠回流 3~4 h，然后隔绝潮气蒸馏。干燥的吡啶吸水性很强，储存时将瓶口用石蜡封好。如将馏出物通过装有 4 Å 分子筛的吸附柱，可使吡啶中的水含量降到 0.01%以下。

18.四氢呋喃

结构式：⬠O，英文名：Tetrahydrofuran

纯四氢呋喃沸点为 67 ℃，$n_D^{20} = 1.405\ 0$，$d_4^{20} = 0.889\ 2$。

市售的四氢呋喃常含有少量水分及过氧化物。所以处理四氢呋喃时，应先用小量进行实验，以确定只有少量水和过氧化物，作用不致过于猛烈时方可进行。四氢呋喃中的过氧化物可用酸化的碘化钾溶液来实验，如有过氧化物存在，则会立即出现游离碘的颜色，这时可加入 0.3%的氯化亚铜，加热回流 30 min，蒸馏以除去过氧化物（也可以加硫酸亚铁处理，或让其通过活性氧化铝来除去过氧化物）。如要制得无水四氢呋喃，可与氢化铝锂在氮气保护气氛下回流（通常 1 000 mL 需 2~4 g 氢化铝锂），除去其中的水和过氧化物，然后在常压下蒸馏，收集 67 ℃的馏分。精制后的四氢呋喃应在氮气气氛中保存。

19.氯仿

结构式：CHCl₃，英文名：Trichloromethane

纯氯仿沸点为 61.7 ℃，$n_D^{20} = 1.445\,9$，$d_4^{20} = 1.483\,2$。

普通氯仿中加有 0.5%~1%的乙醇作稳定剂，可与产生的光气作用转变成碳酸乙酯而消除毒性。纯化方法有两种：一是依次用氯仿体积 5%的浓硫酸、水、稀氢氧化钠溶液和水洗涤，无水氯化钙干燥后蒸馏即得；二是将氯仿与其 1/2 体积的水在分液漏斗中振摇数次，以洗去乙醇，然后分去水层，用无水氯化钙干燥。除去乙醇的氯仿应装于棕色瓶内，贮存于阴暗处，以避免光照。氯仿绝对不能用金属钠干燥，因易发生爆炸。

附录 2　冷却浴组成与温度对照表

附表 1　冰盐冷却浴组成与温度对照表

NaCl 溶液（g 无水盐/100 g 水）	温度/℃	NH₄Cl 溶液（g 无水盐/100 g 水）	温度/℃	KCl 溶液（g 无水盐/100 g 水）	温度/℃
6.11	-3.48	9.28	-5.73	7.09	-3.07
8.93	-5.17	12.27	-7.63	10.77	-4.66
10.77	-6.32	12.56	-7.80	17.38	-7.51
14.20	-8.52	13.76	-8.60	22.69	-9.84
15.46	-9.41	16.89	-10.58	23.80	-10.34
17.87	-11.04	18.80	-11.80	24.60	-10.66
22.25	-14.33	19.94	-12.44		
22.99	-14.77	19.93	-12.60		
24.75	-16.21	22.40	-14.03		
27.70	-18.73	24.13	-15.10		
29.70	-20.56	24.50	-15.36		
30.4	-21.12				

附表 2　干冰溶剂冷却浴的稳态温度

溶剂	温度/℃	溶剂	温度/℃
环己烷/干冰	6	间二甲苯/干冰	-47
甲酰胺/干冰	2	二甘醇二乙醚/干冰	-52
乙二醇/干冰	-12	正辛烷/干冰	-56
苯甲醇/干冰	-15	异丙醚/干冰	-60
四氯化碳/干冰	-23	氯仿/干冰	-61
3-庚酮/干冰	-38	乙醇/干冰	-78
分析纯乙腈/干冰	-42	丙酮/干冰	-78

参考文献

[1] 朱焰,姜洪丽. 有机化学实验[M]. 2版. 北京:化学工业出版社,2015.

[2] 熊洪录,周莹,于兵川. 有机化学实验[M]. 北京:化学工业出版社,2011.

[3] 赵建庄,梁丹. 有机化学实验[M]. 北京:中国林业出版社,2013.

[4] 何树华,朱晔,张向阳. 有机化学实验[M]. 2版. 武汉:华中科技大学出版社,2021.

[5] 刘湘,刘士荣. 有机化学实验[M]. 3版. 北京:化学工业出版社,2020.

[6] 阴金香. 基础有机化学实验[M]. 北京:清华大学出版社,2010.

[7] 曾向潮. 有机化学实验[M]. 4版. 武汉:华中科技大学出版社,2015.

[8] 孙尔康,张剑荣,曹健,等. 有机化学实验[M]. 3版. 南京:南京大学出版社,2018.

[9] 陈彪,魏永慧. 有机化学实验(英汉双语教材)[M]. 北京:化学工业出版社,2013.

[10] 庞金兴,袁泉. 有机化学实验[M]. 武汉:武汉理工大学出版社,2014.

[11] 朱文,贾春满,除红军. 有机化学实验[M]. 北京:化学工业出版社,2015.

[12] 高占先,于丽梅. 有机化学实验[M]. 5版. 北京:高等教育出版社,2016.

[13] 刘大军,王媛,程红,等. 有机化学实验[M]. 北京:清华大学出版社,2014.

[14] 丁长江. 有机化学实验[M]. 北京:科学出版社,2006.

[15] 王秋长,赵鸿喜,张守民,等. 基础化学实验[M]. 北京:科学出版社,2003.

[16] 唐玉海,刘芸,靳菊情,等. 有机化学实验[M]. 2版. 北京:高等教育出版社,2020.

[17] 兰州大学. 有机化学实验[M]. 4版. 北京:高等教育出版社,2017.

[18] 刘峥,丁国华,杨世军. 有机化学实验绿色化学教程[M]. 北京:冶金工业出版社,2010.

[19] 王俊儒,李学强,陈晓婷. 有机化学实验[M]. 3版. 北京:高等教育出版社,2019.

[20] 张锁秦,张广良,宋志光,等. 基础化学实验:有机化学实验分册[M]. 2版. 北京:高等教育出版社,2017.

[21] 赵温涛,马宁,王元欣,等. 有机化学实验[M]. 北京:高等教育出版社,2017.

[22] 刘路,张俊良,肖元晶,等. 有机化学实验[M]. 上海:华东师范大学出版社,2019.

[23] 王玉良,陈静蓉,郑学丽,等. 有机化学实验[M]. 北京:科学出版社,2020.

[24] 吴爱斌,龚银香,李水清. 有机化学实验[M]. 北京:化学工业出版社,2018.

[25] 李霁良. 微型半微型有机化学实验[M]. 北京:高等教育出版社,2003.

[26] 张毓凡,曹玉蓉,冯霄,等. 有机化学实验[M]. 天津:南开大学出版社,1999.

[27] 华东理工大学有机化学教研组. 有机化学[M]. 3版. 北京:高等教育出版社,2019.

[28] 申东升. 当代有机合成化学实验[M]. 北京:科学出版社,2014.

[29] 刘约权,李贵深. 实验化学[M]. 2版. 北京:高等教育出版社,2005.

[30] 刘洪来,王燕,熊焰. 实验化学原理与方法[M]. 3版. 北京:化学工业出版社,2017.